in Action!
使用的書

in Action!
使用的書

文案大師

教你精準勸敗術

從定位、構思到下筆的文案寫作技藝全書

羅伯特・布萊
Robert W. Bly / 著

汪冠岐 / 譯

THE
COPYWRITER'S
HANDBOOK 4th Edition

A Step-by-Step Guide to Writing Copy That Sells

第四版前言

數位時代裡的讀者大多認為，如果有任何書籍的版權日期比他們上週在超市買的雞肉賞味期限還要早，那麼這本書就已經年代久遠又過時無用了。

所以當讀者跟我說，本書的上一版，也就是第三版已經問世超過10年，我們就知道是時候出第四版了。

不論你是否讀過本書較早的版本，還是首次閱讀本書，我認為你都會從這全新增修的第四版裡，讀到有趣又實用的內容。

儘管文案寫作的核心 —— 人類心理，千年來沒什麼改變，但這個世界持續急速變化，進而影響到廣告行銷。舉例來說，我們曾說：惱火的顧客會告訴其他10個人自己對賣家的不滿。現在，有了網路評論和社群媒體，消費者就能直接向幾千人抱怨。

過去10年來，數位行銷高速發展，現在所有花在行銷的費用中，數位行銷就佔了一半或更多。比起本書第一版問世的30多年前，現在不管線上線下都有好多種行銷管道可以用，使得制定行銷策略在今日也更趨複雜。

那麼，第四版有什麼樣的新內容，比前面的版本更有幫助、更切合當今時代脈動的呢？

其中包括了我專門為第四版撰寫的新章節：第12章講登陸頁面、第14章討論網路廣告、第15章著墨社群媒體、第16章介紹影片腳本文案、第17章探討內容行銷、第18章則特別從案主角度切入，說明如何順利產出

文案，包括如何找文案寫手、如何與寫手共事，以及審核文案等一系列流程。其他原本的章節內容也都經過修改，有些只有微調，有些則是大幅更新。其中，針對一些數位行銷策略的指導原則，包括網路影片、搜尋引擎最佳化、網路轉換、電子郵件行銷、線上廣告、社群媒體和內容行銷，我盡可能提供最新、最準確、最管用的資訊。

第一版前言

　　這本書寫給所有撰寫、編輯、審核文案的朋友 —— 廣告代理商的文案寫手、自由接案寫手、廣告部門的主管、廣告業務、創意總監、公關、創業家、銷售經理、行銷經理、產品經理、品牌經理、網路行銷業者、行銷企劃從業人員、內容寫手以及企業主。這本書幾乎由訣竅、技巧、法則和概念組合而成。

　　許多大型廣告代理商的文案寫手和創意總監會跟你說，文案寫手才不會照規則走，而且「偉大」的廣告總是打破陳規。

　　的確可能是這麼一回事。不過，在能打破規則之前，你要先知道規則有哪些。而行銷界的規則和限制正持續以驚人的速度增加。

　　這本書能提供你參考原則與建議，教你寫出有效的文案 —— 也就是能引起關注、傳達訊息，並說服消費者購買商品的文案。

　　初學者能從本書學到所有必備的基礎：知道文案是什麼、文案可以做什麼，以及如何寫出有成效的文案。

　　對在廣告界打滾多年的老手來說，本書就像是門進修課程，幫你複習怎麼寫出清楚、簡單又直白的文案。本書也提供新的「把戲」、事例及觀察，有助於文案老鳥替自己的文案增添更多銷售力。就連老鳥都可能從中發現新創意或重拾舊點子，能好好用在客戶身上。

　　以實例說明是我在本書採取的教學手法。從個案經歷、平面廣告、電視廣告、網頁、電子郵件和宣傳冊中擷取的文案內容，在在說明了有效文案的原則。指導方針也都以淺顯易懂的規則和訣竅呈現。

　　有些不知道這些規則的文案寫手或許也寫得出優秀的文案 —— 但可能一千次中，才寫得出一次好文案。其他時候，他們則寫出力道薄弱、沒

有成效的廣告——這些廣告看起來很美、讀起來很好聽，但卻賣不了商品。（而他們之所以寫出糟糕的廣告，是因為不知道優秀的廣告該具備哪些條件！）

　　就算你精通了本書提到的基本原則，我也無法保證你之後一定會寫出「偉大」的廣告，或奪得知名廣告大獎。但我能肯定，你一定會寫出優質、流暢、俐落又扎實的文案——能讓消費者有理由掏腰包買你的商品，而不是別人的！

　　閱讀本書也會解開你長久以來的疑惑——文案寫手並不是所謂的「文學人」，也不是程式設計師、數據分析師，或平面設計師。文案寫手就是業務員，文案寫手的工作就是要說服大家購買商品。

　　但也別因此感到失望。一旦開始寫出有銷售力的文案時，你就會和我一樣發現，寫出充滿說服力的文字，與撰寫新聞報導、小說或其他內容一樣充滿挑戰性，也同樣刺激；而且報酬通常更豐厚。

　　最後，我想請你幫個忙：如果有個文案寫作技巧對你來說特別管用，麻煩提供給我，讓我在本書的下一版和讀者分享。當然，我會註明出處，功勞全歸你。以下是我的聯絡方式：

　　羅伯特・布萊
　　電子郵件：rwbly@bly.com
　　網站：www.bly.com

目錄

給讀者的話

　　這本書鎖定的讀者有兩類,其一是替客戶寫文案的專業寫手,其二為發案的行銷主管。不管屬於哪一類,我在書中皆使用「你」來稱呼,相信能從上下文的脈絡,清楚知道是指哪一類讀者。當然,本書大部分的內容對這兩類讀者應該都很有幫助。

Chapter 1

下筆前，先搞清楚什麼叫「廣告文案」！

「文案寫手就是坐在打字機*後面的業務員。」

這句話出自朱蒂絲‧查爾斯（Judith Charles），她是零售廣告商朱蒂絲查爾斯創意傳播公司（Judith K. Charles Creative Communication）的總裁。這句話是我所聽過，對「文案寫手」這個角色最好的定義。

如果你是文案寫手，你會犯的最大錯誤就是對廣告的認知與外行人沒什麼兩樣。如果你的想法像個外行人，你可能會成為藝術家或藝人，或者只是個小丑，但絕對無法勝任銷售員的角色。你寫出來的文案只會浪費客戶的時間與預算。

容我稍作解釋。一般人聊到廣告，講得都是最搞笑、最有趣、最特殊或最具煽動性的平面或電視廣告。美國每年美式足球超級盃期間，灑大錢製作、播出的電視廣告就是最明顯的例子——大家會指著這些廣告說：「我超喜歡！」

然而廣告的目的不是要討好、娛樂觀眾，或贏得廣告大獎，而是要把產品賣出去。有智慧的廣告人不會擔心大家是否喜歡他的廣告，或是看了他的廣告以後覺得開心有趣。讓觀眾開心當然很好，但廣告終究是達成目標的工具，而這個目標就是為廣告主增加銷售量跟獲利。

這是個簡單明瞭的道理，但大多數的文案寫手和廣告從業人士似乎都忽略了這一點。他們製作出藝術感十足的平面廣告、美感驚人的網站設計，以及品質與創意媲美電影的電視廣告，但卻忽略了「增加銷售」這個真正的目標，也忘記了自己應該是「坐在鍵盤後方的業務員」，而不是藝術家、演藝人員或電影導演。

廣告文案寫手通常都創意十足，自然希望作品具備宜人美感，廣告設計師也不例外。但一則廣告不會因為文案詞藻優美、美術設計賞心悅目，就能說服消費者掏腰包買產品；有時候，低成本製作的廣告雖然只有簡單直白的文字、沒什麼花俏的噱頭，卻最能吸引消費者買單。

---

* 　我當然知道你現在使用的是桌上型電腦、筆電或平板，而非打字機。但朱蒂絲在 1982 年左右說這句話時，我們還在用打字機，而且我也決定不修改這句話。你可在腦中自行將「打字機」轉換成「電腦」或「行動裝置」。

我並不是主張廣告都應該要低俗、粗製濫造，或這樣的廣告才能賣得最好。我要表達的是，廣告的視覺效果、風格和形象應該由產品和潛在顧客主導，而不是由當下行銷業的流行做法來決定，或由那些重視美感的人定奪；重視美感的人往往將銷售視為違背良知的俗氣差事，避之唯恐不及。

　　有人（錯誤地）認為，現在沒人閱讀文字了，我們活在一個完全視覺化的時代。對此，任職美國媒體公司拉根通訊（Ragan Communications）的卡林·特德（Carlin Twedt）表示：「圖像當然大行其道，但文字仍是溝通的利器。」

　　身為創意人員，你當然希望能寫出獨具巧思的文案、推出別出心裁的宣傳，不過身為從業人員，你有責任以最低預算為客戶或雇主增加銷售、吸引新的消費者。如果線上橫幅廣告的效果優於雜誌全頁廣告，就不要捨近求遠；如果和彩色印刷、附音效的立體廣告郵件相比，酷卡（明信片式廣告）能吸引到更多訂單，就應該選用酷卡。

　　文案寫手路瑟·布洛克（Luther Brock）認為銷售是「將百分百的重心，放在想辦法讓廣告受眾最後會來跟你做生意」。一旦你明白「銷售」才是廣告的目標，你會發現，要能寫出成功勸敗的文案，還真的需要發揮創意、一點也不簡單。成功勸敗和藝術表現的困難之處不盡相同：藝術表現的挑戰在於寫出具有美感的文字；而要能成功勸敗，你得深入了解產品或服務、找出顧客購買產品的理由，並將這些概念呈現在消費者願意閱讀、能夠了解且想要回應的文案中——這樣的文案才會有說服力，能讓消費者忍不住想買廣告中的產品。

　　數位行銷最大的優勢之一，就是能精準快速地計算出行銷成果。因此，文案寫手很難再用創意或幽默等曖昧模糊的理由來替文案辯護。每則文案的各個指標都能計算出來，像是網頁瀏覽量、停留時間、點閱次數、轉換率、主動訂閱量及銷售量等等，只要和客戶使用的其他電子郵件或網頁文案一比較，就能見真章。

　　當然，相信文案寫手應該重視銷售技巧而非娛樂效果的人，不只有朱蒂絲·查爾斯和我而已。以下是其他廣告界專家對廣告宣傳、文案撰寫、創意及銷售的想法：

我認為平面廣告或電視廣告的目的不是要娛樂大眾，而是要設法說服潛在顧客接受你的產品或服務，讓這些原本使用或打算使用競爭對手產品或服務的人改變心意。這是最基本，或者最起碼應該達到的目標。要做到這一點，在我看來，你得提供潛在顧客從現用產品或服務中得不到的好處，而且這樣的好處對潛在顧客極為重要，重要到讓他們轉而投向你。

——漢克‧賽登（Hank Seiden），紐約西克格瑞斯特廣告公司（Hicks & Greist）副總裁

多年來，有些廣告公司犯了偏離現實的錯誤。他們強調表面工夫、不注重實際的銷售成效，結果造成太多的平面廣告和電視廣告看起來像三流雜耍，處心積慮以老掉牙的笑點與歌舞表演吸引觀眾注意。回歸最根本，廣告的專業在於研究產品、找出產品的獨特之處，接著適當呈現產品的獨特性，如此一來，消費者才會有購買這項產品的動力。

——艾爾文‧葉克夫（Alvin Eicoff），葉克夫廣告公司（A. Eicoff & Company）董事長

全球廣告業受到了不少批評，最令我們詫異的是，這些批判並不是針對廣告產業或廣告行為本身，而是某些廣告作品。這些作品的主要目的竟然是為了納入創意總監的個人作品集裡。對任何國家的任何創意人員來說，最重要的入門守則或許是體認到一般消費者並不知道世界上有廣告代理商、創意總監、美術指導或文案寫手的存在，他們就算知道也不在乎。他們關心的是產品，而不是什麼創意總監。

——凱斯‧孟克（Keith Monk），雀巢集團瑞士韋威總部高階主管

當然，我從來不認為創意對廣告公司有多大的貢獻。讀越多商業雜誌，我就越肯定廣告業深受創意過剩之苦——窮盡創意手法一味地吸引注意，卻不注重與特定對象溝通的目的；更糟的情況是，這些創意僅供廣告人自鳴得意之用。

——**霍華德·索耶**（Howard Sawyer），**博雅公關公司**（Marsteller, Inc.）**副總裁**

　　如果你的廣告文案直接了當地要求消費者購買，明列價格與購買地點，還用上「立刻」這種字眼，這就是強迫推銷型的廣告，而且這應該是你首要考慮的廣告方式。看上去最美的廣告，通常最無法衡量效果，也最沒有銷售力道。

——**路易斯·康菲爾德**（Lewis Kornfeld），**美國電子產品零售商睿俠**（Radio Shack）**董事長**

　　太賣力搞笑的電視廣告通常會讓觀眾反感，但目前有許多廣告公司風行這一套。我不禁疑惑：「為什麼他們要創造出這些腦殘的角色，要寶 30 秒或更長的時間，只為了提到產品名稱一、兩次？」

　　難道他們不敢只秀出產品，然後說明為什麼觀眾應該購買他們的產品，而不是其他相似的產品？廣告人能犯下最愚蠢的錯誤，就是在廣告角色解釋產品特色的同時配上背景音樂，而且還經常是震耳欲聾的搖滾樂。

　　音樂往往會蓋過人聲，因此白白浪費了這則廣告。越來越多人靠廣告接受資訊，協助自己決定該買哪些產品，那些強調娛樂效果的電視廣告根本不管用。

——**羅伯特·史諾戴爾**（Robert Snodell），〈**為什麼電視廣告不管用**〉（Why TV Spots Fail），**刊載於雜誌《廣告時代》**（Advertising Age）

幽默的廣告不好處理，因為你必須在產品本身與產品帶來的好處之間創造連結。消費者通常會記得好笑的廣告，但不記得廣告裡的產品。

——理查·柯山保（Richard Kirshenbaum），美國柯山保廣告公司（Kirshenbaum Bond & Partners）共同主席

直效行銷是唯一能夠具體評量成效的廣告形式。只有直效行銷能讓你追蹤每一份銷售額的來源，以及所有成本的去向。採用傳統廣告手段的大型企業無法辨別真正打動消費者的究竟是哪一則廣告，但如果你採用直效行銷，就能清楚得知哪些廣告確實有效。

——泰德·尼可拉斯（Ted Nicholas），《如何下筆成金》（How to Turn Words into Money，暫譯），尼可拉斯直效行銷公司（Nicholas Direct）2004 年出版

文案無法創造購買產品的欲望，只能召喚原本就存在於數百萬人心中的希望、夢想、恐懼或欲求，並將這些原本就存在的渴望導向特定產品。這就是文案寫手的任務所在：要做的不是創造大眾的欲望，而是引導欲望到你要的地方。

——尤金·舒瓦茲（Eugene Schwartz），《創新廣告》（Breakthrough Advertising，暫譯），Boardroom 出版公司 2004 年出版

廣告不是用來娛樂大眾的。如果廣告變成娛樂，就會吸引到想被娛樂的對象，而不是你期待的消費者。這是廣告人可能會犯下的重大錯誤之一：文案寫手拋棄了自己的本分。他們忘了自己是銷售員，反而表現得像個演藝人員；他們希望得到的不是銷售，而是掌聲。

——克勞德・霍普金斯（Claude Hopkins），《科學廣告法》（Scientific Advertising，暫譯），貝爾出版社（Bell Publishing）1960 年出版

文案寫手必須尊重消費者的判斷能力，而且打從心裡相信產品的價值，才能創造出說動消費者掏錢包的廣告。

——布魯斯・巴頓（Bruce Barton），天聯國際廣告公司（Batten, Barton, Durstine & Osborn, 簡稱 BBDO）共同創辦人

好的廣告既要能賣出產品，本身又不該太引人注目。好的廣告應該要讓消費者的注意力牢牢盯在產品身上，並巧妙隱藏操作手法才是廣告人的專業所在。

——大衛・奧格威（David Ogilvy），《一個廣告人的自白》（Confessions of an Advertising Man），雅典娜出版社（Atheneum）1963 年出版

廣告的「文學性」並不是衡量廣告成就的標準。優美的文筆不見得就是成功推銷產品的優秀文案；標新立異、引經據典、別出心裁的巧喻，或朗朗上口又好記，也都不是衡量成功文案的標準。

——詹姆斯・伍爾夫（James Woolf），刊載於雜誌《廣告時代》

我認為廣告人過度容忍華而不實的文案，並且極盡所能產出措辭巧妙的詞句，因而不在乎努力爭取銷售。

——艾莉諾・皮爾斯（Eleanor Pierce），刊載於雜誌《印墨》（Printer's Ink）

如果將廣告界分成主張銷售以及主張創意這兩個陣營，我會跟主張銷售的陣營站在同一陣線，前文引述的專家也有同感。

本書的目的是要指導你寫出成功勸敗的文案。文案要能說服消費者購買產品，必須做到以下四點：

1. 吸引注意力。
2. 達到溝通效果。
3. 說服消費者。
4. 要求消費者有所回應。

第2章會告訴你如何寫出引人注目的文案。你會學到如何運用標題及圖片吸引讀者，也會學到如何讓兩者相輔相成。

第3章則安排了基礎課程，教你寫出具有溝通效果的文案。照著這一章提供的技巧，你就能寫出清楚、精煉、簡單的文案，將你的訊息成功傳達給線上、線下的消費者。

第4章提出幾條指導原則，教你寫出具有說服力的文案，成功兼顧銷售員與寫手的角色。

第5章呈現了按部就班的操作指南，協助你有效率地因應各種文案撰寫任務，做好準備。

至於第6章至第17章，你會學到如何將這些文案寫作原則應用在各種媒體上。

第18及19章裡，我會討論怎麼找人撰寫文案，也會談到文案的設計與製造，包括圖片、視覺效果和排版。

對文案寫手和消費者而言，網路改變了文案撰寫的生態嗎？

自本書第一版問世以來，最重要的轉捩點就是網際網路的興起，以及網路成為行銷媒介與交易管道的一部份。

許多第一版的讀者問我：「這本書提到的文案寫作技巧，在網路世代還派得上用場嗎？尤其是在撰寫網路文案這一塊？」

我的答案是肯定也是否定。說服、打動消費者的核心並沒有什麼改變，變的是現在所謂的「銷售漏斗」（sales funnel）或「顧客體驗旅程」（customer journey）；或就如文案寫手蓋瑞‧哈伯特（Gary Halbert）精準的觀察，他表示：「最根本的事物從來沒有改變，但怎麼善用這些基礎，至今產生了諸多變化，你必須永遠都能掌握這些變化。」[1]

網際網路因為交流速度快、容易取得、操作簡單，且成本低廉，確實讓市場行銷產生劇變，這點毋庸置疑。比起寄送宣傳郵件、刊登雜誌廣告或播放電視廣告，寄發電子郵件廣告不但更快速、簡便，也更省錢。臉書（Facebook）廣告更能直接鎖定你想要觸及的潛在顧客。此外，電子郵件一發送、線上廣告一投放，幾分鐘內你就能得知初步的宣傳成效。相形之下，寄送直效行銷郵件就得花上好幾週才能知道文案的效果如何。

在數位時代撰寫成功文案的 3 要素

以下是網路影響文案如何撰寫、評價與測試的三層面：

1. 人類心理。 過去要寫出優秀的文案，最重的是要能洞察人的情緒。深入了解人心是過往優秀的文案寫手寫出成功文案的主要因素。

然而，現在要寫出成功勸敗的文案，不只有洞察人心這項要素，更要考慮另外兩個層面：資料分析及數位平台規範。（圖1.1）

文案寫手法蘭克‧約瑟夫（Frank Joseph）寫道：「所有類型的行銷都是由情緒和誠意來強化宣傳效果。」美國行銷公司SLAM!的共同創辦人泰勒‧凱萊（Tyler Kelley）表示：「我認為，我們將目睹數位行銷專才的崛起。這些專業人才不僅了解數位工具與生態，也掌握人心 —— 知道人們如何思考、什麼樣的事物能打動人，以及人們願意掏錢的原因。」[2]

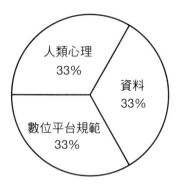

圖 1.1：撰寫文案的三要素：人類心理、資料分析、平台規範。

　　網際網路並沒有改變人性，也不會因為廣告是從網路上看來的，人們消費的心理模式就不同。就像克勞德・霍普金斯在他的經典著作《科學廣告法》（Scientific Advertising，暫譯）中寫道：

> 人的本質不管過多久都差不多。從絕大多數層面來看，現代人跟凱撒時代的人沒什麼兩樣，所以心理學原理依然牢靠，你永遠不必拋棄學過的心理學原理，重新學一套。

　　2. 資料分析。時至今日，人類心理依然很重要；不過，調查顯示，撰寫文案也越來越受到數據分析的結果影響。

　　美國行銷公司Signal發表的白皮書表示：「行銷決策者已經無法依賴經驗、直覺和二手資訊做決定……數據資料是提供實情的唯一來源，在這個不斷變化才是常態的世界裡，數據資料是行銷從業人員的北極星。」[3]

　　接受知名市場研究公司eMarketer調查的行銷從業人員中，55%的行銷人表示，更加善用數據資料讓受眾的分層、鎖定更有效率，是目前最重視的工作項目。[4]

　　忽視數據資料是件危險的事，因為是這些資料告訴你當下哪些作法行得通。此外，根據即時數據和測試進行的量化評估總是完勝主觀意見。

　　至於寫文案時的參考資料，只要是你能想到的主題，網路上都找得

到，實在有太多未經整理的原始資料和內容。現在有些客戶每五分鐘就寄和文案相關的連結給我，希望能對我發想他們的文案有幫助。

幾十年來，我總是跟客戶說參考資料越多越好，但現在我卻重新考慮這樣的立場。有時候，一個題目就能在網路上找到上千篇文章。我只是在 Google 上搜尋「減重」，一秒內就找出將近兩百萬個網頁，如果我仔細閱讀這兩百萬篇文章，或都大略瀏覽一下，我絕對不可能在期限內交出文案。

知名新聞工作者約翰・麥克菲（John McPhee）曾說過：「寫作就是一連串的選擇。」[5] 在這個資訊過量的時代裡，對寫作而言，選擇就變得比過往更加重要。

有些行銷從業人員非常倚重數據分析的結果，因而忽略情感渲染度強的文案。和跑很多測試的平庸文案相比，這類情感強烈的文案經常能引起更大的迴響。

此外，行銷從業人員也會依據自家產品廣告在同類產品及偏好媒體中大量測試的結果，制定文案相關規定，而這些規定常常和資深文案寫手的看法相左。舉例來說，我某個經營小眾產業的客戶發現，半頁報紙廣告的廣告標題最佳長度為 8 至 12 個字，短一點或長一點效果都會變差。我替他們撰寫文案前從沒聽過這種事，但他們的資料分析完全壓倒我的訓練、意見和直覺判斷。

3. 數位平台規範。 你必須遵守任何數位平台針對廣告的相關規範，不管你想將廣告投放到搜尋引擎、社群媒體、網站、廣告聯播網（ad network）、電子郵件服務供應商，或其他數位平台上。如果不遵守，你的廣告就無法刊登，也就沒有人會看到。

為了遵守這些規定，文案寫手創作線上廣告文案時，很難暢所欲言。

舉例來說，臉書規定減重廣告不能提供明確的承諾，像是一週減 5 公斤。既然如此，要如何在臉書上刊登具有成效的廣告呢？光是 2018 年一年，Google 就拒絕刊登 32 億則違反 Google 廣告政策的廣告。[6]

上有政策，但下也有對策。行銷從業人員也漸漸找到聰明應對這些限制的方法。針對減重或其他保健功效的宣傳，主打產品效用的廣告大多改成從食物角度切入的臉書廣告，例如「頂尖醫生表示，把這樣蔬菜丟進垃圾桶！」。

機靈的行銷人漸漸找到越來越多巧妙又不用要詐的方法，讓自家訴求明確、強而有力、單刀直入的廣告能符合臉書或其他媒體的規範。

儘管如此，不同於以往，在這數位廣告的年代，「資料分析」和「平台規範」這兩項要求還是令人耗神。文案寫手李察‧阿姆斯壯（Richard Armstrong）舉的例子就說明了這種情況：

> 「我在鋼琴前面坐下，大家都笑我；但我一彈起來 ⋯⋯ 」這種訴諸於情感的文案如今不復存在，到現在變成只能這麼說：「如果你願意投入大量時間和心力學習與練習，本廣告所賣的鋼琴函授課程很有可能協助你學會彈鋼琴」。

雖然規範很重要，但是怎樣做到合乎規範卻有很多詮釋的空間。經驗法則告訴我們：每一次靠近絕對順從的10%，廣告的迴響就掉 10%。簡單明瞭的真相就是，過份合乎規範造就的是成效不彰的文案內容。

線上廣告平台的規範

亞馬遜（Amazon）廣告規範
https://advertising.amazon.com/resources/ad-specs/en

臉書、Instagram 的廣告刊登政策
https://www.facebook.com/business/help/223106797811279

Google 的廣告政策
https://support.google.com/adspolicy/answer/6008942?hl=en

微軟（Microsoft Advertising）的廣告刊登政策
https://about.ads.microsoft.com/en-us/resources/policies

給老派文案寫手的好消息

好消息是，你從職涯累積而來的文案撰寫技巧及銷售原則，包括本書傳授的內容，目前大多都還派得上用場。

那麼網路對你的讀者有沒有任何改變？有的，改變非常大。以下是我觀察到的改變：

1. 網路、電腦、電玩遊戲，以及其他電子媒體讓人的專注力變短了。精簡向來是文案寫作的美德，但現在更加重要了。然而，這並不表示長文案就一定行不通、現在的人都不閱讀（不少人有這種錯誤的認知），或文案一定要走極簡風；有些我撰寫的銷售影片（video sales letter）**腳本多達六千五百字。我的意思是，你最好遵照史壯克（William Strunk）和懷特（E. B. White）的著作《英語寫作風格的要素》（The Elements of Style）裡明智的建議：「刪除所有贅字」，讓你的文案更加俐落簡練。

2. 人類歷史上，我們從來沒像現在一樣，如此被廣告訊息和超量資訊轟炸。正如同耶魯大學圖書館員拉塞福・羅傑斯（Rutherford D. Rogers）所說：「我們的資訊氾濫，知識卻貧乏。」這表示你得挖空心思讓消費者對你的文案感同身受，了解消費者掛心的是什麼，然後在廣告中處理他們的需求、渴望、期盼或擔憂。

3. 經過網路的洗禮，消費者已變得相當老練。他們懂得閃避促銷、更能分辨浮誇的宣傳，也變得越來越多疑。此外，不管平面或線上廣告，消費者偏好具有教育性質的廣告，因為這種廣告尊重他們的判斷能力，不會把他們當傻瓜，同時也傳遞了他們認為有助於解決問題、做出購買決定的實用資訊。

4. 著眼於提供實用資訊而非一味推銷的文案，現在稱為「內容行銷」（content marketing）。至於看起來比較像一篇文章而非付費廣告

** 譯者註：銷售影片是指用來銷售產品或服務的影片，也就是將直效行銷郵件裡的紙本「銷售信」（sales letter，請見第七章）改以影片方式呈現，為影音版的銷售信。有些直效行銷郵件會將讀者引導到網站觀看銷售影片，也有業者會將銷售影片放在登陸頁面裡取代或搭配文案。銷售影片的長度不拘，短則幾秒、幾分鐘，長至好幾十分鐘。第十六章有更多介紹。

的文案，則稱為廣編稿、業配文（advertorial）或「原生廣告」（native advertising）。

5. 你的潛在顧客比過去更忙碌、時間更有限，不管銷售產品或服務，方便購買及配送快速已成為重要的賣點，因為能節省消費者的時間。

6. 行銷人現在能選擇透過平面廣告或線上廣告投放產品資訊，也可以兩者搭配使用。「多管道行銷」一般都交替使用平面和數位廣告。

7. 和網路行銷問世前相比，因為平面和數位廣告大多已經整合在一起，銷售漏斗、顧客體驗旅程等行銷人員用來挖掘待開發客戶（lead）***和銷售量的做法，以及消費者的購買決策過程都變多了，也變得更加複雜。第十一章至十七章會更仔細說明這些變化。

由於數位行銷的使用急速成長、嶄新的行銷管道相應而生，對文案寫手來說有個好消息：不論對平面廣告或網路廣告來說，文案寫作技巧的重要性有增無減。

為什麼？因為現在的消費者教育程度更高，也更容易抱持懷疑的態度。這一部份原因要歸功於網路，網路提供消費者更簡便、快速的管道取得產品資訊，同時進行比價。消費者能選擇的產品或品牌變得更多，連電視廣告、電子郵件、橫幅廣告、郵遞宣傳單等廣告訊息也都增加不少，競相爭取我們的注意力。

和過去相比，現在的消費者能取得訊息的管道多如牛毛。他們有超過十億個網站可造訪，超過八百個電視頻道能收看，更別提那些天天收到的上百封電子郵件和好幾十通的電話推銷。

有這麼多資訊在角逐消費者的注意力，你得份外努力才能讓你的平面或線上廣告脫穎而出、抓住受眾的注意力。當然，其中的關鍵就是：強

*** 譯者註：待開發客戶（lead）和潛在顧客（prospect）並不相同。待開發顧客處於銷售漏斗的最頂端，是因為行銷活動而接觸到業者、並留下聯絡資料的人，他們有成為顧客的潛力，但還需要進一步確認；企業拿到待開發客戶的聯絡方式後，進一步行銷宣傳，待開發客戶因此有機會進到銷售漏斗的下一個階段，變成「潛在顧客」，他對產品更有興趣，購買意願更高，也更符合企業鎖定的客群所具備的條件。不過，「潛在顧客」一詞也用來泛指一切可能成為顧客的人。本書中若提到「待開發客戶」，就表示還沒成為「潛在顧客」。

而有力的文案，精準傳達受眾真正在乎的訊息。

沒錯，客群名單、行銷媒介、產品優惠方案的確都非常重要，但你很快就能找出最適合自家產品的組合；一旦你確定這些，接著唯一能提高消費者迴響的加分工具就是廣告文案。

網路世界裡，文案對銷售的影響也至關重要。正如尼克・歐斯本（Nick Usborne）在他的著作《網路文案》（Net Words，暫譯）中所說：「點進你最喜歡的網站，拿掉光鮮亮麗的設計跟科技，最後剩下的只有文字——這是在網路上做出區隔的最後手段，也是最好的方式。」在行銷界，無論是網路或平面媒體，文案仍舊扮演著關鍵的角色。

線上影片如何改變文案寫作？

線上影音平台如 Vimeo 和 YouTube 都充斥著行銷影片，影片長度從20秒到45分鐘甚至更長。

YouTube 目前是線上影音平台龍頭，每天有50億支影片被觀看，每分鐘有總長300小時的新影片上傳。[7, 8]

以前行銷影片都燒成光碟寄給潛在顧客，或透過銷售員的筆電播放給潛在顧客觀看。有些光碟或影片至今仍會附在直效行銷的郵件包裹內或嵌入影音宣傳冊（video brochure）中。

一般來說，學習型態可分成四種模式：觀看、聆聽、閱讀以及實作，最後一項又稱為「體驗式學習」（experiential learning）。問題是，很難以消費者偏好的學習型態區分消費者。因此，我們通常會將文案內容以不同方式呈現：

- 影片檔提供給喜歡以觀賞接受資訊的受眾。
- 音訊檔給偏好聆聽的消費者。
- 紙本書或電子紙提供給喜愛閱讀的群體。
- 工作坊、培訓課程以及其他活動則讓喜歡做中學的人參加。

根據數位行銷媒體ClickZ於2019年5月1日發佈的一篇文章，參加品牌舉辦的體驗式行銷（experiential marketing）活動的人中，73%的參與者更有可能購買該品牌的產品。

第16章會指導你如何撰寫長篇及短篇的線上行銷影片文案。

社群媒體如何改變行銷？

整體而論，社群媒體大大改變了網路生態；具體來說，社群媒體也大幅改變了網路行銷，改變有四個層面。

首先，你不再需要大筆廣告預算才能向大眾傳遞你的訊息。你需要的只是在一個以上的社群媒體辦免費帳號，接著開始發表貼文，不過加強推廣貼文或投放廣告仍須付費。（加強推廣貼文意味著你付錢給臉書，藉此觸及更多受眾。）

第二，某些線上的溝通互動是以私密形式進行，但你張貼在臉書等社群平台上的所有內容，不論文字或照片都是以公開形式呈現。也就是說，社群媒體降低了網路使用者的私密程度。

第三，比起其他大部分的數位管道，社群媒體更具互動性。使用者可以突然心血來潮就在其他用戶的貼文下留言。此外，社群媒體時常是引起爭端的平台，線上論戰在長長的留言串中展開，有時候演變成謾罵、人身攻擊，惡毒無理、醜陋不堪。人們好像因為躲在鍵盤後面而感到安心，因此肆無忌憚地羞辱人，講出那些自己從來不敢當面說出來的話。

第四，大部分的社群媒體都會賣廣告，這通常是他們主要的收入來源。由於在社群媒體上的社群活動都由他們管理，他們有權拒絕刊登任何廣告，而且不需要解釋或為他們的決定辯護。網路上的廣告行銷充滿限制且被嚴格控管，並不是一個人人皆可用，能自由、免費交流資訊的媒介。

第15章介紹要如何在社群媒體上撰文、如何運用社群媒體，藉此建立品牌、增加點擊及轉換率，最後成功賣出產品。

多管道行銷如何改變文案寫作？

本書第一版問世後，最大的變化就是網路逐漸成為行銷媒體及電子商務的管道。

行銷經理、品牌經理、小型企業主和文案寫手要面對的問題就是行銷管道越來越多，要如何將這些管道整合成一個成功的宣傳活動，並接著設計出能創造最大效益的銷售漏斗。銷售漏斗指的是一連串精心安排的溝通過程，讓消費者從起初不了解你，到最後願意和你做生意。

舉例來說，很多客戶要求他們的文案寫手能增加網站的轉換率。但文案寫手問起目前的轉換率是多少時，有些客戶卻答不出來，因為他們根本沒有計算過。（使用者造訪網站或登陸頁面，最後下訂產品、下載免費內容，或採取其他回應商家的行動，這樣的行為稱為「轉換」，「轉換率」則是採取相應行動的使用者百分比。）如果沒有任何指標來計算、評估行銷成效，就不可能知道哪一則文案的效果最好。

行銷管道大增產生的另一個挑戰，就是找出「歸因」（attribution）。以現在的行銷用語來說，歸因指的是找出是哪個促銷手法促成了消費者的詢問或下單。在多管道行銷的世界裡，點擊來源這麼多，而且常常同時發生，要設定周全準確的歸因模式並不容易。這也就成了一大問題，因為你越不能精準追蹤轉換的歸因和廣告表現，你就越不可能清楚知道哪個方法適合你，也就無法得知哪些促銷活動要持續下去，以便創造收入；哪些廣告只是在轟炸消費者而沒有效益，應該要終止。

eMarketer曾針對一千多名行銷從業人員進行調查，發現超過四成的行銷人認為「整合行銷工具以創造更大效益」是最應該做的事。[9]

Chapter 2

好標題，領著消費者進購物天堂

閱讀雜誌、報紙或電子報時，你會跳過大部份的廣告，頂多挑幾個看。然而，你忽略不看的廣告裡，有些賣的可能是你感興趣的產品。

你跳過大部份廣告的理由很簡單，因為有太多廣告同時在爭取你的注意力，但你沒有時間，也不打算全部看過。

這就是為什麼身為文案寫手的人，得挖空心思讓自己的平面廣告、電子郵件、登陸頁面或 podcast 贏得注意。無論在網路、雜誌、電視、或電子郵件信箱裡，都有太多事物在競逐你的注意力。

舉例來說，美國公司每年大約花上五千億美元，用在媒體行銷。[1]

更大的問題的是，你的廣告不只得跟其他廣告競爭，讀者桌上或螢幕上的其他內容，都可能搶走他們的注意力。

打個比方吧。假設你要寫一則廣告，將實驗室器材賣給科學家，你的廣告會刊登在某份科學期刊上，和期刊中的其他廣告競爭。然而，一名科學家可能每個月會收到十幾份以上同類的期刊，每份都有許多需要研讀的最新科學報告或文章。

科學家完全就是深受訊息過量所苦：每年約有250萬篇科學文章發表[2]，而且全球的知識總量每12年就會加倍[3]，非常驚人。

持續增加的資訊量讓任何一條資訊想脫穎而出都變成比登天還難。大部分生活在城市的美國人，每天都會接觸到超過四千則廣告訊息。[4]

顯然，那些沒什麼特別的廣告因為無法抓住讀者而被忽視。因此，雜誌《商業行銷》（Business Marketing）的前編輯鮑伯‧鐸內茲（Bob Donath）表示，成功的廣告必須能夠「在一片混戰中異軍突起」。

直效行銷郵件廣告主知道，一封銷售信只有5秒的時間能夠抓住讀者的注意力。如果讀者5秒鐘掃過沒發現什麼有趣的內容，就會直接把信扔進垃圾桶。同樣的道理，一則平面或電視廣告只有幾秒鐘的時間勾起銷售對象的興趣，否則他們就會接著翻頁，或離開電視去開冰箱。一般來說，行銷用的冷郵件（cold e-mail，指的是商家買了電子郵件名單，寄

給名單上的人，這些人並不是商家既有的顧客）的閱讀時間平均為14至23秒。[5]

在廣告界，爭取注意力是標題的責任。「標題下得好，幾乎就是廣告成功的保證；不過，就算是最厲害的文案寫手，也救不了一則標題不好的廣告。」《如何讓你的廣告賺大錢》（How to Make Your Advertising Make Money，暫譯）的作者約翰·凱普斯（John Caples）就這麼寫道。

如何寫出引人注目的標題？

無論是哪一種形式的廣告，讀者的「第一印象」——也就是他們看到的第一個影像、讀到的第一句話，或聽到的第一個聲音，可能就是決定這則廣告成功或失敗的關鍵。如果第一印象是無趣或跟自己無關，那麼這則廣告就不可能吸引到讀者；不過，如果這則廣告提供了新訊息、有用的資訊，或承諾看完這則廣告會獲得好處，那麼這樣的第一印象就可望贏得讀者注意。這就是說服讀者購買產品的第一步。

但具體來說，到底什麼是「第一印象」呢？

- 對平面廣告而言，第一印象取決於標題和視覺設計。
- 網站的話，第一印象就是首頁的標題和文案。
- 至於電台或電視廣告，第一印象取決於播出的頭幾秒鐘。
- 以直效行銷郵件的包裹來說，第一印象則是外層信封的文案，或廣告函的開頭幾句話。
- 公關新聞稿的話，第一印象取決於首段文字。
- 行銷手冊或產品型錄的第一印象在於封面。
- 產品說明會的場合裡，第一印象則是頭幾頁簡報。
- 以線上影片來說，第一印象就會是影片頭20秒。
- 至於電子郵件行銷，寄件者欄與主旨欄的內容則構成第一印象。

無論你的內文文案多有說服力，或產品多傑出，如果無法吸引消費者的注意力，廣告就沒有任何勸敗的機會。大部份的廣告專家都同意，能夠贏得注意力的標題才是廣告成功的關鍵。

《一個廣告人的自白》的作者大衛・奧格威對標題的看法如下：

> 在大部份的廣告中，標題都是最重要的元素，決定讀者到底會不會看這則廣告。

> 一般來說，讀標題的人比讀內文的人多出4倍；換句話說，這則廣告的讀者中，只看標題的人就佔了80%。等於你一寫下標題，就花了客戶80%的預算。

> 如果你的標題沒有達到銷售效果，你就是浪費了客戶這80%的廣告預算。

奧格威表示，替現有的廣告換上新標題，銷售力道就能加強10倍。我就經歷過相同的狀況。到底是什麼原因，讓一則標題淪為失敗之作，另一則標題卻大獲好評？

不少文案寫手都誤以為賣弄文字遊戲、雙關語或俏皮話就能成為好標題。但只要稍微想一想，買東西時，你會希望銷售員提供娛樂嗎？還是你比較想確定自己是用合理的價格買到優質產品？

答案再清楚不過了。購物時，你會希望產品能夠滿足你的需求，同時合乎預算。優秀的文案寫手能體認到這一點，並將真正的賣點寫進標題裡，而不玩一些裝可愛、牛頭不對馬嘴的花招或文字遊戲。他們知道讀者瀏覽標題時，只想知道：「這對我有什麼好處？」

有效的標題會告訴讀者：「嘿，聽我說，這是你一定會想要的！」如同郵購文案高手卡布爾所說：「最出色的標題能關照消費者的自身利益，或提供新訊息。」

我們來看看幾個例子：

- **「如何贏得友誼並影響他人」**就是個能關照消費者自身利益的經典標題，這份文案是用來宣傳人際關係專家戴爾・卡內基（Dale Carnegie）的同名著作。此標題承諾你看完廣告、訂購這本書後，不但能交到朋友，還有辦法說服別人，這樣的好處簡直難以抵擋，畢竟，除了隱士誰不想多交些朋友？

- 美國卡夫食品（Kraft Foods）的廣告以「**如何省錢吃好料**」為標題吸引家庭主婦。如果你關心家人的營養，卻又得同時注意預算，那麼這則廣告可說是直接打中你的心了。

- 美國食品公司鄧肯・漢斯（Duncan Hines）的廣告則丟出一個問題來吸引我們的注意：「**你知道做出濕潤綿密蛋糕的秘訣嗎？**」這則標題承諾了一項回饋：我們讀了這則廣告，就會得知做出好吃蛋糕的秘訣。

- 美國汽車保險公司蓋可（Geico）的廣告標題則是「**蓋可在15分鐘內幫你省下15%的汽車保險**」，此標題提供最基本又吸引人的承諾：節省時間和金錢。

- 「**一美元刮鬍刀俱樂部**（Dollar Shave Club）**讓刮鬍子變得方便簡單**」這樣的標題強調便利性：剃刀和其他刮鬍用品自動寄到家，免去到商店購買的麻煩。

　　這些標題都向消費者提供好處，也就是讀完廣告文案就能獲得某些回報。同時，每則標題也都承諾提供你具體、有用的資訊，好回報你閱讀這些廣告所花的時間，以及購買產品所花的金錢。

標題的4大功能

　　標題的目的不僅止於吸引注意力。舉例來說，前述戴爾・卡內基的標題藉由承諾提供有用的資訊，吸引你繼續往下讀文案內文。鄧肯・漢斯的廣告也會引起你的興趣，想繼續往下讀；同時，標題還篩選出特定類型的讀者，也就是那些喜歡烘焙蛋糕的人。由此可知，你的標題能做到下列這4件事：

1. 吸引注意。
2. 篩選受眾。
3. 傳達一則完整訊息。
4. 引導讀者閱讀文案內文。

接下來讓我們來看看，標題要如何完成上述使命。

一、吸引注意

前面提過標題能透過「關照消費者自身利益」來獲得注意，下面是這類型標題的例子：

標　題	廣　告　主
幫助孩子擊敗蛀牙	克瑞斯特牌（Crest）牙膏
就從今年夏天揮別炎熱	奇異牌（GE）冷氣
深層清潔、清爽控油，諾珊瑪有辦法	諾珊瑪（Noxzema）保濕露

另一種引人注意的有效開場是提供新消息，這類標題通常會出現「最新」、「發現」、「引進」、「宣佈」、「現在」、「問世」、「終於」、「新到貨」這些字眼。

標　題	廣　告　主
最新影片教你雕塑迷人大腿	運動教學影片
發現濃郁烘焙新風味	低咖啡因咖啡

如果你能直接將「免費」放進標題，何樂而不為呢？免費是文案寫手的字典裡功效最強大的詞彙——大家都想得到免費的東西。

其他能擄獲眾人焦點的字眼還包括：「如何」、「為什麼」、「你」、「促銷」、「快速」、「簡單」、「划算」、「最後機會」、「保證」、「效果」、「證明」以及「省錢」。不要因為其他文案寫手常常用到這些字眼，你就捨棄不用；他們之所以會常用，正是因為這些字很有效，所以你也應該依樣畫葫蘆。你應該從文案創造出的銷售來評價自己的表現，而不是從文案的原創性。

提供讀者有用資訊的標題也能贏得注意。標題承諾的資訊可以出現在文案內文，或準備寄送給讀者的免費手冊上，例如：

標　題	廣　告　主
67檔成長型潛力股免費研究報告	美林證券（Merrill Lunch）
木材上漆簡單三步驟	明威克斯（Minwax）木材塗料
如何烤豆子	凡坎普（Van Camp's）豆類罐頭

許多廣告人下的標題、玩的花招的確多少引人注意，但標題和花招本身卻沒承諾讀者任何好處，或跟產品一點關係也沒有。曾經有個工業產品製造商的廣告用了張清涼美女照，還說只要消費者剪下廣告上的贈送券、寄回製造商索取產品手冊，就會收到這張照片。這個手法徹底失敗。

這種噱頭能引人注意嗎？的確可以，但這種注意力不會增加銷售，也無法讓顧客真的對產品感興趣。純粹為了引人注目的噱頭只會招來一堆好奇的旁觀者，真正有購買意願的顧客少之又少。

你下標時，應該選出一項顧客重視的產品優點、在意的好處或關心的面向，然後用清楚、大膽、強烈的方式呈現。盡量避免裝可愛、賣弄聰明、煽情但言不及義的標題或觀念，這些素材或許能激起一時的關注，但不會帶來任何實質銷售。

二、篩選受眾

如果你要賣人壽保險給年過65歲的人，那麼就沒道理寫出年輕家庭會有興趣的文案。同樣的道理，要行銷高達9萬5千美元的跑車，廣告就應該明確點出：「這是給有錢人看的！」你不會想浪費時間回應那些買不起這項產品的消費者。

好的標題能替你的廣告篩選出合適的觀眾、剔除並非潛在顧客的讀者。一則好的壽險廣告標題可能長這樣：「為65歲以上男女量身打造、保費合理的壽險。」

以下的廣告標題就能替產品篩選出合適的受眾：

標 題	廣 告 主
給躉繳保費遞延年金保戶的重要訊息	人壽保險公司
你的電費太高了嗎？	電力公司
你會信任從沒聽過的太陽能公司用電話推銷你太陽能板嗎？	太陽能公司

三、傳達完整訊息

大衛・奧格威認為，80%的讀者只看廣告標題、不看內文；如果真的是這樣，你的標題最好能包含完整的陳述。

如此一來，你的廣告就能向那80%只看標題的讀者推銷。以下幾個標題都有傳達完整的訊息：

標 題	廣 告 主
發現得早，高露潔就能挽救蛀牙！	高露潔（Colgate）牙膏
日立冷暖氣機為您省下一半的冷氣與暖氣費	日立（Hitachi）冷暖氣機
好事達保證，加保意外險就不怕車禍讓汽車保費變高	好事達（Allstate）保險公司

奧格威建議，廣告標題不妨同時包含產品承諾及品牌名稱。也有許多出色的標題並沒有提到產品名稱，但如果你認為目標受眾大多懶得看廣告內文，那麼就把產品名稱放進標題吧。舉例來說，如果要刊登健康產品的半版報紙廣告，在標題或副標題寫出產品名稱通常都能增加銷售。

四、引導讀者閱讀文案內文

某些種類的產品，例如酒、軟性飲料或時尚產品，確實能藉由好看的照片、強而有力的標題，和最精簡的文字吸引消費者購買。

然而，許多其他種類的產品必須提供讀者相當多的資訊，像是汽車、

電腦、書籍、唱片、自學課程、人壽保險或金融投資產品，這些產品的資訊會在廣告內文中呈現。為了發揮宣傳效果，你的標題得讓讀者想繼續往下讀內文。

要能如此，你必須激發他們的好奇心，可以透過新聞報導或謎團吊讀者胃口，可以提出一個問題或聳動的說法讓讀者思考，也可以承諾提供獎賞、新消息或有實用資訊吸引讀者。

舉例來說，假設你寄給公司主管一份附上教育訓練手冊的銷售信，這封信的標題是「日本主管有哪些美國主管沒有的優點？」想當然爾，美國主管就會想繼續往下讀，看看日本主管運用哪些有效的管理技巧。

另一個經典例子是個面霜廣告的標題：「只要花 5 美元就能享受美容手術的效果。」讀者會很好奇，這個能取代昂貴手術的產品到底是什麼，因此繼續往下讀。換個角度來看，標題一旦改成：「用售價 5 美元的乳液取代昂貴的美容手術」就不會那麼吸引人了。

8 種基本標題類型

創意人員自然而然會想避免落入俗套，並同時發揮原創性、提出嶄新的表現方式。對創作者來說，本章列舉的標題大多看起來都像在套公式：包括「如何……」、「簡單 3 步驟……」、「新推出……」等等。某種程度上來說，文案寫手確實會遵循特定規則，因為這些規則已經被無數廣告函、宣傳手冊、平面廣告、電子郵件或線上影片證實有效。

切記，身為文案寫手，你並非藝術家，而是銷售員。你的工作不是要創作文學作品，而是要說服大家購買產品。已故的頂尖直效行銷郵件寫手約翰・法蘭西斯・泰伊（John Francis Tighe）就指出：「我們這一行要的不是原創性，而是將有效的元素重組利用。」

當然，泰伊的意思並不是要文案寫手刻意模仿其他人的作品。我們的任務是找出那些增加銷售的元素，然後用吸引人、好記又具有說服力的方式，將這些元素運用在產品上。最優秀的文案寫手肯定是靠突破規則來獲得成功，但你在成功打破規則之前，得先了解這些規則是什麼。

接下來，我要列舉8個同樣通過時間考驗的標題類型，這些類型賣出了價值數十億美元的產品與服務。好好研究、運用這些類別吧！接著超越這些規則，寫出創新的標題。

一、直言型標題

這種標題直接了當地點明賣點，不玩文字遊戲、隱喻或雙關。「純絲上衣打7折」就是再直接不過的標題。大部份零售商刊登的報紙廣告就是運用直言型標題，開門見山宣佈折扣促銷、吸引顧客上門。

二、暗示型標題

這類標題不直接推銷，反而迂迴婉轉，先勾起好奇心，接著才透過廣告內文解答讀者的疑惑。

有個工業混和設備的廣告標題寫著：「千萬分之一的比例，我們沒問題。」乍看之下，這個標題像是在說這家公司非常有信心，自家機器鐵定能處理你要混和的材料。但往下讀內文的話，就會發現標題真正的意思是，他們的機器能混和兩種濃度相差千萬倍的液體。這樣的標題有雙重涵義，你得讀完內文才能明白真正的訊息。

三、新知型標題

如果有產品的新消息，你不妨在標題表明。這項新消息可能是新產品問世、現有產品改良（例如新推出的改良廚房紙巾），或某個舊產品的新用途。以下是這類標題的例子：

標　題	廣　告　主
川普收緊移民政策，民主黨黨員跳腳	政治文章
總算有了跟廣告宣傳一樣棒的加勒比海之旅	挪威郵輪（Norwegian Cruise Line）
發掘市場最大商機	產品投資快報

挪威郵輪的標題除了提供新消息，還附帶了其他誘因，表現出與讀者感同身受。我們都曾經對誇大不實的旅遊廣告感到失望，挪威郵輪點出這個廣為人知的事實，因此能提升我們對他的信任。

四、「如何」型標題

無論在廣告標題、雜誌文章或書名用上「如何」（How）這個字眼都能展現神奇的效果。市面上有超過七千本書以「如何」為書名；很多文案寫手也斷言，以「如何」開頭的標題再差也壞不到哪裡去——這個說法可能是對的。

「如何」型標題等於承諾了提供具體的資訊、有用的建議，以及解決問題的方法，比方說「如何將簡單的派對變成皇家舞會」、「如何寫得更快更好」、「如何在30天內戒煙……無效就退費」、「如何透過直播縮短購買週期」。

每當我文思枯竭，我就先打出「如何」兩個字，接著的內容通常都挺好的，除非後來有更棒的靈感出現。

五、提問型標題

這類標題如果要發揮效果，就得提出讀者會有共鳴，或想知道答案的問題，舉例來說：

標　題	廣　告　主
我究竟哪裡有毛病？	健康雜誌
員工請病假時，你的公司需要多久時間回到正軌？	壽險公司
你的泵浦耗電量太高嗎？	泵浦製造商
即使一個人在家，你也會關上浴室門？	《今日心理學》雜誌
你有以下這些裝潢問題嗎？	地毯公司
日本主管有哪些美國主管沒有的優點？	商業雜誌

提問型標題必須永遠聚焦讀者的自身利益、他們想知道什麼、需要什麼，而不是廣告主要什麼。不少公司會犯「自我中心」的錯誤，像是「你們知道某某公司最近打算做什麼嗎？」就是典型的例子。讀者的反應必然是：「關我什麼事？」然後將這些訊息拋諸腦後。

六、命令型標題

這類標題直接告訴消費者該怎麼做，藉此創造銷售。來看看以下幾個例子：

標　題	廣　告　主
燒燒看這張防火材質的優惠券	哈梭化學公司（Harshaw Chemical）
現在訂閱立刻獲得免費特刊	健康雜誌《預防》（Prevention）
放遠目標，開拓新視野	美國空軍

請注意，通常這類標題的第一個字最好是明確的動詞，要求讀者馬上行動。

七、介紹型標題

撰寫廣告內文時，一個簡單又有效的方法就是條列出產品特色。如果你用這種方式寫廣告內文，就能使用介紹型標題，引導讀者往下閱讀你條列的清單。

這類標題的例子包括：「你不能錯過多倫多理財秀論壇的5個理由」、「未來4天，一定要買毛皮大衣的4000個理由」。

你不見得一定要用「為什麼」、「N個理由」，其他像是「6種方法」、「7個步驟」，以及「○○是如何做成的」也符合這類標題的原則。

八、見證型標題

見證型的廣告，就是讓你的顧客幫你賣產品。雜誌促銷（Publishers

Clearing House）是美國一間直銷公司，透過抽獎等活動吸引消費者購買產品或訂閱雜誌。這家公司的電視廣告就是由抽獎得主親口告訴大家，自己如何抽中鉅額彩金。見證型廣告之所以有效，是因為消費者親身認證了某樁買賣能滿足他們的需求。

平面廣告中，見證型廣告的文案要寫得像出自某位顧客之口，這名顧客的照片通常也會放在廣告上，並藉由加上引號的標題與內文的引用文字示意讀者，這則廣告是其他顧客的親身見證。

撰寫這類文案時，你應該盡可能引用顧客自己的話，別畫蛇添足美化他的用語，因為自然通俗的口吻反而能強化見證的可信度。

> ### 沒有出處的見證型標題
>
> 即使不是引用自實際見證文，只要標題夠直白有力，就加上引號。引號能吸引讀者目光，讓讀者覺得這句話是出自某人口中，或至少有所本，儘管這段內容並非引述特定人士的說法也沒有明確出處。

38 個常備標題範例

建議你準備一個資料夾，用來蒐集精選的文案範例。你在構思自己的行銷素材、寫新的文案時，可以拿來參考。當你一時想不出廣告標題該怎麼下，就可以翻一翻這份檔案，裡面的範例會是最有幫助的靈感來源。

最好的存檔範例就是那些不斷出現的句型或手法，這些模式不斷被其他廣告重複使用，因為他們有效，很能勸敗。你可以在檔案裡標記最常看到的文案例子，如此一來哪個模式最有效就一目了然。

以下列出一些我搜集來的標題範例，給你省點麻煩。這些標題皆分類建檔，好讓我清楚知道每個例子使用的手法。

1. 在標題裡提問
日本主管有哪些美國主管沒有的優點？

2. 結合時事

和瑪莎·史都華（Martha Stewart）一樣掌握市場先機，且不必像她那樣做內線交易。

3. 創造新名詞

「強化隔離潤滑油」在金屬零件表面形成保護膜，讓你的機械工具壽命延長 6 倍。

4. 提供新消息，並且運用「新推出」、「引進」、或「宣佈」這類詞彙

國防部已宣佈一項輕鬆降低預算的計劃。

5. 給讀者建議，告訴讀者應該採取哪些行動

燒燒看這張防火材質優惠券。

6. 利用數字與數據

前所未聞，一棵樹開出 1 萬 7 千朵花？

7. 承諾提供對讀者有用的資訊

如何避免在蓋房子或購屋時犯下大錯。

8. 強調提供給消費者的好處

即日起，你就能像訂雜誌一樣，輕鬆訂購我們的暢銷新書。

9. 講故事，描述一段過程

當我在鋼琴前坐下，大家都笑我；但我一彈起來……

10. 推薦產品或方案

現在就必須買進的 5 檔高收益股票。

11. 說明好處

管理 UNIX 系統資料庫，過去很困難，現在容易得很。

12. 與其他產品或服務做比較

只需要傳統文氏洗滌器一半的用電量，就能夠解決貴公司空氣污染防治問題。

13. 使用能讓讀者腦中浮現畫面的詞彙

為什麼有些食物會在你的肚子裡「爆炸」？

14. 引述見證

我們的飛機用了 AVBLEND 保養油後飛行超過 50 萬英里，零件一點毛

病也沒有。

15. 提供免費的特別報告、型錄或宣傳冊
我們的免費報告揭露鮮為人知的秘密，告訴你百萬富翁如何守財，而且政府也管不到。

16. 直白點出服務內容
手術台修復服務，修復期間免費租借替代手術台。

17. 勾起讀者的好奇心
現在就必須買進的唯一電商股，但不是你想的那一支！

18. 承諾要公開秘密
揭露華爾街的潛規則。

19. 具體說明
以時速100公里馳騁時，新勞斯萊斯的最大噪音來自於電子鐘。

20. 鎖定特定類型的讀者
徵求想要高薪職涯的人

21. 加入時間因素
快速辦理公司登記，不必久候。

22. 強調省錢、折扣、或價值
價值2177美元的寶貴股市快訊，現在只要69元就訂得到！

23. 提供好消息
銀髮族也能擁有好聽力。

24. 提供能夠取代競爭對手產品及服務的其他選擇
沒時間上耶魯大學，就參加我們的在家進修線上課程吧。

25. 提出挑戰
你的頭皮健康經得起指甲測試嗎？

26. 強調有保證
保證軟體應用程式開發速度增加6倍，否則退費。

27. 明列價格
主機連接8台個人電腦，只要2395美元。

28. 呈現看似矛盾的說法

靠「內線交易」致富，而且100%合法！

29. 提供無法在其他地方獲得的獨家好處

鮮為人知的交易秘密武器讓您獲利翻5倍以上。

30. 點出讀者關心的事

為什麼大部份中小企業以失敗收場？我們提供突破之道。

31. 「聽起來很扯……」句型

聽起來很扯，但一家今天股價2美元的小研發公司，股價很快就可能飆升到100美元。

32. 畫大餅

讓您的年紀少20歲！

33. 強調產品的投資報酬率

僱用不稱職員工的代價，超過他們年薪的3倍。

34. 利用「為什麼」、「原因」、「理由」字眼

製作公司拍攝重要的電視廣告時，偏好採用Unilux牌閃光燈的7大理由。

35. 回答關於產品或服務的重要問題

委託債務催收公司前要問的7個問題……每個問題我們都有好答案。

36. 強調贈品的價值

免費送給您——現在訂閱就送價值280美元的免費好禮。

37. 協助讀者達成目標

協助您在未來30天內推出突破性的行銷計劃，而且完全免費！

38. 提供看似矛盾的說法或承諾

不需要開冷氣，家裡每個房間就能立刻變得涼爽無比！

　　上述的例子中，很多標題都有用到數字。數字能吸引讀者的注意，而且數字都應該用阿拉伯數字呈現。如果標題上寫「7個理由」，讀者會想知道是哪7個理由，並繼續讀內文找出答案。此外，廣告或內文以條列方式呈現，看起來比較不像廣告，而是一般的文章，寫起來比較簡單，讀起來也不費力。

創造有效標題的4大公式

消費者看到你的廣告時，會在一、兩秒內決定要繼續讀，還是跳過去，決定的依據主要是看標題。然而，在廣告訊息氾濫的今日，你要如何用幾個字就說服忙碌的消費者，讓他們相信你的廣告值得一看？

「4U」文案寫作公式能派上用場——這4U分別是Urgent（急迫感）、Unique（獨特性）、Ultra- specific（明確具體）、以及Useful（實際益處）。

這套公式是由我的同事馬克‧福特（Mark Ford）發想出來的，能幫助文案寫手寫出強而有力的標題，以下分別介紹這4U：

1. **急迫感**。急迫感給讀者一個馬上採取行動的理由，你可以在下標時加入時間元素，藉此塑造迫在眉睫的感覺。舉例來說：「今年在家工作要賺進10萬美元」就比「在家工作要賺進10萬美元」來得更迫切。你也可以透過提供限時優惠來塑造急迫感，像是在某個期限內下單就能享有某種折扣或贈品方案。很多數位行銷人員會提供24小時或更短的限時優惠，時間一到優惠就沒有了。不過，我也發現，如果時效已過卻以「優惠延長」的方式繼續促銷，消費者也能接受，不會覺得受騙。

2. **獨特性**。有力的廣告標題不是講述新事物，就是將讀者聽過的事物以全新的方式呈現。舉例來說，有個日本進口沐浴組的電子郵件廣告標題寫道「為什麼日本女性擁有美麗肌膚」，這與老套的「日本沐浴組9折優惠」效果截然不同。

3. **明確具體**。美國出版商 Bottom Line, Inc.（之前稱作 Boardroom）除了出書，也發表電子報、網路文章；這家公司就是撰寫這類標題的箇中高手，能讓讀者著迷、進一步閱讀內文，甚至掏腰包購買。「在飛機上絕對不要吃的東西」、「遲繳帳單免煩惱」和「申請退稅的最佳時機」就是絕佳的範例。

4. **實際益處**。好的標題會透過提供實質好處，切中讀者的自身利益來吸引讀者。以「邀你一同盡興滑雪又不用花大錢」這個標題來說，要給

消費者的好處就是「省錢」。

每當你寫出標題後，不妨問問自己，你的標題在這4U各方面表現如何。每個方面都打個分數，1到4分，滿分是4分，最差為1分。

很少有標題能夠在四個方面全都得到 3 或 4 分，但如果你的標題無法在至少三個U上拿到3或4分，這可能表示你的標題不夠有力，重新再寫會比較好。

業界常犯的錯誤是以消費者反應良好替弱標題辯護，覺得標題沒那差。不過，我們其實應該倒過來想：如果廣告標題這麼弱，產品還能得到消費者的青睞，想像一下如果標題能夠符合4U，廣告主豈不賺翻了。

有個行銷人員寫信告訴我，他曾經用「**免費特別報告**」作為電子郵件標題，宣傳效果極好。但這個標題符合4U原則嗎？以下一一檢視。

● **急迫感**。這個標題完全沒有急迫感，也沒有提出時間。如果用1到4分來評量，4分為最高分，那麼「免費特別報告」只得到1分。

● **獨特性**。不是每個行銷人員都會提供免費特別報告，但確實有不少人這麼做。所以「免費特別報告」在獨特性方面只拿了2分。

● **明確具體**。有比「免費特別報告」還要更模糊的說法嗎？大概只有「免費驚喜禮物」了吧。所以「免費特別報告」在這方面得 2 分。

● **實際益處**。我假設讀者都夠聰明，猜得出這份特別報告會提到一些有用的資訊。但從另一方面來看，有用的資訊是報告裡才有的內容，廣告標題連提示都沒有。收到這電子郵件的人已經有那麼多訊息要消化了，真的還需要多看這份「免費特別報告」嗎？所以在實際益處方面，我給2分。標題再明確具體一點會更好，例如：「我們的免費特別報告教您如何透過線上學習課程省下 90% 訓練經費。」

我非常鼓勵你寫下每個標題之後，都檢視一下這些標題在 4U 的得分各是多少。你也可以將這套公式運用在其他類型的文案，不管紙本或線上的文案，像是電子郵件標題、直效行銷郵件封面預告、廣告函信頭、

網頁標題、副標題以及條列項目。

　　檢視完標題在 4U 的得分後，再重新擬過標題，設法寫出更好的標題，能在兩個，甚至三、四個 U 方面至少各提高 1 分。這項練習不用費多大的心力，就能顯著提升標題的閱讀跟回應率。

更多評估標題好壞的重點

　　你在評估標題時，還可以參考以下重點：

- 你的標題是否承諾了讀完廣告後，能得到某種好處或獎賞？
- 你的標題清楚直接嗎？是否快速、明瞭地切中要點？
- 你的標題已經不能再更具體、更明確了嗎？（例如，「3 週內減重 9 公斤」比「快速減重」的標題要來得好。）
- 你的標題是否傳達了強而有力的銷售訊息，吸引讀者的目光？是否以戲劇化、令人耳目一新的方式呈現？
- 你的標題是否能合理地和產品產生關聯？（避免使用煽動浮誇的標題，因為這種標題容易變得譁眾取寵、誇大不實，而沒有傳達出產品真正的承諾。）
- 你的標題是否和視覺設計搭配得很好，合作無間，呈現完整的銷售概念？
- 你的標題是否能勾起好奇心，吸引讀者往下讀內文？
- 你的標題有篩選出特定受眾嗎？
- 你的標題有提及品牌名稱嗎？
- 你的標題是否有提及廣告主？
- 避免使用含糊不清的標題，也就是別讓讀者必須讀廣告內文才知道標題在講什麼。（「伸出你的手」就是這類標題，這支廣告賣的是粉餅。）
- 避免使用不相干的文字遊戲、雙關語、噱頭或其他文案把戲。這種廣告或許有趣，但不見得能賣得出產品。
- 避免使用負面表達方式。（例如，將「不含鈉」改成「健康鹽」。）

標題的寫作技巧

　　每個文案寫手發想標題的方式都不同。有些寫手會先花九成的時間想出十幾個標題，接著才開始寫文案內文。有些則是先寫內文，再從內文提煉出標題。不少文案寫手會將搜集來的文案建檔，發想文案時以這份檔案作為靈感來源（本書稍早提供了我蒐集的 38 個標題範例）。

　　大型廣告公司的文案寫手通常仰賴藝術總監協助他們構思文案概念，但我認為專業的文案寫手應該要能獨當一面，自己想出標題、文案概念和好點子。

　　以下是我自己發想標題的過程，其中某些技巧可能對你也有用。首先，我會先問 4 個問題：

1. 我的顧客是什麼樣的人？
2. 這項產品有哪些重要的特色？
3. 哪些特色是競爭對手的產品缺少的？
4. 顧客為什麼會想買這項產品？（哪項產品特色對顧客來說最重要？）

　　當我知道問題3的答案後，我就知道自己想要在標題中強調的賣點是什麼了。接下來的工作很簡單，只要把這項賣點用清楚明白、強而有力、饒富趣味的方式呈現出來，能吸引讀者注意、想要進一步了解產品，這樣就行了。

　　有時候我會用「如何」型標題，有時候我會用提問型標題或介紹型標題。也有些時候，我的成品不屬於前述的任何一種型式。重點是，我不會將賣點勉強套用到任何模式上，而是先找出賣點，然後寫出最能夠彰顯這項訊息的標題。

　　我通常寫出6至8個標題後，其中一兩個就是理想的標題了。不過我知道的文案寫手中，也有人會為了一支廣告，發想出十幾個標題。如果一次想出很多個標題對你最有幫助，就放手這麼做吧。有些標題就算最後沒出線，其中最有力的標題也能當作副標題或文案內文。

　　為現有產品撰寫新廣告時，我會把這個產品之前的廣告都找來看，搞

清楚這些廣告提到哪些賣點。通常我會在某些廣告的內文中，找到能用在標題上的銷售訊息。

寫不出生動的標題時，我有時候會乾脆列出一張清單，寫下一連串跟產品有關的詞彙，然後排列組合這些詞彙，組成好幾個標題。

舉例來說，有位客戶請我替一款新型牙套撰寫廣告文案。舊牙套的材質是比較硬的金屬線，而新牙套採用柔軟好塑形的金屬絲，更容易服貼病患的齒形。

對此，我列出的詞彙清單大概像這樣：

- 轉彎
- 牙齒
- 研發
- 鑲邊
- 鋼絲

- 容易
- 發明
- 輪廓
- 牙醫
- 彈性

- 護套
- 新的
- 牙齒的
- 金屬絲
- 服貼

- 技術
- 革命性
- 彎折
- 引進
- 鬆弛

只要混搭這張清單上的詞彙，就能產生五、六個不錯的標題。其中，我最喜歡的是「我們的牙套會轉彎」。客戶喜歡這個標題，而且將這個標題用在一則相當成功的廣告上。

如果你一個標題也想不出來，別讓自己陷入文思枯竭的窘境裡。不妨先將標題放一邊，直接寫內文，並一邊仔細閱讀你對這個文案的相關筆記。如此一來，自然就會產生一些跟標題有關的想法。把這些想法都寫下來，之後再回頭推敲這些想法。大部份的想法可能都不夠好，但完美的標題很有可能就是透過這種方式產生的。

能勸敗的標題，就是好標題！

標題在一則廣告中的功能在於引起注意，而引起注意就是說服讀者購買產品的第一步。

耍花招、賣弄文句或誇張吹捧，都不是構成出色標題的要件。對一個

設計精妙的標題來說，只有在它的精妙之處能強化銷售訊息、加深讀者印象時，才算真正具備價值。可惜許多文案寫手為了創意而創意，反而讓精心的設計模糊了銷售訊息。

如果你得在巧妙隱晦和簡單直接之間選邊站，我建議你選擇簡單直接。你不會因此贏得廣告大獎，但至少能多賣點產品。

亞歷山大行銷服務公司（Alexander Marketing Services）的總裁吉姆·亞歷山大（Jim Alexander）也深信標題應該具備銷售力，他這麼想：

> 我們相信，廣告應該要能吸引目光、激發熱忱，藉此強化產品的銷售訊息，這些都是平面廣告的重要元素。不過，簡單明白的陳述、樸實無華的視覺設計往往更能深入人心。
>
> 打個比方，你可能覺得「為您處理硫酸」這個標題聽起來很無聊、沒創意；然而，對天天要花高額經費對付這種腐蝕性物質的化學工程師來說，這個簡單的標題意義非凡，會讓他想繼續仔細看文案裡提供了什麼解決之道。
>
> 所以，在我們的客戶抱怨廣告很無聊之前，我們可以先問問他們：「對誰來說很無聊？」是對廣告主，還是對可能成為顧客的讀者？我們很容易忘記，廣告的真正目的是要溝通產品的概念和資訊。有太多廣告因為自身的娛樂價值而獲得青睞，但這只是在浪費錢而已。

我之後會說明特定數位媒體的文案標題要怎麼寫，包括網站、電子郵件宣傳活動和網路廣告（請參考第11、13及14章）。

Chapter 3

你的廣告文案，
讀者真的看得懂嗎？

《哈佛商業評論》（Harvard Business Review）雜誌上有篇文章描述了一項衡量廣告效益的實驗。結果並不令人意外，實驗顯示，廣告越簡單明瞭，效果就越好。換句話說，當你的文案越淺顯易懂，你賣出去的產品就越多。

理論上，製作簡單的廣告有什麼難。反正廣告大多都在處理一些簡單的主題——服裝、汽水、啤酒、香皂、唱片之類的。然而，實務操作上，許多廣告的溝通效果並不如預期。以下是一則出現在《現代新娘》（Modern Bride）雜誌上的廣告：

他們喜歡我的3號星球款式

哈利向他們展示我們的最新款式時，他們禮貌性地微笑。但當他打開自動駕駛艙蓋，他們的一個小孩突然尖聲大笑，結果這個有著星形耳朵的小孩被賞了一耳光……

我文案寫作班的學生稱形容這則廣告「不知所云」。這是個典型的「借力型廣告」：文案寫手沒把握能讓產品變得有趣，所以編出一個發生在3號星球的對話，自己隱身其後。結果呢？讀者無比困惑，溝通效果少得可憐。

把產品和不相關事物牽扯在一起的「借力型」手法，常是廣告不知所云的主因。不過還有其他原因，像是過長的句子、陳腔濫調、難字滿天飛、無法切中要點、不夠具體、專業術語充斥、雜亂無章等等。

接下來要提供幾個訣竅，幫助你寫出能將訊息明確傳達給讀者的文案。

掌握11個訣竅，寫出邏輯清楚的文案

一、讀者優先

《商業寫作的致勝訣竅》（Tips to Put Power in Your Business Writing，暫譯）一書的作者查克・科斯特（Chuck Custer）建議企業主管，撰寫商業信函或備忘錄時，應該將讀者放在心上。

他說：「你不認識寫信的對象沒關係，但從現在起，試著想像你的讀者，你可以想像某個已經認識、和你的讀者相似的人，然後寫信給他。」

要將讀者放在心上。問問自己：讀者了解我在說什麼嗎？他知道我用的專業術語嗎？我的文案有沒有告訴對方重要的訊息、新消息，或有用的資訊？如果我是讀者，這篇文案能說服我購買產品嗎？

有個技巧能讓你寫出讀者優先的文案，就是直接在文案中使用「你」這個稱謂，就像我在本書中稱呼「你」。文案寫手稱這項技巧為「以你為導向」。只要翻翻雜誌，你就會發現其中九成的廣告內文都用了「你」這個稱謂。

以下表格的左邊列舉了未能將讀者放在心上的文案，表格右邊則是修改版，將這些文案調整成以「你」為導向。

以 廣 告 主 為 導 向	以 你 為 導 向
本公司最新的會計軟體不但功能升級，還有友善的操作介面，適合中小企業處理應收帳款、應付帳款及會計總帳。	我們的會計軟體能幫你平衡收支、管理現金流、追蹤尚未付款的顧客。最棒的是，這套軟體容易操作，不需要額外受訓。
每日現金累積基金追求最大稅後純益，同時降低資本風險、保持資產變現能力。	這筆現金基金能為您的投資爭取最高的報酬，同時承擔最低的風險。而且，您可以隨時從這筆帳戶提領現金，額度不限。
取消訂單只需將產品連同原包裝退回。我們收到書並確認書況適合轉售後，將通知會計部門取消發票。	如果你對我們的書不滿意，只要退回來並撕掉發票就行了，一毛錢也不欠我們。還有比這更好的交易嗎？

二、縝密安排你的賣點

美國中西部的一位銀行經理想知道，他們郵寄出去的小冊子到底有多少人會讀。於是，他們在小冊子裡多加了一段話，然後寄給100名顧客。這段話藏在四千五百字的技術性資訊裡，表示任何人只要跟銀行開口，銀行就會無償送上一張10美元鈔票。

最後到底有多少顧客向銀行要這筆錢呢？答案是一個也沒有。顯然，你組織內容的方式會影響讀者如何閱讀。如果銀行把「10元美金免費送！」這句話寫在宣傳手冊及信封袋的封面，一定就會有很多顧客回應。

寫文案時，你必須要仔細推敲，看要如何組織你想表達的賣點。一則廣告中，你可能會有一個最重要的銷售訊息（這部車油耗低），以及幾個次要的訊息（內部空間大、低價、可享500美元折扣）。

廣告標題應該點出最大賣點，接下來的幾段文案則解釋這項賣點的細節，其他次要的賣點就安排在後面的內文中。如果文案篇幅較長，每項次要賣點都應該有獨立的標題或編號。

如何組織賣點端看賣點之間的重要程度、你給讀者的資訊量，以及你撰寫的文案類型，像是廣告信、平面廣告、電視廣告、部落格文章或公關新聞稿等。

曾任美國西屋公司（Westinghouse）公關經理的泰瑞・史密斯（Terry C. Smith），針對如何在演講或產品說明會上循序提出銷售賣點，有一套他自己的原則。這套原則就是「先跟他們說，你即將告訴他們什麼樣的內容。接著，如實地告訴他們。最後，再次說明你已告訴過他們的那些內容。」這位演講稿高手會先預告聽眾，這場演說大致有哪些重點，接下來依序說明，然後再簡明扼要地總結前述的內容。聽眾跟讀者不一樣，無法透過印下來的文字複習聽過的東西，所以一開始的內容預告跟最後的摘要總結都有助於聽眾記住演說重點。

特約文案寫手波頓・平卡斯（Burton Pincus）替銷售信發展出一套獨門的編排模式。他先透過標題給出一個承諾，再說明這項承諾如何實現，接著提出證明，指出這項產品完全符合文案所說。最後，他會告訴讀者如何訂購，並解釋為什麼跟產品價值相比，價格根本不是考慮的重點。

在你著手寫廣告文案或登陸頁面之前，不妨先寫下你的賣點，接著用符合邏輯、有說服力、清楚明白的方式編排，最後依序呈現在文案中。

三、將整篇文案分成好幾個區塊

如果你的廣告內容能分成好幾個賣點，建議你清楚區隔每個賣點、分成好幾個區塊各自處理。對字數不到150字的短篇文案，固然沒必要這麼做，但如果篇幅增長，文案會變得比較不容易閱讀，那麼將文案分成好幾個區塊確實會更好讀。

最好的處理方式為何？如果每個區塊講述的賣點能合理地依序銜接，或者能依照重要程度逐條列出賣點，那麼我建議你使用數字當項目編號。

如果賣點都一樣重要或邏輯上沒有先後關係，你便可以使用圓圈、星號等小圖示作為項目符號，或用破折號來劃分不同區塊。如果分成好幾個區塊後，各自都包含長篇的文案內容，不妨使用小標題更進一步細分（就如同本書的作法）。

細分後的每個段落都應該要簡短，太長的段落會讓讀者卻步。一本塞滿小字的大部頭書傳達的訊息就是：「這本書讀起來一定很辛苦！」

編輯文案時，建議你利用小標題，將主要區塊細分成幾個小段落。段落之間的行距應該大一點，保留一點空間。此外，長段落最好拆成幾個短段落。例如，5個句子組成的段落通常能分別拆成2句和3句的兩個段落。分段的依據在於找出介紹新概念的句子，以這句當作新段落的開頭。

> ### 遵循簡單 4S 公式
>
> 要讓你的文案清楚易讀，比起其他寫作技巧，以下這4個簡單的原則更能發揮作用：
>
> - 字詞從簡（Short words）
> - 句子從簡（Short sentences）
> - 段落從簡（Short paragraphs）
> - 區塊從簡（Short sections）

四、運用短句提高說服力

短句比長句好讀。所有專業寫手都被教導要寫出簡潔俐落的句子，新聞記者、公關人員、雜誌或文案寫手無一不例外。

長句會讓你的讀者感到疲憊、頭昏眼花，等到他們好不容易讀到最後，早已忘記前面的內容了。

《科技論文寫作》（Writing a Technical Paper，暫譯）的共同作者曼佐教授（D. H. Menzel）曾做過一項調查，希望找出最適合科技論文的句子長度。他發現，如果一個句子超過34個英文字，就會變得不容易理解。比起有心閱讀重要論文的科學家，消費者對冗言贅字更沒耐性。

魯道夫‧佛列許（Rudolf Flesch）是知名書籍《為什麼強尼無法閱讀》（Why Johnny Can' t Read，暫譯）、《簡單說話的藝術》（The Art of Plain Talk，暫譯）的作者，他指出，商業寫作的最佳句子長度是14至16個英文字。20到25個字還勉強可以接受，但超過40個字就會變得很難閱讀。

由於廣告文案寫手首重簡潔，文案的句子比佛列許建議的14至16個字還要短。

現在讓我們來看看要如何將長句變短。首先，盡可能將長句子拆成兩個以上較短的句子：

原 句	修 改 後
我們希望你的泵浦物超所值既然現在每一分利潤都很重要。	現在，每一分利潤都很重要。我們希望你的泵浦品質物超所值。
這篇文章提到1977年在海地針對15歲到49歲的婦女所做的初經年齡追蹤資料的一些調查發現。	這篇文章提到1977年在海地所做的調查結果。這些調查針對15到49歲婦女，提供了初經年齡的追蹤資料。

另一個將長句拆成短句的方法是利用標點符號把句子分成兩部份。

原 句	修 改 後
我們的目標是要讓你能體認對上要應付企業總裁、對下要照顧新進人員的人資的重要。	我們的目標是要讓你能體認人資的重要——他們對上要應付企業總裁、對下要照顧新進人員。
結果就是說明會未達效果而且其他人還懷疑你是否盡了責任。	結果，說明會未達效果……其他人還懷疑你是否盡了責任。

如果所有句子長度都一樣，文案就會變得很無趣。要讓文案產生韻律般的流動感，你要就變化句子的長度。偶爾出現短句，甚至不完整的句子，能讓文案的平均句長降低至可接受的範圍；如此一來，就算你常使用長句也無妨。

原 句	修 改 後
我們現在有超過3萬名會員是航太工程師。想加入他們的辦法是連同下面的優惠券寄146美元的支票來，你今天就可以入會。	目前，我們有超過3萬名會員是航太工程師。快加入他們！將下面的優惠券與146美元的支票寄給我們，你今天就可以入會。
現在就來試試我們的牙套，設計優雅，能有效矯正，具備多種先進輔助技術能幫助你快速簡便地固定牙齒，而且價格合理。	現在就來試試我們的牙套——設計優雅，能有效矯正，還具備多種先進輔助技術能幫你固定牙齒。快速、簡單，而且價格合理。

多訓練自己寫出簡潔俐落的句子。寫完一個想法時，就結束那一句；再新起一個句子寫新的想法。編輯文案時，你要能自動找出哪些句子能被拆成兩句。

五、簡單的詞彙使文意一目了然

簡單的詞彙溝通效果比難字好。有些人使用生難字詞是為了讓人印象深刻，但其實效果不好。難字通常只會讓讀者不愉快或分心，結果忘了寫的人到底要表達什麼。

儘管如此，生難字詞依然存在，因為使用這種浮誇的詞彙會讓部份讀者或寫出這些東西的人自我感覺良好。以下是幾個使用生難字詞的例子。

有位一神論牧師在佈道會上表示：「假如我是上帝，我的目標是將美德最大化，而非邪惡永恆化。」

《國防新聞》（Defense News）週刊登了一則漫畫，描繪一名主管告訴下屬：「我要你們將選擇項目集中化，將參數順序優先化，將耗材預算化，最後將產量行程化。」替雜誌《廣告時代》撰寫文章的弗雷德‧丹席格（Fred Danzig）曾問，為什麼赫頓證券公司（E. F. Hutton）的一名主管要說「市場走勢呈區間整理」，而不直接說：「市場會上下震盪」。

撰寫廣告文案時，你的任務是溝通，而不是設法讓別人佩服你或增強你的自尊心。請避免使用華而不實的詞彙或句子。郵購專家賽西爾‧霍奇（Cecil Hoge）曾說，文案的用字應該「像店面的櫥窗，讓讀者一目了然，立刻看見產品」。

下表的左欄列出歷年來出現在平面廣告、宣傳手冊，以及文章裡的生難字詞，右欄則提供了更簡單，也比較推薦的替代用法。

生 難 字 詞	替 代 用 法
取得	得到
絕佳	最好
參數	因素
優先化	排順序
獲取	得到
發汗	流汗

消費	購買
實證	證明
選拔	挑選
優越	最好
充分發揮	利用
終結	結束
面容	臉

無論你的讀者是農人、物理學家、漁民，還是金融從業人員，簡單的字彙向來是比較好的選擇。約翰・凱普斯說：「就連教育程度最高的人，也不會討厭簡單的字彙；簡單的字彙是唯一能讓最多人理解的用字。」

作家海明威（Ernest Hemingway）曾這麼評論同樣身為作家的福克納（Faulkner）：「可憐的福克納，他真的以為深沉的感情來自複雜的文字嗎？他以為我不懂那些艱澀難懂的字彙。我可懂得很。我只是選擇使用那些流傳更久遠、更簡單也更好的字。」

別以為用字太簡單，你的文案就不會被當回事。莎士比亞最有名的一句話：「活著好，還是死了好？」（To be or not to be?）裡頭最多字元的單字也只用三個字母拼成。

六、避免使用術語

不只有製造業的文案會使用術語。下面的例子是一則刊登在《富比世》（Forbes）雜誌的保時捷廣告：

新上市的保時捷有最新型2.5公升、四汽缸、鋁矽合金引擎，由德國魏薩研發中心設計，祖文豪森原廠生產製造。

轉速為3000 rpm時，最大扭力達137.2 ft-lbs，轉速5500 rpm時，更可創造出143 hp的馬力。

這台新車款還有保時捷獨門的變速差速器、空氣動力及操控性能設計。

跟許多《富比世》雜誌的讀者一樣，我並不是汽車引擎專家。我不曉得扭力的單位是英尺／磅（ft-lbs），也不知道轉速3000 rpm時，這樣的扭力算是提升得很快。我知道馬力（horsepower）代表的意義，曉得rpm指的是每分鐘轉速（revolutions per minutes），但我不清楚轉速5500 rpm時，輸出馬力143 hp算是表現很好、很差或普通。

說了這麼多，重點在於：如果你的聽眾並不了解你的專業語言，那就別使用這些術語。這些行話只有在一小群專家互相溝通時，才真正有用。在寫給門外漢看的文案中使用術語，只會讓讀者一頭霧水，而且模糊了銷售訊息。

舉例來說，資訊科技的專家創造出不少新語言，像是機器智能、量子運算、兆位元組、十億赫茲、光柵影像、線框圖等 —— 但並不是每個人都知道這些詞彙的意思。

一名企業主管或許知道「軟體」跟「硬體」，但他不會了解「行程間通訊緩衝區」、「非同步軟體中斷」，或「四位元組資料型態」到底指的是什麼。你因為使用術語而用字精省，方便又省力，但你卻可能讓不懂這些技術性用語的讀者失去閱讀的興趣。

會用行話搞得我們一頭霧水的技術人員，不只有電腦專家。華爾街金融人員也會使用外星語言，像是「急跌」、「凍結」、「橫向整理」、「擴大稅基」等等。醫院管理人員也有一套自己的語言：「費用超標者」、「前瞻性支付」、「醫事服務地區」、「診斷關聯群」，或「國際疾病分類標準」。

由於身為專家的不是文案寫手，而是廣告主，後者才是最常用術語困惑讀者的人。曾經有客戶重寫了我的宣傳手冊文案，就為了強調他們的筒倉不只會貯存穀物，還會「以均重運輸」穀物。

究竟什麼時候適合使用術語、什麼時候最好用大白話解釋觀念呢？我有兩個原則：

- 原則一：除非95%以上的讀者都懂，否則不要使用術語。如果你的客戶堅持一定要用讀者不熟悉的術語，那麼請務必要在文案中解釋這些術語的意思。

- 原則二：除非術語能精確傳達你的意思，否則不要使用術語。我會用「軟體」這個詞，是因為沒有其他更簡單易懂的說法可以取代。但我不會用「離機」這個詞，因為我可以更簡單地說「下飛機」。

七、文句要簡潔

好的文案必然簡潔俐落。贅字會浪費讀者的時間、稀釋銷售訊息，而且浪費廣告空間 —— 這些空間本來能有更好的利用。

創作出簡潔文案的關鍵在於重寫。寫初稿時，文字會隨著想法流洩而出，你會忍不住要多說幾句。進入編輯階段後，你應該刪除不必要的字句，才能創造出鮮活俐落的文案。

我認識的一位文案寫手形容自己的文案就像「絲絨溜滑梯」——從引起銷售對象的興趣到成交購買產品，一路順暢。贅字就像滑道上的顛簸障礙，讓滑行不順。

舉個例子，一位寫作顧問的網站提到，客戶會獲得「針對自身作品的專業編輯建議」。難道他會提供不專業的建議嗎？刪除「專業」這兩字也無妨。

另一份寫作雜誌的廣告提到「未完成的手稿進行中」。很顯然，進行中的手稿一定是未完成的。

總之，請讓你的文案簡潔俐落。避免冗詞贅句、被動式寫法、沒必要的形容詞、一直用逗號而沒有斷句，或其他佔用版面卻無法讓文案更清楚的寫作習慣。建議你編輯、重寫文案時，拿掉所有不必要的字詞、句子和段落。

以下的例子告訴你如何刪除贅字，讓文句變得更精簡。

贅 字 冗 句	精 簡 版 本
乍看之下	乍看
第20號	20號
免費贈送的禮物	贈品
無論是否	無論
一般普遍性的原則	一般原則
特定的例子	例子
他是這樣的一個人	他這個人
他們設法使用	他們使用
從最低的6分到最高的16分	從6到16分
多種各式各樣的模型	多種模型
大約17噸左右	大約17噸
內行的專家	專家
使用簡單容易	使用簡單
能幫助你	幫你
能被視為是	是
最為獨特	獨特
唯一一個	唯一
完全停下來	停下來
這整個議題	這個議題
沒趣又無聊	無聊
在年度的基礎上	每年
以……的形式	作為
展現出……的能力	能
或許你可能知道	或許你知道
用來取代……的替代品	……的替代品
多到不可勝數	很多
約翰、傑克、弗瑞德和湯姆等等	約翰、傑克、弗瑞德和湯姆

女性專用的婦女衛生產品	女性衛生產品
最初出生的地方	出生地
你自己的家	你的家
RAM* 記憶體	RAM

八、文意務必具體明確

廣告是藉由提供產品的具體訊息來說服我們購買，文案包含越多產品情報越好。懶得探究產品特色的文案寫手只能寫出模稜兩可、說服力不強、不知所云的文案。

史壯克與懷特在《英語寫作風格的要素》一書中寫道：「研究過寫作藝術的人若有任何共同遵循的要點，那麼這個要點一定是：要引起並維持讀者注意力最可靠的方法，是寫得明確、清楚、具體。那些最偉大的作家——荷馬、但丁、莎士比亞——他們的作品之所以動人，主要是因為他們講究具體情節，會詳盡描述重要的細節。」

你坐在電腦前要動工時，手邊準備好的背景資料至少應該比最後用在文案上的素材多一倍。如果你準備了夠多的材料，寫文案就變得容易得多：你只要挑出最重要的資訊，並用清楚、準確、直接的方式描述就行了。

但如果文案寫手不知道要說些什麼，就會轉而依賴花俏的文句、華而不實的描繪，好填滿頁面上的空白。這種文案讀起來很美，但其實什麼也沒說，而且也賣不了產品，因為什麼資訊也沒告訴消費者。

九、直接講重點

如果整則廣告最重要的是標題，那麼第二重要的肯定是文案第一段。文案第一段有可能實現標題所做的承諾，因此吸引讀者繼續往下讀；但

---

* RAM 指的是「隨機存取記憶體」（random access memory），所以「RAM 記憶體」就變成「隨機存取記憶體記憶體」了。

第一段也可能用無趣、不相關或贅字連篇的內容澆熄讀者的興趣。

　　我生平撰寫的第一則文案是一份描述機場雷達系統的宣傳手冊。我是這麼寫第一段的：

> 時代不同了。現在，機場處理的航空交通量遠多於1960年代。
>
> 當年的雷達設計並未考量到未來的變化，導致無法處理終端航空管制系統快速增加的需求。
>
> 有鑑於現今機場管理的航空流量以驚人速率持續攀升，機場監視雷達除了要能處理現在的交通，也必須能應付未來更複雜的交通管制需求。

　　我寫的這些都是事實，而且身為門外漢的我還覺得這些資訊挺有趣的。不過這篇文案的讀者會是個在大型或中型機場負責空中交通管制的專家。他難道不曉得機場的交通量正持續增加？他早就知道的話，我就是在重複明擺著的事實，浪費讀者的時間。這是很多文案新手會落入的陷阱：在文案頭幾段先「暖身」，之後才銷售產品。等到他們終於開始談產品時，大部份的讀者已經跑光了。

　　你應該在文案第一句就開始銷售。我當年應該這麼寫雷達宣傳文案的第一段：

> X-900雷達系統能在145英里的範圍內，偵測到體積最小的商用飛機。而且這個系統的L波段應用效率比S波段雷達高出40倍。

　　如果你需要「暖身」才能下筆，就這麼做吧，只要在最終版本出爐前，刪除這些暖身的段落就行。最終版本的文案必須要從第一個字就開始銷售，直到最後一個字都如此。

　　以下是另一個沒直接講重點的文案：

目標放遠，開拓新視野！
要能如此向來不容易，但開拓新視野正是我們放遠目標的目

的。因為要開拓新視野，你必須深具洞見，不只看到事物現在的面貌，也看得到事物的潛能……

為什麼要寫出這麼不知所云的文案呢？這則廣告試圖製造戲劇化的效果，但結果卻淪為空洞的修辭；這則文案完全沒有提供讀者線索，根本看不出在宣傳什麼。

這是一則美國空軍的招募廣告。加入空軍的好處包括旅行、職業培訓，以及駕駛噴射機的機會──為什麼不一開始就強調這些特點呢？

十、行文應口語、親切

安・蘭德斯（Ann Landers）是美國讀者最多的專欄作家之一。她為什麼這麼受歡迎？蘭德斯自己的說法是：「我學會了用講話的方式寫作。」

大家都喜歡閱讀清楚明白、淺顯易懂的內容，而最簡單明瞭的行文方式就是像講話一樣。寫作專家稱之為「對話式語調」。

「對話式語調」在廣告界尤其重要，因為平面廣告取代了成本相對較高的推銷員。比起到處奔波的推銷員，廣告能接觸更多消費者而且也更便宜，這是企業刊登廣告的唯一理由。輕鬆、口語、像在對話的文案，遠比中規中矩的商業、科學或學術文章容易閱讀。如果能寫得淺顯易懂，你就成了讀者的朋友；但如果你想賣弄文藻、自以為是，你在讀者心中就是個討厭鬼。

1980年代時，IBM推出一系列卓別林（Charlie Chaplin）廣告來推銷第一台個人電腦，結果這台電腦變成熱銷產品。這一系列廣告的行文親切、口語，展現樂於助人的風格，堪稱這類文案中的經典。來看看一個例子：

> 廣大的資訊世界正等著你，但要使用、研究、享受這個世界，甚至從中獲利，你得先走進來。所有資訊就在你的指尖，只要你有一支電話、一台數據機，以及一台IBM個人電腦。

請注意文案裡的口語用法「廣大的資訊世界」、「就在你的指尖」，以

及非正式的用語「正等著你」、「你得先走進來」，IBM 似乎很想面對面幫助每個人，而且他們的文案聽起來就像朋友之間的對話。

所以你該怎麼寫呢？刊登在《華爾街日報》（Wall Street Journal）的一篇文章裡，約翰‧路易斯‧狄哥塔尼（John Louis DiGaetani）推薦了以下這個簡單的方法，用來檢驗對話式語調：「你在修改時不妨反問自己，你跟讀者講話時會不會說出你寫的內容，而且不覺得拗口。或者，試著想像自己對著別人說出這些內容，而不是寫出來。」

我的前任老闆曾寫過一封銷售信，開頭是「附件為您要求提供的資料」。我問他：「如果你是要把這封信親自交給我，而不是寄給我，你會怎麼說？」

「我會說：『這是你要的資料』或『我已附上你要求的手冊』這類的話吧。」我回答：「那你為什麼不這樣寫呢？」結果他照做了。

下面提供幾個訣竅，讓你成功「我手寫我口」，行文自然又口語：

- 使用代名詞 —— 我、我們、你、你們、他們。
- 使用口語的說法 —— 沒問題、好東西、敲竹槓、OK。
- 使用簡稱 —— 生技、工研院、奧委會。
- 使用簡單的詞彙。
- 如果你得在語氣自然和文法正確之間做選擇，那就選語氣自然吧。

十一、避免使用帶有「性別偏見」的詞彙

以英文來說，我們現在已經不用帶有man這三個字母的英文詞彙了，例如：advertising man（廣告人）、salesman（銷售員），或Good Humor man（冰淇淋車小販）都已經改成advertising professional、salesperson和Good Humor vendor，用性別中性的字眼取代原本指稱男性的man。

文案寫手必須避免使用帶有性別偏見的詞彙。不管你接不接受，帶有性別偏見的詞彙會冒犯大部份的人，而在惹惱消費者的情況下，你是不可能把產品賣給他們的。

在這個看重多元性別的時代，寫作時如何處理性別是個敏感的議題。以下有幾個處理原則：

- 使用複數。把「醫生收到他病患的報告」改成「醫生們收到病患的報告」。
- 修改文案，避免提到性別。別寫「主管找他的下屬開會」，寫成「主管找下屬開會」。
- 輪流變換性別。以往我習慣通篇文案都用男性代名詞，現在我會交替使用女性和男性稱呼。
- 兩個性別都提到。寫簡單的句子時可以這麼做，但寫長句時，就可能變得繁瑣累贅，例如：「他或她打卡後，系統就會自動計算他或她的加班費。」有時候你也可以把「他或她」、「他或她的」改成「她或他」、「她或他的」。
- 不要用「他／她」、或「他的／她的」這種彆扭的寫法，請寫成「他或她」以及「他或她的」。
- 在文案中創造一個想像的角色，具備特定性別。例如，「桃樂絲·富蘭克林正在加班。當她打卡下班後，系統就會自動計算她的加班費。」

下表左欄列出了一些帶有性別偏見的詞彙，右欄則是比較中性的替代說法：

性 別 偏 見 說 法	中 性 說 法
打掃阿姨	清潔人員
空姐	空服員
女工	工作人員
髮姐	美髮師
接線小姐	電話客服人員
女警	警察
老闆娘	店主
家政婦	家事服務員

其他文案寫作的竅門

文案寫手會用上許多寫作技巧，將大量資訊安排在短短幾個段落的流暢文案中。以下列舉了幾項：

適時斷句

適時斷句能讓平均句長維持在適當範圍內，而且也能為你的文案增添戲劇效果與韻律感。

- 萬用基礎眼影刷，每個人都需要一支。唯一的眼妝法寶。

- 《財富》雜誌1000大企業中，任何一家都追不上我們的成長率。毫不意外。智慧型手機是當下最熱門的產品，顧客需求看不到盡頭。

- 阻擋成功之路輕而易舉。一個從腦中閃過的想法，一則從未寫下的筆記。

以連接詞起頭

以「而且」、「或者」、「但是」或「因為」這些連接詞為句首開頭，能順暢連結不同的想法。

而且不要用比較複雜的連接詞。「但是」比「然而」或「相反的」更好更簡單；也不要用過時的詞彙，例如「尤有甚之」或「再者」──畢竟「而且」已經夠好用了。

- 第一堂課免費。但我無法打電話給你，你得自己踏出第一步。

- 選擇很簡單。你可以當個文書辦事員，或下載即時通訊軟體來用，而且以音速處理工作。

- 我們的電話系統會自動撥打你選定的前兩個號碼，直到對方接電話。系統會幫你傳達緊急求救訊息，並提供你的地址。而且會不斷重複這項動作。

一段只用一句話

有時候只用一句話當成一個段落能改變文案的節奏，讓文案變得比較活潑。如果所有句子跟段落的長度都差不多，讀者會感到昏沉麻木，就像汽車駕駛在又長又直的道路上行駛時，會漸漸感到恍惚迷茫一樣。只有一句話的段落突然冒出來，就像道路突然出現轉彎，能讓你的讀者大吃一驚，完全清醒過來。以下的例子來自一封銷售信，推銷文案寫作服務：

> 對許多廣告人來說，製作製造業的廣告是件苦差事，不僅得詳細研究產品，又必須弄懂艱澀的技術。要撰寫這類文案，你需要兼顧專業技術及文案溝通技巧的雙料人才。
>
> 你需要像我這樣的人。

善用視覺設計強調文案的字句

大學生會用螢光筆在課本上劃重點。這樣能節省讀書的時間，因為複習時，只要重讀劃記的重要部分就好，不用全部重讀。

和課本一樣，廣告裡的標記或畫線能突顯文案的字句。很多讀者只會匆匆瀏覽文案，不會細讀，因此標記或畫線能幫助讀者注意關鍵字、重點段落和賣點。

當然，畫線這類的視覺設計只能省著用。如果你把推銷信裡所有內容都畫線，那就無法突顯任何東西。反之，如果在一頁的推銷信中，你只標記了三個字，你就有把握大部分讀者會注意到這幾個字。以下列舉了幾個作法，能突顯關鍵字句，吸引讀者注意：

- 畫底線
- 縮排段落
- 斜體字
- 類似手寫的字體
- 黃色標記
- 加外框
- 附言（在信末用 p.s.）
- 大寫字體
- 粗體字
- 上色字體
- 箭頭、頁邊的附註
- 黑底白字
- 對話框

利用項目清單

寫文案最有效的技巧之一就是運用項目符號,以清單方式呈現內容,例如「今年冬天降低暖氣費的7個方法」。很多文案寫手會快速列出一堆清單,這麼做的結果就是很多項目內容都很平庸,一點都不吸引人。

得花點精力和發揮創意,才能想出強而有力且吸引人的項目內容,像是「在飛機上絕對不要吃的東西」這樣的經典。

運用項目清單時,最常犯的錯誤就是沒有拿捏好哪些資訊該呈現。「跟讀者說太多,你等於免費提供資訊,讀者就不需要購買產品來找答案。」文案作家派瑞斯·藍波伯勒斯(Parris Lam propoulos)這麼說道:「舉例來說,如果你的清單講明『如何利用辣椒素藥膏這種成藥舒緩疼痛』,就不可能引發讀者的好奇心,因為你已經洩露天機了。」

但派瑞斯也提到,如果項目清單提供的資訊太少,或訊息不夠明確,也會讓讀者失去興趣:「如果你說『容易罹患這種疾病的人,為何一定要攝取維他命 B』,我就不會往下讀,因為我不知道『這種疾病』是指什麼。」

如何寫出吸引人的有力清單,派瑞斯摸索出一套經驗法則:具體描述「問題」,但模糊帶過「答案」、「解方」,保持神秘。此外,還要加點轉折、懸疑,或從特別的視角切入。

派瑞斯舉了一個例子說明。有位文案寫手要幫一本提倡自然療法的書寫宣傳文案。書中一項保健內容提到,坐在體積大的物品上會導致背痛。也就是說,如果你的皮夾又鼓又大,你就該把皮夾從後面的口袋裡拿出來,放到前面的口袋,如此一來背就不會太緊。這位文案寫手由此想出了「扒手如何幫你減輕背痛?」這樣的文案。他具體指出問題(背痛),但對解方保持神秘(扒手怎麼能減輕背痛呢?)。

文案寫手的核對清單

將文案交給客戶或創意部門之前,建議你問問自己下列幾個問題:

- **這份文案是否實現了標題所做的承諾？** 如果標題是「如何贏得朋友並影響他人」，那這份文案就應該告訴你用什麼方式贏得友誼、發揮影響力。沒有實現標題承諾的文案等於是在欺騙讀者──而且讀者心知肚明。

- **這份文案夠有趣嗎？** 如果讀者邊讀你的文案邊打哈欠，這代表你的文案無法點燃讀者對產品的熱情。試著在文案中說故事、提供新資訊、改善讀者的生活。總之讓文案讀起來有意思。無趣沒辦法讓讀者掏錢買你的產品。

- **這份文案好讀嗎？** 讀你的文案時，讀者沒有義務要解讀你在說什麼，反而是你有責任要用淺顯易懂的文字表達清楚。記得，字詞從簡、句子從簡、段落從簡，讓你的文意簡單明瞭。

- **這份文案可信嗎？** 有位老師曾如此評價我寫的一段文字：「這段文字的誠信度只值一張3美元的鈔票。」大家普遍不信任廣告、廣告人，所以你得格外努力說服讀者，讓他們相信你說的話是真的。建立可信度的一個方法是呈現滿意客戶的見證說法。另一個方法則是實際展示或提出科學證據，證明自己所言不假。不過，要讓大家相信你，最好的辦法就是──說實話。

- **這份文案有說服力嗎？** 你的文案清楚好讀還不夠，還必須成功勸敗、達到溝通效果。要能勸敗，你的文案必須先引起讀者注意，接著吸引住讀者，再來讓讀者產生對產品的慾望，進一步證明產品的優勢，最後要求讀者掏腰包（第四章會談到平面廣告的基本推銷術）。

- **這份文案夠明確嗎？** 要能成功勸敗，你得提供具體資訊，像是相關事實、產品特色、使用益處和折扣優惠等等，告訴讀者應該購買這項產品的理由。你的文案越具體，資訊就越豐富、可信度也越高。

- **這份文案夠簡潔嗎？** 盡量用最少的字講完整件事，講完了，就停筆。

- **這份文案和產品密切連結嗎？** 特約文案寫手席格‧羅森布倫（Sig Rosenblum）說道：「優秀文案要遵守的原則之一就是不要談論自己。別告訴讀者你的努力、你的成就、你的喜好，這些對讀者都不重要。重要

的是讀者喜歡什麼、需要什麼、渴望什麼。請確保你的文案內容都和讀者的自身利益相關。

- **這份文案夠流暢嗎？** 好的文案會從一個重點順暢接到下一個重點。中間沒有任何彆扭的段落、沒有模糊不清的說法，也沒有奇怪的詞彙影響讀者順暢閱讀、打斷文案的節奏。

- **這份文案是否鼓勵消費者實際購買？** 你希望消費者轉而購買你的品牌、寫信要求索取免費手冊、打電話給銷售代表，或寄給你一張支票嗎？那麼你應該在文案中說明接著要做什麼，並要求讀者實際採取行動。你可以提供優惠券、回覆卡、免付費專線，或其他方式增加讀者的回應。

撰寫平面廣告和網路文案的差別

針對平面廣告文案和網路文案撰寫的差別，第11章至17章會有更詳盡的說明。這裡先舉幾個例子：

- 平面廣告比較適合用襯線字體。襯線指的是字形筆畫末端裝飾的細節。無襯線字體的筆畫末端沒有裝飾的細節，在螢幕上比較好讀。Times Roman 就是一種襯線字體，而 Arial 則是無襯線字體。

- 用電子郵件行銷的話，每個段落只有一兩句話比較好讀。數據顯示，這類文案的點擊率和開啟率比較高。而且每行英文字不要超過60個字元。超過的話，整封電子郵件都會讓人感到不適。

- 至於網站的文案，不同主題能輕易以不同頁面區分開來，每個頁面只著墨一個主題，而且篇幅不超過300至400個英文字。將文案拆成好幾個部分一直都是讓文案更好讀的技巧，而多頁式網站剛好是理想的載體，能好好發揮這個文案寫作技巧。

- 大部分印刷文件有個基本的溝通模式：白紙黑字呈現訊息。但網站能延展出更多元的溝通形式、透過更多元的媒體呈現訊息，像是聲

音、影像、動畫圖像、繽紛色彩等等。

- 一本書能在參考書目部分列出其他書籍，提供讀者參考。相較之下，網站能透過超連結，連到不同頁面、不同網站，讓讀者能快速得知附加的細節。

- 網路是個雙向的溝通管道。舉例來說，針對你寫的部落格文章，讀者能發表評論、回應。再舉另一個類似的狀況，你可以和某個網站上的聊天機器人對話。

- 如果你的讀者收到郵寄來的產品型錄，他可以收到書架上，有機會再拿出來參考。而且放的位置可能天天都看得到。然而，當讀者瀏覽過你的網站，他就直接關閉網頁，沒有任何實體的東西留下來。

- 現在拜Google搜尋引擎所賜，我們能快速又輕鬆地搜尋到想要找的資訊。Google能讀取超過一百萬兆位元組的資料，而且不到一秒鐘就能呈現在你的螢幕上。每間圖書館的館藏量都遠不及Google，而且還得翻箱倒櫃、花大把時間才能找到需要的資料。

- 撰寫網路文案代表你得運用大家會搜尋的關鍵字，好讓大家能看到你的內容或產品（請參考第11章）。此外，撰寫電子郵件文案也得避免觸發垃圾郵件過濾系統（請參考第13章）。

- 網頁文案的初稿不必苛求完美，因為是數位化的資訊，很好更正、調整和更新。

Chapter 4

抓對賣點，
勸敗勸到心坎裡！

美國廣告公司揚雅集團（Young & Rubicam）的創辦人雷蒙‧羅必凱（Raymond Rubicam）直言：「廣告的目標就是產品，沒有其他理由好說。」

這句話對菜鳥文案寫手來說，可能是個新鮮的概念。如果你從事過其他類型的文字工作，像撰寫雜誌文章、新聞報導、小說或技術文件，你應該知道如何用清楚簡潔的文字表達。你知道要怎麼寫能清楚提供資訊，甚至熟知怎麼寫能製造娛樂效果。但現在你面臨新的挑戰：要運用文字說服讀者購買你的產品。

這個挑戰讓大多數的寫手不知道該如何是好。撰寫廣告文案時，你得做出很多決定；除非你在行銷或廣告業經驗豐富，你很難下判斷。

舉例來說，你該寫成長篇文案比較好，還是短一點更適合？（如果寫得很長，會有人看嗎？據說大家都不讀超過三段的廣告，是真的嗎？）

你需要用上一些花招、標語或性感模特兒吸引讀者注意嗎？還是應該聚焦產品本身？

如果你的產品和競爭對手相比，勝出的優點並不是很重要，你應該強調這項優點嗎？還是你應該強調使用產品的整體益處（也就是從你或對手的產品都能得到的好處）？如果你和對手的產品沒什麼不同，你該怎麼辦？

你要怎麼判定，自己寫的文案對讀者來說很有趣或深具說服力？如果你想到兩三個撰寫文案的點子，要怎麼選出最好的構想？

接著就來一一回答以上這些問題。

釐清產品特色與功效

要寫出成功勸敗的文案，首先要寫的是產品的「功效」，而不是寫「特色」。

特色指的是一項產品或服務的事實描述，講的是產品的本質；功效指的是產品產生的效果，講的是使用者能從產品或服務的特色中獲得的好處。

舉例來說，我正在用桌上型電腦撰寫這本書。這台電腦的特色是能讓我編輯、修改我打出來的文字，所以我不用重打整頁的內容，就能移動句子的位置，或增添新的字詞。這項特色的好處就是能幫我節省時間、增加我的產能（同時賺更多錢）。

再打個比方，我這台電腦的第二個特色就是有個可拆卸的鍵盤，透過一條線路連接主機。這項特色的好處就是我能自由調整鍵盤擺放的位子，以最舒適的姿勢打字。

學習動力公司（Learning Dynamics Incorporated）提供銷售訓練的服務，出版了一本手冊，名為《為何有些銷售人員無法成功勸敗？》（Why Don't Those Salespeople Sell，暫譯）。手冊裡指出銷售員成交失敗的十大理由之一，就是欠缺突顯產品功效的能力：「顧客買的不是產品或服務，而是購買這些產品或服務能為他們做的事。然而，很多銷售員只描述了產品的特色，以為顧客知道產品的好處在哪。銷售員要懂得將特色轉化為功效，然後用顧客理解的語言呈現這些功效。」

文案寫手也適用同樣的道理。菜鳥文案寫手往往只寫產品的特色，陳述手邊有的事實、數據和統計資料。老鳥文案寫手則把這些特色轉化成對顧客的好處，也就是為什麼讀者應該要買這項產品。

有個技巧能幫你挖掘產品的功效。先在一張紙上畫出兩欄的表格，左欄寫下「特色」，右欄寫下「功效」。

請在左欄寫下這項產品的所有特色，有些特色會出現在你事前蒐集來的背景資料中（第5章會說明事前要準備什麼樣的背景資料）。其他特色則能透過親自試用產品或與相關人士對談而得知，包括消費者、銷售員、經銷商或工程師。

接著，逐一檢視這些特色，反問自己：「這項特色能帶給顧客什麼樣的好處？這項特色怎麼讓產品更吸引人、更實用、更充滿樂趣，或價格

更平易近人？」

　完成這張表格時，右欄應該已寫滿這項產品能為消費者帶來的好處，這些好處就是你該放到文案裡的賣點。

　你可以利用身邊隨手可得的生活用品來練習。以下是我以常見的 HB 鉛筆為例，製作的表格。你能替這份清單多寫些內容，或想出更有力的文字以說明功效嗎？

特　色	功　效
鉛筆是一根木製圓柱體。	可重複削尖多次，確保寫出清晰的字。
鉛筆這根圓柱體呈六邊形。	不會從桌子上滾落。
其中一端裝了橡皮擦。	附帶橡皮擦的鉛筆很方便，能快速擦乾淨筆誤。
鉛筆上環繞金屬條，緊緊固定了橡皮擦。	穩穩地固定好橡皮擦，不用擔心橡皮擦鬆掉而無法使用。
鉛筆長19公分。	19公分的石墨芯能寫很久。
鉛筆的直徑為0.6公分。	修長造型的鉛筆很好握，寫起來也舒服。
鉛筆筆芯硬度為HB。	石墨芯的硬度剛剛好，寫起來順暢又清晰。
鉛筆呈現黃色外觀。	外觀明亮又吸引人，放在筆筒或抽屜裡特別醒目。
鉛筆可成打販賣。	跑一趟文具店就能買到夠用好幾個月的鉛筆。

鉛筆也能整盒販售，12打共144枝。	對企業和學校等大量使用者來說，整盒整盒地購買比較方便，單價也更便宜。
國產產品。	品質的保證。而且，購買國貨有助於活絡經濟。

你完成了一張對顧客有益的功效清單後，你得決定哪個賣點最重要。這個賣點就是你放在標題裡當廣告的「主題」。同時，你也得決定文案要採用哪些賣點、哪些賣點捨棄不用。再來，你必須想一套邏輯依序呈現這些賣點。

接下來我要介紹呈現賣點的好用 5 步驟，帶領讀者從產生興趣，一步步到最後掏腰包購買。

勸敗 5 步驟

多年以來，很多廣告文案寫手發展出很多套「文案公式」，用來鋪排平面廣告、電視廣告或促銷信的文案內容。

其中最廣為人知的文案公式是AIDA，這4個字母分別代表注意力（Attention）、興趣（Interest）、渴望（Desire）和行動（Action）。

根據AIDA公式，文案首先必須吸引讀者注意，接著讓讀者對產品產生興趣，然後將這份興趣轉化成想要擁有產品的強烈渴望，最後要求讀者購買產品，或採取其他會促成消費的行動。

另一個也很有名的文案公式為ACCA，代表著察知（Awareness）、理解（Comprehension）、確信（Conviction）及行動（Action）。首先，文案要讓消費者察覺這項產品的存在。接著，要讓他們理解這項產品的內容及功能。再來，文案要進一步說服讀者，確定讀者有意願購買這項產品。最後，文案要讓讀者確實採取行動，實際購買。

還有一個有名的公式稱作4P：描繪（Picture）、承諾（Promise）、證明（Prove）、敦促（Push）。文案寫手首先要描繪一幅圖像，傳達產品能替讀者做些什麼；接著，承諾前述的景象一定會實現，只要讀者購買這項產品；再來，文案要證明其他人對這項產品感到滿意；最後敦促讀者立刻購買。

接下來要介紹的第四個公式是我最喜歡的勸敗5步驟，能幫你寫出具有銷售力的文案。

一、吸引注意

這是廣告標題和視覺設計的工作。標題要能聚焦一個最大的賣點，也就是呈現一項最吸引讀者的好處。

有些文案寫手會想用文字遊戲、雙關語或不相關的資訊吸引讀者，把最吸引人的好處留到最後再說，來個漂亮的再見全壘打。這是個天大的錯誤。最吸引人的好處就是讀者對你的產品感興趣的原因，如果你一開始沒有利用最吸引人的好處抓住讀者的注意力，讀者根本不會往下讀你的文案。（關於下標的技巧，可複習第2章。）

二、指出需求

所有產品都在某程度上解決某些問題，或滿足某種需求。汽車解決通勤問題，冷氣讓你不必在炎熱夏天裡汗流浹背，含氟牙膏能預防蛀牙，漱口水則讓你免於口臭的尷尬。

不過，消費者對大部分產品的需求並不明顯，或這份渴望沒那麼強烈。因此寫文案的第二步驟就是要向讀者說明，為什麼他們需要這項產品。

舉例來說，很多中小企業主都自己報稅，沒想過要請會計幫忙。不過熟知稅則的會計師能善用最新的報稅規定，幫企業主省下數百，甚至數千美元的所得稅。

有個幫忙節稅的公司推出一則電視廣告，承諾觀眾：「如果你至少欠

國稅局1萬美金，你只要花點小錢，我們能幫你搞定這些未付的稅額。」

三、滿足需求，同時將產品定位為問題的解方

一旦你說服讀者相信自己確實有需求，你接著就得盡快表明你的產品能滿足這項需求、能回應他們的問題，或解決他們的麻煩。

一則會計師事務所的廣告可能這麼開頭：

你想付1000美元來省下5500美元嗎？

一間花店去年決定請會計師來辦理營利事業所得稅的退稅。他們本來擔心僱用的開銷不小，但實在也沒時間、沒有足夠的專業自己處理。

僱用的會計指出，他們的營所稅能比預期少繳數千美元時，你可以想像他們有多開心。

我就是他們的會計。而且，我想告訴各位，這家花店還有其他我服務的數十家公司是如何合法節稅、避稅，每年省下1000美元、2500美元，甚至55000美元。

這份文案還不算完美，仍需一番修改。不過這則文案的確吸引了讀者的注意、強調最大的好處（也就是省錢），並說明廣告所說的服務能滿足這個需求。

四、證明產品的功效如同廣告所說

只宣稱你的產品能滿足讀者的需求並不夠，你得證明所言不假。你希望讀者用辛苦賺來的錢買你的產品；你希望讀者選擇你，而不是競爭對手。那你要怎麼展現自家產品優於競爭對手呢？你要如何讓讀者相信你說的話？

以下是幾個驗證有效的技巧，能說服讀者相信，和你做生意比較好：

- 指出產品或服務能帶來的好處（以前述的特色／功效表為基礎延

伸）。藉由展現產品能發揮的功效，告訴讀者為什麼要購買。

- 利用使用者見證，讓滿意的顧客用自己的話讚美你的產品。比起廠商自賣自誇，來自第三方的背書更有說服力。

- 跟競爭對手的產品比較，檢視兩者的功效，一一解釋為何你的產品略勝一籌。不過，要有相關文件支持你的論點，以免你的文案遭到質疑。

- 如果已有研究證實產品的優勢，請在文案裡引用這份資料。你也可以提供有興趣的讀者免費的研究複本。舉例來說，廣告保健食品的話，臨床研究就是有力的證明。最好是隨機、雙盲、對照的臨床試驗，且試驗結果有發表在有同儕審查的醫學期刊上。

- 表明你的公司值得信賴，而且會長久營運。提及公司的員工數、經銷網的規模、年銷售業績、經營多久、成長幅度。

五、要求實際行動

任何一篇文案的最後一定都要呼籲讀者採取實際作為。如果產品是以郵寄販賣，文案就要請讀者寄出訂單，或透過網路下訂。如果產品透過零售商販賣，文案就會要求讀者剪下廣告，帶到商店裡。

如果你的文案並不直接銷售產品，那就表明銷售流程的下一個步驟為何，告訴讀者該怎麼做。舉例來說，你可能會免費提供產品手冊、樣品或舉辦產品展示會。就算沒有這些，至少要鼓勵讀者就算今天不買，未來也多關注這項產品。

請確保讀者能輕鬆簡單地採取行動，也就是說，每份文案都要註明公司名稱、地址、電話號碼。

如果你是替零售商寫文案，記得註明店面營業時間和地點。

如果你是替飯店或旅遊景點寫文案，記得附上容易照著做的交通指引，以及涵蓋附近區域的清楚地圖。

如果你希望讀者寄訂單來，或寄信索取免費手冊，不妨附上一張容易

剪裁的優惠券或回條，方便讀者剪下寄回。

如果你希望讀者打電話，可以在文案裡用粗體大字強調免費的服務專線。此外，如果接受信用卡下訂，記得要註明，並列出可接受的信用卡。

可在產品型錄裡附上訂購單，郵寄廣告函裡放上回覆卡，在登陸頁面頂端放上顧客填寫的欄位。總之，就是要方便讀者回應。

你也可以在平面廣告裡附上線上回應的選項，讓讀者能連到線上表單，藉此詢問更多資訊，或下訂單購買。

此外，盡量誘使讀者立刻採取行動，例如附上折價券、限時特賣、前一千名下單者享有優惠等等。儘管放手做，一邊鼓勵讀者馬上行動、限時特惠，同時也一邊經營長遠的品牌形象。別怕兩者會互相衝突。你不但要鼓勵讀者下單，還要鼓勵讀者馬上下單。

善用「偽邏輯」，用事實支持你的銷售論點

「偽邏輯」（false logic）一詞是由文案寫手馬克·福特所創，指的是透過寫作技巧，巧妙地運用（但不是說謊或扭曲）既存的現實，讓讀者產生特定的想法。也就是說，如果沒有經過文案寫手的巧手，這些事實經過仔細檢視或放在不同脈絡下解讀，讀者的想法可能就會不一樣。

哈利與大衛（Harry & David）是美國高級食品與禮品的生產商及零售商，他們有份產品型錄如此描述自家賣的梨子：「親嚐過的人不到千分之一。」文案提到這項數據是為了讓產品看起來稀有、獨特，一般讀者也如文案寫手所願這麼解讀。

不過，如果邏輯學家來分析這句話，可能會說，這句話意味著這種梨子不怎麼受歡迎，幾乎沒有人要買。

要說某些偽邏輯近乎欺騙也不為過，但到底是不是欺騙只有行銷人員說了算。一家金屬進口代理商的廣告宣稱：「95% 的訂單直接從庫存出貨」，表示能隨時出貨。但這家代理商只靠一間辦公室營運，倉庫非常

小。這樣怎麼能聲稱從庫存直接出貨呢?

行銷人員這麼解釋:「我們95%的訂單的確來自庫存,但不是來自我們的庫存,而是供應商的庫存。我們只是居中的代理商。我們沒有在廣告裡強調代理商的身份,因為大家通常對代理商沒有好印象。」

再舉一則推銷股市電子報的廣告為例。這則廣告以花99美元訂閱電子報,或花2000美元請電子報的編輯操盤來做比較,哪個比較划算。2000美元的價格是以最低投資額度10萬美元、抽2%佣金來計算。

這則廣告暗指訂戶只要花99元,就能享受編輯2000元的管理服務。儘管訂閱電子報和請人操盤是兩回事,但文案的說詞就這麼搪塞過去了。

類似的例子還有我朋友唐·霍普曼(Don Hauptman)為《美國演說家》(American Speaker)所寫的廣告文案。《美國演說家》是一本主題式刊物,傳授高階主管發表精彩演說的訣竅。他在文案中提到,這份刊物能協助你準備一整年的演講(因為會定期增刊,更新最新消息),不像請個專業演講撰稿人要花5000美元,而且只負責一場演說。不過,《美國演說家》當然不可能真的幫你寫演講稿。

大家至今都還在爭論,究竟消費者會決定掏腰包是出於感性還是理性;不過,大部分成功的銷售員都明白,比起理性因素,感性因素更主導著購買意願,也就是一般常講的:「我們靠感性買東西,之後用理性合理化購買的決定。」

感知邏輯顧問公司(Sensory Logic)總裁丹·希爾(Dan Hill)指出:「我們只有5%的思緒是完全有意識的。神經學的研究顯示,針對一項產品或服務,我們3秒內就會產生情緒反應,其實就是以感性作主。所以企業得想辦法製造和消費者之間的情感連結。」

由於強烈的感受和深植的信念主導購買意願,行銷人應該要針對消費者早就想做的事,表達支持、提供合理的依據。因此,只要論點看起來可靠又明智,你的讀者就會接受。和美國替消費者發聲的律師拉爾夫·納德(Ralph Nader)、針砭美國社會問題的紀錄片導演麥可·摩爾(Michael Moore)、《洛杉磯時報》(LA Times)或美國產品測評雜誌

《消費者報告》（Consumer Reports）的調查記者不同，你的讀者不會太深入、有系統地細究文案內容。

有些批評者認為，直效行銷比一般行銷更多欺騙、更不道德、更不值得尊敬。這些人可能覺得，我鼓勵善用偽邏輯更證明了他們的看法。但其實偽邏輯不只是直效行銷的專利，一般行銷也很常用，而且有時候很成功。

麥當勞以「賣出數十億」來宣傳自家的漢堡¹，讓消費者誤以為，受歡迎的產品一定是好的。出版社也利用類似的邏輯操作，吹捧一本書登上「《紐約時報》暢銷排行榜」。

這麼做真的不道德嗎？你自有定見，但我認為沒有不道德可言。

文案寫手就和律師一樣，都為客戶（或雇主）服務。就像律師會用上所有對客戶有利的論述，文案寫手也會運用對雇主有利的產品事實，贏得消費者的青睞。

當然，我們不應該行銷非法、危險、不道德或傷風敗俗的產品，儘管對某個人來說，維多利亞的秘密（Victoria' s Secret）的女性內衣型錄只是個廣告，對另一個人來說卻是軟調色情刊物。不過，若無法利用所有的資源說服消費者掏錢，文案寫手不是無能，就是有負業主託付，或兩者兼具。而偽邏輯正是其中最有效的工具。

創造獨特的賣點

英國文學家塞繆爾・詹森（Samuel Johnson）曾說過：「承諾，尤其是重大的承諾，是廣告的靈魂。」

但要怎麼做，才能在文案中給出重大承諾，強而有力地說服消費者購買你的產品，而不是對手的呢？

其中一個方法就是發展出一套USP，也就是獨特的賣點（Unique

Selling Proposition，也稱「獨特的銷售主張」）。

什麼是「獨特的賣點」？《實效的廣告：USP》（Reality in Advertising）一書的作者羅瑟・瑞夫斯（Rosser Reeves）創了這個術語，用來描述自家產品勝過對手的主要優勢。他認為，如果你的產品和同類產品沒有區別，或沒有比較好，消費者就沒有理由選擇你的產品。因此，為了要有效宣傳，你的產品必須有獨特的賣點，也就是同類產品沒有的主要功效。

根據瑞夫斯的理論，一個獨特的賣點得滿足 3 要件，以下粗體字的說明引自《實效的廣告：USP》一書：

1. **每則廣告都必須提供消費者一個賣點。**每則廣告都得說：「只要購買這項產品，你就能得到這樣的好處。」廣告的標題必須包含這個好處，也就是對讀者的承諾。

2. **這個賣點得是競爭對手無法提供，或沒有提供的好處。**這就是「獨特的賣點」所說的獨特。只提供好處並不夠，你還得讓自家產品有別於其他同類產品。M&M's 巧克力外層裹上一層糖衣，使得巧克力在手中也不會融化。這就是 M&M's 巧克力的獨特賣點。

3. **這個賣點一定要夠吸引人，能讓大量新客戶投入你產品的懷抱。**所以你產品的差異不能無足輕重，必須是對讀者來說至關重要的區別。

為什麼這麼多廣告無法成功勸敗呢？其中一個原因在於行銷人沒有替產品打造夠強的獨特賣點，沒在這樣的賣點上經營廣告。如果你沒有先想好產品的獨特賣點就開始寫文案，你的文案力道就會很弱，因為文案裡沒有能鼓勵讀者回應的元素。這樣的文案就和他人沒有分別，文案傳遞的訊息對讀者來說也不重要。

以包裝食品的一般行銷來說，行銷人有時會砸上數百萬，甚至數十億美元建立強勢品牌，藉此創造市場區隔。

可口可樂就是靠品牌取得優勢。如果你想喝汽水，市場上有十幾種碳酸飲料供你挑選。但如果你想喝可口可樂，你就只有一種選擇。

英特爾（Intel）公司也同樣具有品牌優勢，砸大錢宣傳自家Pentium系列的微處理器。

大部分企業規模太小，投入的行銷必須馬上產生回報，無法重金打造品牌。因此我們得透過其他方法以產品的獨特賣點創造差異。

其中一個創造區別的方法，是主打自家產品獨有的特色。

採用此作法時，常犯的錯誤就是這項特色雖然與眾不同，但潛在顧客並不在乎，因此無法吸引他們試試看你的產品。

舉例來說，化工設備產業裡，泵浦製造商常靠主打泵浦的獨特設計，試圖爭取顧客。可惜這些設計沒有實際改善泵浦的功效，也沒有帶給顧客真正在乎的實際益處。

美國布萊克默泵浦公司（Blackmer Pump）體認到無法從技術設計層面有所區隔，於是改從產品應用層面切入，打造獨特的賣點，進而成就了一則風靡二十世紀的經典工業廣告。

他們的廣告設計成一份從工業採購指南撕下來的廣告，上面列了多家泵浦製造商，其中包括布萊克默。他們的公司被用筆圈了起來。這則廣告的標題寫著：「只有在特定的時刻，你應該打電話給布萊克默。知道是何時嗎？」

廣告內文接著解釋（我沒有逐字照用）：「我們的泵浦在多數情況下的表現並和其他泵浦差不多，所以我們不是唯一的選擇。」

不過，這則廣告接著寫道，像是處理黏稠液體、含有固體的液體、泥漿等特定情況時，布萊克默經過驗證，的確比其他泵浦表現得更好，是合理的選擇。這份文案最後表示，能提供免費的技術手冊，證明前述內容所言不假。

這則布萊克默的廣告是由我的老朋友吉姆‧亞歷山大操刀，他創辦了亞歷山大行銷服務公司，這家公司位於密西根州大急流城（Grand Rapids）。吉姆跟我說，這則廣告大獲成功。

如果你的產品具備獨一無二的特色，而且這項特色能產生莫大的好處，那麼這種情況最容易打造獨特賣點。要記得，一定是要消費者真正在意的特色，而不是無關緊要的小差異。

然而，如果自家產品沒有這種獨佔的優勢呢？如果你的產品和競爭對手沒什麼不同，毫無特殊之處，該怎麼做呢？

瑞夫斯也有辦法。他認為，獨特性可以來自經營強勢品牌（雖然對95%的廣告主不適用），或透過「同類廣告沒提的素材」建立——也就是同類產品可能也具備這項特色，但他們的廣告還沒向消費者宣傳這項特色。

以前面提過的M&M's巧克力來說，他們的廣告詞為「只溶你口，不溶你手。」一旦他們以此作為獨特的賣點，競爭對手還能怎麼行銷？難道要登廣告說：「我們同樣只溶你口，不溶你手」嗎？

成功的市場行銷人必須創造出淨收益超過成本的廣告。瑞夫斯認為所有廣告都應該做到這一點。他認為廣告就是「以最低成本，將獨特賣點植入最多人心中的藝術」。如果要我修改瑞夫斯的定義，我會改成：「以最低成本，將獨特賣點植入最可能購買產品的人心中」。

艾倫行銷顧問公司（Ahrend Associates, Inc.）創辦人賀伯・艾倫（Herb Ahrend）曾說：「文案寫手必須創造出能被明確感受到的價值。他必須自問：『這項產品的本質是什麼？有什麼與眾不同之處？如果沒有與眾不同之處，那有什麼競爭對手還沒強調過的特色？』」

麥爾坎・邁道格（Malcolm D. MacDougall）曾任SSC&B廣告公司的總裁及創意總監，他表示，有4種方法替看起來沒有差異的產品打廣告：

1. 強調鮮為人知的功效。曾有位文案寫手跑去參觀釀酒廠，希望能替這家釀酒廠出產的啤酒找到與眾不同之處。有件事令他格外感興趣。他發現和牛奶瓶一樣，清洗啤酒瓶的過程必須以蒸氣殺菌。雖然所有廠牌的啤酒都以這種方式殺菌，但其他廠商從來沒強調過這件事。所以這位文案寫手在文案提到，這個品牌的啤酒衛生乾淨，連酒瓶都經過蒸氣殺菌，這個啤酒的獨特賣點就此產生。

請仔細研究產品的特色和功效，接著檢視競爭對手的廣告。看看其中是否有對方遺漏的重要功效，能否當作獨特的賣點，讓自家產品獨樹一格。

　　2. 以具說服力的戲劇化手法，展現產品最主要的功效。美國Flex Tape強固型修補膠帶的獨特賣點就是強力防水止漏。這家公司做了一支電視廣告，推銷員當場把一艘金屬製的小艇鋸成兩半。接著只用Flex Tape的強固型修補膠帶將兩半船身黏回去，然後到湖裡試用修補後的小艇。這艘小艇在水上高速行駛，而且滴水不漏。

　　3. 設計別出心裁的產品名稱或包裝。還記得Pez牌的糖果嗎？那款用塑膠匣裝糖果，而且塑膠匣一端有米老鼠、布魯托等卡通人物造型的Pez？ Pez賣的只是一般的糖果，但外包裝讓這款糖果變得特別。

　　L'eggs牌褲襪的包裝也同樣別出心裁，這個品牌的特別之處不在於褲襪的設計、材質或風格，而在於產品的蛋殼形外包裝。

　　讓產品名稱或外包裝變得家喻戶曉，確實能讓消費者「下架」你的產品，不過這個做法也所費不貲，除非你的客戶有上百萬美元的行銷預算，否則很難藉此讓產品熱銷。

　　4. 建立長期的品牌個性。全國性品牌的製造商也會利用廣告塑造自家品牌的「個性」。

　　時代啤酒（Stella Artois）的電視廣告裡，莎拉・潔西卡・派克（Sarah Jessica Parker）再度化身美國影集《慾望城市》（Sex and the City）裡最鍾愛柯夢波丹調酒的主角，但這次她在餐廳裡卻毫不猶豫改點了時代啤酒來喝。這則廣告就將時代啤酒塑造成能取代柯夢波丹、馬丁尼或其他調酒的高雅飲品。

　　同樣的道理，美國人壽保險公司Colonial Penn請益智節目《危險邊緣》（Jeopardy!）的主持人艾力克斯・崔貝克（Alex Trebek）為自家代言，建立了聰明人會想購買這家公司產品的印象。

　　如果有上百萬的預算可以用，不妨考慮用廣告替產品形塑獨特的「個

性」，深植消費者心中。不過如果你的預算沒那麼充裕，你還是可以利用產品特色和功效建立獨特的賣點，以此和同類產品產生區別。

提供讀者「次要承諾」

塞繆爾・詹森說的沒錯：行銷必須給出重大承諾，才能在眾聲喧嘩中脫穎而出，並產生能獲利的迴響。關於給出重大承諾，先來看看幾個經典的例子：

- 「月付600美元就能在國外享受退休生活。」

- 「專門為您保留的免費資金。」

- 「甘迺迪總統有。黛安娜王妃也有。麥可・喬丹現在也有了。這就是他們受到數百萬人敬愛的原因。打開我們的信，看看他們究竟擁有什麼，以及您該如何拿到手。」

經證實，至少在直效行銷方面，聽起來微小的承諾沒什麼用。要能引人注意、令人感興趣，你必須給出重大、強而有力的承諾。

然而，問題出現了。如果讀者懷有疑慮怎麼辦？因為重大承諾太夢幻了，令人難以置信。這樣的話，請你再加上一個次要承諾。

次要承諾指的是產品也能提供的次要功效。次要承諾不如重大承諾來得美好，但本身也得具備一定的份量，足以成為購買產品的理由，同時又不至於好到讓人難以置信。

如此一來，就算讀者對重大承諾持保留態度，他們也會因為相信次要承諾而購買產品。

舉例來說，有個投資廣告在標題點出了重大承諾：「聽起來很扯，這家小型研發公司的股票今天只值2美元，但沒多久卻可能飆到100美元。」

這的確是非常重大的承諾，從 2 美元漲到 100 美元，等於賺了 49 倍。如果你買了 1000 股，就會淨賺 98000 美元。

問題是，對某些讀者來說，要在熊市期間有這樣的高獲利實在難以置信。不過，如果這間公司的醫療器材獲得美國食品藥物管理局核准，股價漲 50 倍也是理所當然了。

以這個情境來說，要說服讀者投資的辦法就是主標下方加個副標題，多給個次要承諾。

> 我認為這項治療肝病的新科技將會奏效。如果真是如此，股價
> 就能輕易上漲 50 倍，甚至漲更多。
> 就算不成功，這項療法徹底失敗，這支股票還是能在未來兩年
> 內，讓初創期股東賺進 5 倍價差！

關鍵在於，就算新療法沒有獲得食品藥物管理局核准，這家公司還是能將同樣的技術應用在其他地方上，藉此創造豐厚的利潤（雖然不比獲得核准後的獲利來得高）。就算重大承諾沒實現，次要承諾也足以讓人投資這支股票。

如果你的讀者對重大承諾有所懷疑，有很多方法可以證明你所言不假。像是利用顧客的證詞、個案研究、測試結果、對產品有利的評論、傑出的產品設計、業績表現、研究方法，以及廠商的聲譽等等。

這些都是好辦法，但麻煩在於，如果重大承諾太美好了讓讀者很難相信，你再拿出多可靠的證據，都和讀者的既定的看法背道而馳，很難說服讀者。

遇上這種情況，我還是會提供證據，但更好的辦法還是提供容易取信於人的次要承諾。

次要承諾就是「備用」的承諾，用來輔助重大承諾。具備重大承諾與次要承諾的文案中，重大承諾因為夠好，會先吸引讀者；如果你又提供了足夠的佐證，很多讀者就會因此買單。

至於那些不肯因此買單的讀者呢？如果沒有次要承諾，他們就會直接把廣告扔了。

但好險有次要承諾。如果你的次要承諾夠顯眼（像是放在標題或內文首段裡），那些不相信重大承諾的讀者反而會覺得次要承諾值得信賴且深具吸引力，值得因此掏腰包。

事實上，次要承諾能讓不完全相信重大承諾的讀者買單。他們會認為：「如果重大承諾是真的，這項產品就很值得買；就算重大承諾誇大不實，但因為次要承諾確定是真的，光是次要承諾還是值得我花這筆錢。無論如何我都不吃虧。」

了解你的顧客、產生共鳴

雜誌《今日心理學》曾刊登一篇研究，這項研究揭露了成功銷售員具備的特質。

研究者寫道：「頂尖銷售員一開始會透過類似催眠療法的同步技巧（pacing）營造信任感與親切感。銷售員會調整自己的說詞和姿態，同步反映顧客的言論、舉止和經驗。這是一種鏡像模仿，暗示對方：『我很像你，我們是同頻率的人。你可以信任我。』」

換句話說，成功的銷售員能與顧客產生共鳴。他們不會直接套用樣板的行銷話術，而是試著先了解顧客的需求、情緒、個性和偏見。推銷的過程中，他們因為能同理顧客的想法和感受，而能軟化顧客對產品或推銷的抗拒，建立信任感和可信度，並且只強調顧客感興趣的產品功效。

文案寫手也適用同樣的道理。要寫出成功勸敗的文案，文案寫手就得深入了解顧客、了解顧客購買產品的動機。

有太多廣告是憑空發想出來的。有些廣告主和廣告代理商是根據自己喜歡的產品特色撰寫文案，而不是根據對顧客真正重要的特色製作廣告。這麼做的結果就是廣告主和廣告代理商自己很滿意成品，但顧客卻

毫不感興趣。

有項發表在一份行銷快訊的調查，訪問了廣告代理商和高科技產品的買家，詢問他們認為哪些產品特色很重要。調查結果顯示，廣告代理商強調的產品特色其實對買家來說根本無關緊要，而且廣告代理商有時也忽略了對買家來說極為重要的產品資訊。舉例來說，採購專員和工程師都認為，價格是購買高科技產品第二重要的考慮因素。然而，廣告代理商卻認為，價格不應該是文案的重點，反而應該要強調高科技產品如何幫買家節省時間。但工程師和採購專員表示，省時的考量遠遠沒有比產品的功能和限制來的重要。

別靠空想寫文案。不要只是坐在電腦前，挑幾個自己喜歡的特色和功效來寫。請找出讀者真正在乎的特色和功效，接著據此寫出能勸敗的賣點。

以下來看個勸敗勸到心坎裡的文案。這是我多年前收到的《Inc.》雜誌訂閱廣告函。廣告函這麼開頭：

專屬於美國企業英雄的特別邀請

親愛的創業家：

對，就是你！

各位中小企業主是市場經濟的基石。你們的雄心、遠見和膽識一直都是美國經濟的驅動力。

遺憾的是，一般的商業刊物似乎都忘了這一點。他們大多聚焦企業集團、跨國公司，以及富可敵國的石油公司，卻不怎麼關心民間的小人物。

這篇文案之所以有效，在於直指創業者「白手起家」的榮譽感，能和讀者感同身受，而且明白創業者怎麼看待自己。

你也一樣，必須好好了解你的讀者。要能如此，其中一個方法就是開始注意自己的消費行為。

一旦你開始以消費者的身份思考，而不是以寫手的身份思考，你會更尊重你的讀者。你也會寫出能提供實用產品資訊、具勸敗魅力的文案，而不只是空洞的文字堆砌。

另一個了解消費者的方式就是實地觀察消費者，積極研究市場脈動。你逛超市時，好好觀察其他消費者。哪一類人會買折扣產品，哪一類人會依品牌選購？

你拜訪汽車經銷商時，好好觀察優秀的銷售員如何推銷、如何和顧客互動。仔細聽他們的推銷話術，思考為什麼有些說法能打動你，有些你卻無動於衷。

你也應該積極了解電子商務的運作。在臉書上看到一則廣告時，留意廣告的主題、折扣和設計。

你也可以和交易對象多聊聊，包括店主、水管工人、你的律師或園丁，以及幫你維修熱水器的技術人員等等。聽聽他們用什麼技巧向你推銷服務或產品。比起廣告代理商的專案執行或企業品牌經理，那些在第一線跟顧客接觸的生意人，以及很多中小企業主都更了解銷售的現實。仔細聽他們說了些什麼，你就能學到打動顧客的技巧。（第5章會提供更多了解讀者的技巧。）

俗話說：「你不可能討好所有人。」廣告和銷售也是同樣的道理。你不可能製作出吸引所有人的平面或電視廣告，因為不同的消費群有不同的需求。因此，身為文案寫手，你首先要確定你的目標讀者是誰，也就是確定你的目標市場在哪裡，接著研究這一群買家對什麼樣的產品功效感興趣。

為你的銷售對象量身打造文案內容和呈現的方式。如果你要賣冷凍食品給會下廚的父母，你就要知道他們最在意的是營養價值和產品價格。

但如果目標客群是年輕單身的專業人士，你就要知道他們最在意便利性，他們不想花太多時間待在廚房裡。因此產品價格不會是首要考量，因為他們能自由使用的所得比持家的父母更多。

再以影印機為例。大型企業採購影印機時，在意的是處理速度是否夠快、是否提供很多功能，像是彩色影印、自動分頁及雙面列印。但在家工作的自僱者需求則截然不同。自僱者的預算有限，所以影印機一定不能太貴。而且既然是在家工作，必然優先考慮空間分配，所以小巧必然是他們在意的產品特點。相比之下，速度和功能就沒那麼重要了，因為自僱者不像企業主印量這麼大。

有時候，你能輕易找出針對特定消費群要主打哪些功效；但有時候你得請教廣告主或他的顧客，才會知道要主打什麼。我曾經要針對兩個不同的客群，撰寫淨水系統的文案。一個是海上使用者（大多是商業漁船），另一個是化學工業使用者（像是化學工廠）。同樣的產品卻有截然不同的買家。

和這兩個客群的幾位買家談過後，我發現海上使用者很重視低故障率，因為出海時萬一沒有淨水可用，麻煩可大了。淨水系統的重量也是一大考量，因為設備越重，船隻油耗越多。

至於化學工業的使用者，他們反而不在乎重量，因為設備就安裝在工廠裡。而且他們有充足的水源，機器運作的穩定度也沒那麼重要。化學工業的買家幾乎都是訓練有素的工程師，他們對設備的技術層面比較感興趣。他們想知道產品的規格，越詳細越好，連螺帽、螺栓、泵浦和管線的細節都不放過。如果我沒開口問，根本不可能知道這兩個客群的差異。這也就是為什麼了解你的買家這麼重要。

但你到底有多了解你的顧客呢？知道要寫給農人、資訊科技人士或水管工，只是個起點，你得更深入挖掘。但要怎麼做呢？

要寫出強而有力的文案，除了了解客群的基本資料，還要進一步搞清楚驅使他們購買的動力是什麼，你得了解他們的身份、他們的渴望、他們的感受，以及他們最關心的事、遇上最大的問題是什麼，看看有什麼是你的產品可以幫上忙的。你的文案要能在理性、感性及個人這三層次打動目標讀者。

理性是第一個層次，雖然有效，但卻不及其他兩層次。理性訴求來自邏輯推理，例如：「購買我們投資快訊推薦的股票，就能比一般獲利多

賺五成到一倍。」

更能打動潛在顧客的則是感性層面。你可以利用情緒的感染力，包括恐懼、貪婪、愛、虛榮，或利用仁慈善心來募款。再回到前述股市快訊的例子，感性訴求可能是：「我們的建議能幫你降低損失、賺更多錢，讓你的財富勝過親友鄰居。你也可以付現換新車，想買凌志、BMW或任何高檔車都不成問題。而且你晚上還能睡得更香甜。」

最有效能打動讀者的則是從個人層面切入。以前述股市快訊為例，可以這麼說：「你曾在2008年的股市崩盤損失一筆財富嗎？結果讓你暫時無法實現退休樂活，或財務自由的美夢？現在，你有機會贏回所有損失、重新創造財富，實現提早退休或財務自由的夢想。而且比你想得還要更早實現。」

善用「BDF文案公式」

要能在理性、感性與個人層面打動你的潛在顧客，你就得了解文案寫手馬克‧福特所說的消費者「核心情結」，也就是驅使他們行動的情緒、態度和抱負。這些核心情結能以 BDF 公式呈現，三的字母分別為相信（Belief）、渴望（Desire）和感覺（Feeling）。

- **相信**。你的受眾相信什麼？他們對產品的態度為何？他們如何看待產品要解決的問題？

- **渴望**。他們想要什麼？他們的目標為何？他們希望生活有什麼樣的改變，而且你的產品能幫上忙？

- **感覺**。他們有什麼樣的感受？覺得志得意滿？還是感到緊張恐懼？他們對生活、事業和大環境的重要議題有什麼感受？

以下舉個例子說明。有家公司會為IT（資訊科技）人員舉辦講座，主題和人際互動、溝通技巧有關。有次，某行銷團隊帶了資訊科技人員做了BDF的活動，他們透過小組討論，得到以下觀察結果：

- **相信。**IT人員認為自己比其他人聰明，科技是世界上最重要的事，使用者都很笨，而且管理階層都不夠重視他們。

- **渴望。**IT人員希望能被充分賞識、獲得認同。他們也比較喜歡和電腦打交道，盡可能回避和人互動。而且他們希望能有更多預算。

- **感覺。**IT人員通常和管理階層、使用者互相對立，雖然兩者都是他們服務的對象。他們覺得其他人都不喜歡他們、看不起他們，而且也不了解他們的所作所為。

根據這項分析，尤其針對感受這一項，這家公司寫了一份直效行銷信函，這封廣告信後來成為行銷「IT人員的人際關係技巧」講座最成功的文案。這封信函下的標題頗不尋常：「你也是曾想叫使用者去死的IT人嗎？別錯過這則重要訊息。」

建議你下筆寫文案前，先用BDF公式描述你的目標客群。並和你的團隊討論這份描述，並達成共識。接著根據這份取得共識的BDF描述來發想文案。

有時候，需要透過正式的市場調查，檢視其中大量的資料，才能察覺目標客群渴望和在意的事。舉例來說，有位文案寫手替食用油撰寫文案，在一份訪問使用者的談話記錄中，發現一位使用者的評語：「我用了這款油來炸雞肉，之後將炸完的油倒入量杯中，發現油竟然只少了一小茶匙的量。」

這短短一句話深埋在焦點團體訪問報告的附件中，最後成就了一支成功的電視廣告。這支廣告主打的賣點就是食材不太吸收這款油，所以用來料理不會油膩。

資深廣告人喬・薩科（Joe Sacco）做過一個案子，文案的主角是糖尿病患者注射胰島素的新型針頭。這項新型針頭的關鍵賣點是什麼呢？

薩科訪的糖尿病使用者都對新型針頭讚不絕口，因為針頭夠銳利。沒使用過的人可能會覺得針頭銳利不是件好事。但如果曾經替自己或別人打過針，就會知道銳利的針頭更容易推進，也不會那麼痛。薩科以這

項使用者回饋為賣點，寫了篇成功的文案，強調利用銳利的針頭注射胰島素，更順暢容易，也降低疼痛。

文案寫手唐‧霍普曼也這麼建議：「寫文案要先從目標客群著手，而不是從產品開始。」善加利用BDF文案公式，你就能快速、深入地掌握你的目標客群，之後再試著向他們推銷。這麼做的話，通常會發想出更強而有力的文案內容。

寫文案的切入點：「購買動機」的清單

誠如我先前所提，大家買東西的理由各不相同。如果我要買車，我要的是可靠的交通工具，讓我去到想去的地方，所以便宜的二手車就行了。但購買保時捷或賓士的人，要買的就不只是交通工具，還包括身份地位。

下筆寫文案前，最好先複習一下大家為什麼會想購買你的產品。我整理了以下的「購買動機」清單，幫助你思考。其中有22項大家掏錢購買的理由。這份清單不盡完備，但足以幫你釐清你的文案受眾是誰、你為什麼要寫給這群人。

以下是 22 項購買動機，別只是讀過去，請仔細想想每項購買動機，以及如何將這些動機應用到你的產品上。

- □ 為了被喜歡。
- □ 為了被賞識或感激。
- □ 為了做對的事。
- □ 為了感覺自己很重要。
- □ 為了賺錢。
- □ 為了省錢。
- □ 為了省時間。
- □ 為了讓工作更輕鬆簡單。
- □ 為了獲得保障。
- □ 為了變得有魅力。

☐ 為了變得性感。

☐ 為了舒適。

☐ 為了與眾不同。

☐ 為了開心。

☐ 為了獲得樂趣。

☐ 為了獲取知識。

☐ 為了健康。

☐ 為了滿足好奇心。

☐ 為了方便。

☐ 出於恐懼。

☐ 出於貪婪。

☐ 出於罪惡感。

回想一下你買過的東西，以及你買這些東西的原因。

你買香水，為了讓自己好聞，而且你想讓自己好聞，以便吸引伴侶。

你買運動用品，為了獲得樂趣。你加入按摩養身會館，為了健康。你買了個鍍金鈔票夾，為了顯得與眾不同、想要感覺自己很重要。

你買保險，為了獲得保障。你買了雙拖鞋，為了讓自己舒服一點。你買了一台製冰冰箱，為了方便。

一旦了解大家購買的理由時，你就知道怎麼勸敗 —— 以及怎麼寫文案了。再來需要的就是組織、編輯能力，還有一些小技巧。

長篇文案 vs. 短篇文案

多年前一則香菸電視廣告的標語這麼說：「重點不在長度，而是如何延長享受時光。」這也是決定文案長度的經驗法則。

也就是說，問題不在於你該寫多少字，問題在於你的文案該提供多少資訊，才能達成銷售目標。

一般來說，文案的長度取決於三個層面：產品本身、廣告受眾，以及文案的目的。首先要考慮你的產品。有很多資訊值得一提嗎？提供這些資訊有助於說服讀者購買嗎？

很多產品具備很多特色和功效，值得在文案中強調。例如電腦、藍牙喇叭、汽車、書、保險、投資機會、課程講座、度假勝地和旅遊方案、電子錶、智慧型手機，以及居家運動器材等等。

也有許多產品沒太多特色和功效，你沒辦法說太多。像是飲料、速食、糖果、口香糖、啤酒、葡萄酒、烈酒、珠寶、女性內衣、古龍水、香水、肥皂、洗衣精、化妝品、織品、寵物食品和洗髮精。

舉例來說，針對新上市的薑汁汽水，除了很好喝、更便宜之外，實在沒什麼其他好說。

相較之下，食物調理機就有很多功能值得大書特書。像是能節省時間，省下切切剁剁的麻煩，讓料理變得更簡單愉快。這台機器幾乎能處理任何食材，能切片、切丁、去皮、攪拌、混合、剁碎、碾平。你可以用來做點心、開胃菜、沙拉和主菜，也能用來處理水果、蔬菜、肉類、堅果和起司。

由此可見，文案的長度取決於產品本身，以及產品有哪些值得一提之處。

再來，文案的長度取決於廣告的受眾。有些消費者不需要太多資訊，也不習慣讀長篇的內容。有些消費者則想盡可能知道所有的產品資訊，你提供多少他們都能消化。

有個讀書會想知道，他們用來吸引新會員入會的直效行銷廣告函，長度要多長比較適合。他們設計了幾種不同長度的推銷信，包括1頁、2頁、4頁、8頁和12頁。結果12頁的文案帶來最多訂單。為什麼呢？原因之一在於，打算加入讀書會的人本來就喜歡閱讀——如果他們對12頁的內容感興趣，就會從頭到尾讀完。

再舉個例子。有些商務人士提供的服務或產品牽涉到知識或技術方

法，他們通常會寫書，說明自家的服務和產品，例如投資管理的服務。很多這類的商務人士都跟我提到：「那些確實讀了我作品的人，都是更理想的潛在客戶，而且也更有可能真的和我做生意。我們偏好教育程度較高的對象成為我們的客戶。他們比較容易來往，也更容易接受建議。」

決定文案長度的第三的層面則是文案的目的。如果你的文案是為了挖掘待開發客戶，文案就不用提到太多細節，因為之後還有機會提供更多訊息。但另一方面，如果你的廣告要請讀者以郵寄方式下單，文案就必須告訴讀者下單該知道的所有資訊。

看到這裡，你可能會說：「這些都講得很好，但我到底要如何判斷怎樣的長度最符合我的產品、受眾和目的？」

幸好，我有答案。我發展出一項工具，稱之為「文案長度表格」（請參考圖4.1），能讓我們以比較科學及量化的方式，決定文案的長度。

這份表格上，有兩項主要因素決定你的文案最適合長篇還短篇：情感強度及參與程度。

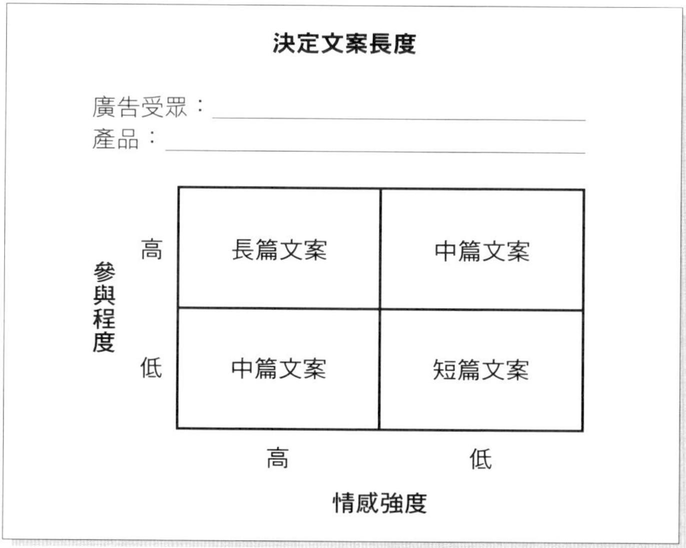

圖 4.1：文案長度表格

情感強度指的是購買這項產品時，所涉及的情感強度。購買訂婚鑽戒就屬於情感強度很高的產品，但買迴紋針時，牽涉到的情感強度就很低，沒有什麼情緒。

參與程度指的是購買產品時，要投注多少時間、精力和心思。購買訂婚鑽戒就需要審慎考慮，購買其他高價產品也是如此。不過一般人買迴紋針時，大多直接從文具店的貨架上拿走最近的那一盒，幾乎連想都不想。

透過這份表格決定文案長度時，請評估情感強度與參與程度的高低，藉此決定你的文案長度會落在哪個象限，你就會有個大方向。

以購買訂婚鑽戒來說，不僅情感強度高，你也得花很多時間考慮，所以是一種參與程度也高的消費行為。兩者皆高的情況，對照圖表就知道落在左上角的象限，我們就知道訂婚鑽戒適合長篇文案。

相較之下，買迴紋針比較接近衝動購買：我們走進店裡，拿了最靠近的一盒，只要確定大小是我們要的就行了。這項消費行為不怎麼牽涉到情感，也不用再三考量。

兩者皆低的情況，對照表格就知道落在右下角象限，意味著就算出熱情洋溢的長篇文案，大概也無法多賣一點迴紋針。

當然了，這份表格只是一個粗略的指引，不是精準的分析。要決定文案的長度，還有其他幾個因素要納入考量，包括：

• **價格**。產品越貴，通常文案就得越長。你必須先提供詳實的資訊，建立產品的價值，才能要求讀者下單。如此一來，你最後終於提出價格時，消費者才會覺得，和他們能得到的回饋相比，價格根本微不足道。

• **目的**。直接透過印刷品或銀幕兜售產品的文案通常夠長，像是郵購文案。因為必須提供所有的產品資訊，同時消解所有反對意見。如果文案的目的是為了過濾出待開發客戶，就可以短一點。畢竟產品型錄、手冊或銷售員之後有機會提供產品細節，並化解各種反對意見。

- **受眾**。忙碌的主管、專業人士這類人通常時間緊迫，對短篇文案的反應較佳。此外，文案寫手史提夫·史勞懷特（Steve Slaunwhite）有替企業之間的生意往來撰寫文案，他表示：「企業對企業（簡稱 B2B）的文案風格傾向口語、清楚、看數據說話，而且強調務實的預期表現，而非浮誇的承諾。」[2]相較之下，像退休人士等時間運用沒那麼緊湊的受眾，以及對你的產品很感興趣的業餘愛好者，或許較能接受長篇文案。

- **重要性**。至於像冰箱、冷氣等大家需要的產品，文案的篇幅不用太長，畢竟消費者無論如何都必須購買。然而，大家想要但不見得需要的產品，包括健身影片、自學的有聲課程、理財快訊等，就必須以長篇文案推銷。

- **熟悉度**。如果消費者對產品有一定程度的了解，短篇文案效果會比較好。這也是為什麼暢銷的知名雜誌如《新聞週刊》（Newsweek）、《彭博商業週刊》（Bloomberg Businessweek）等，常用簡單的訂購單、雙面廣告明信片推銷。

從文案長度表格和其他考量因素可以明白，長篇文案不一定就比較好。而且很多情況下，短篇文案或幾乎沒有文字的文案反而效果最好，像訂書機或橡膠水管等本來就能「自己賣」的產品，更是如此。

然而，有些產品得靠行銷才能賣出去，像是人壽保險、高級房車、資訊科技設備、收藏品、高級珠寶、職涯訓練課程等。這些產品通常需要比較長的文案，因為消費者的情感強度和參與程度都很高。

別怕撰寫長篇文案，盡量提供能勸敗的資訊。

此外，還有其他因素影響文案長度。舉例來說，如果文案要呈現在網頁的橫幅廣告或Google的點擊付費廣告上，你就必須發想短篇文案。等到使用者點擊廣告後，就會出現銷售網頁，這時你才有空間暢所欲言，想辦法說服消費者下單。

世代行銷

現在，廣告主比以往更加鎖定某個世代的消費者來行銷，最常見的目標客群為嬰兒潮世代和千禧世代（Y世代）的消費者。表 4.1 概略介紹了不同世代人的樣貌，包括他們的年齡、興趣、態度和生活方式。[3,4,5]

和幾十年前相比，現在由於科技發展的速度越來越快、經濟情勢變化多端、地緣政治局勢不穩定，以及平均壽命延長，不同世代之間的差異更大，因此鎖定特定世代消費者行銷已經變成家常便飯，而且極為有效。

特徵	二戰前世代 1945 年前出生	嬰兒潮世代 1945-1960 年出生	X 世代 1961-1980 年出生	Y 世代 1981-1995 年出生	Z 世代 1995 年後出生
形塑世代特色的元素	第二次世界大戰 配給制 性別角色固定 大樂隊的搖擺樂 核心家庭 性別規範清楚（特別是女性）	冷戰 戰後社會的蓬勃發展 文化運動「搖擺60年代」 阿波羅11號登陸月球 青少年次文化 胡士托音樂節 以家庭為重 青少年（teenager）形象、文化逐漸成形*	冷戰結束 柏林圍牆倒塌 雷根／戈巴契夫 柴契爾主義 1985 年跨英美兩國的援助非洲演唱會 首台電腦問世 行動科技問世 鑰匙兒童 離婚率升高	911恐怖攻擊 PlayStation遊戲機 社群媒體 伊拉克戰爭 真人實境節目 Google 地球 英國格拉斯頓伯里音樂祭（Glastonbury）	經濟衰退 全球暖化 放眼全球，關注全球議題 行動裝置 能源危機 阿拉伯之春 經營自媒體 雲端運算 維基解密

---

*譯者註：由於義務教育、戰後經濟起飛等原因，青少年（teenager）作為「介於兒童與成年人」的一個群體，在美國 1940 年代以後是個新興的現象。

人生追求	擁有自己的房子	工作穩定	工作與生活之間的平衡	自由與彈性	穩定與保障
對科技的態度	大多不關心	最早接觸資訊科技的一代	數位移民世代 數位產品誕生前就長大成人	數位原生世代 從小生長在有數位產品的環境	科技重度使用者，徹底依賴資訊科技，對其他可替換的選項了解有限
對職涯規劃的態度	一輩子都要工作（沒有退休生活的概念）	終身職，職涯發展由雇主決定	最早忠於專業，而不見得是單一職位、雇主的一代。	「數位創業者」：是「和」組織企業一起工作，而不是「為了」組織企業工作	多元職涯發展斜槓、在不同組織與「快閃」商業活動之間自由來去
代表產品	汽車	電視	桌上型電腦	平板電腦 智慧型手機	Google 眼鏡 石墨烯 奈米運算 3D 列印 自動駕駛車
溝通媒介	正式書信	電話	電子郵件 簡訊	社群媒體 即時訊息	手持或穿戴式通訊裝置
溝通偏好	面對面	面對面最理想 必要的話用電話或電子郵件也行	簡訊 或電子郵件	即時通訊	視訊通話
理財決策時偏好的方式	面對面會議	面對面最理想但逐漸接受線上金融服務	多採用線上金融服務，若時間許可偏好面對面處理	面對面	透過線上群眾外包的方式找出解決辦法

表 4.1 世代行銷

產品定位

行銷人艾爾·賴茲（Al Ries）及傑克·屈特（Jack Trout）在《定位：在眾聲喧嘩的市場裡，進駐消費者心靈的最佳方法》（Positioning: The Battle for Your Mind）一書寫道：「現在，定位一詞的意義更廣，指的是廣告讓產品在消費者心中佔有一席之地的所作所為。也就說，現在成功的廣告主不是利用廣告傳達產品的特色或優勢，而是要透過廣告來定位產品。」

舉例來說，美國啤酒酷爾斯（Coors）的定位就是由洛磯山脈（Rocky Mountains）的泉水釀造而成，純淨又新鮮。荷蘭啤酒海尼根（Heineken）則是定位為職人釀造的頂級啤酒。

定位並沒有取代產品本身的特色、功效及銷售論點，而是讓這三項更完善。如果你的產品能滿足一小群消費者的需求，那麼將產品定位成與主流知名品牌相反的產品，就能快速又有效地建立產品形象，讓消費者印象深刻。

但你的文案不能只讓消費者有印象，還要能成功勸敗。要能成功勸敗，你就必須告訴消費者產品的功效，以及產品勝過競爭對手的原因。

Chapter 5

這樣做市場研究，
你的文案成功一半

藝術總監赫爾穆特・克隆（Helmut Krone）曾創造許多經典的廣告，包括安維斯租車（Avis）的口號「我們加倍努力，持續用心」（We try harder.）、福斯汽車（Volkswagen）的「以小搏大」（Think small.），以及美國美能（Mennen）鬍後水的台詞「謝啦，我正好需要。」（Thanks, I Needed That.）。他處理每件廣告案都有一套基本作法：「我會先拿出一張白紙，寫上任何有趣的想法。」

不過，到底在面對這張白紙，或螢幕前的空白檔案時，文案寫手要做好哪些準備呢？你需要備妥什麼樣的資料，才能開始創作文案？你要從哪裡著手，開始搜集這些資料？你要如何發想廣告點子？

這章將會回答這些問題、提供具體的技巧，讓你在處理文案委託之前，熟悉負責的產品與它所屬的市場。

寫文案的前置作業：調查

為了要了解每個文案委託的產品、技術、市場和競爭對手，我會採取以下3個步驟進行調查。

步驟一：先從客戶著手。

大部分的廣告主都有豐富的資料可以提供，你只要知道自己需要哪些資料。稍後「如何為委託案做準備？」的單元會再詳細說明。

步驟二：請網路調查專家幫忙。

不是請他來包辦所有的網路調查工作，只是請他來幫你節省時間，先搜集基本資料，還有難找的資訊。

我聘請的網路調查專家針對網路調查，寫了一本價格實惠的電子書，提供你參考：http://www.fastonlineresearch.com/

步驟三：接著自己進行網路調查。

有時候，偶然瞥見或找到某篇文章或報告之前，你不會知道這份文件對撰寫文案有幫助，就像在圖書館或書店內瀏覽書架上的書一樣。

有其他作法或資源能幫你找到優質的資料撰寫文案嗎？當然有，可多著呢。不過請你先從上述的三步驟做起。

另外，不妨利用文書處理軟體 Word 的「參考資料」項目裡的功能，輕鬆替所有的資訊加入註解，說明資料來源。如此一來，如果你的文案內容受到質疑，就有原始資料可以佐證。

網路調查：概述

主要的搜尋引擎具備大量網頁索引、比較為人所知，且被大量使用。對從事研究調查的人來說，知名的搜尋引擎一般代表會提供更可靠的搜尋結果。如果你在不同資料來源中都找到類似的結果，你會對這項結果比較有信心。這些主要的搜尋引擎都有營利支持，更能維護、更新，並與時俱進。

你大概也很熟悉幾個主要的搜尋引擎，像是Google、Yahoo!奇摩、Bing 等等，所以在此我也不浪費你的時間說明基本搜尋技巧。我要把重點擺在如何在網路上找到值得信賴、可靠又精準的資料。

美國史丹佛大學說服科技實驗室（Stanford Persuasive Technology Lab）與馬可夫斯基公關公司（Makovsky & Company）[1]所做的研究中，將可靠（credibility）定義為可相信（believability），並指出可靠是我們感受到的整體品質，而不是一項單一訊息。

我們覺得一個網站上的資料可靠，是因為從好幾個標準綜合評估得來的結果。這些標準可分成兩大面向：網站的專業程度（expertise）及值得信賴程度（trustworthiness）[*]。這兩個面向裡有很多考量。

---

[*] 譯者註：舉例來說，「值得信賴程度」包含道德層面的意涵，意味著資訊的內容是否立意良善，是評估資料是否值得信賴的標準之一；另外，沒有偏見、內容真不真實，也是判斷是否值得信賴的標準。

具體來說，一個可靠的網站有以下幾個特點[2]：

- 提供的內容有標示作者姓名，或作者所屬的機構、團體，並且附上最新的聯絡資訊。
- 有說明作者的資歷。
- 有提供完整的資料來源。此外，你也要確定這些參考資料是否可靠。
- 提供最新的訊息（有更新，沒有失效的連結、過時的資訊等等）。
- 幾乎沒有作者的偏好、傾向：撰文者沒有在推銷他提到的產品或服務，網站上也少有或沒有這方面的宣傳。
- 沒有太多限制就能瀏覽內容，例如不需付費能觀看，或必須下載特定軟體才能瀏覽。

網路上最可靠的資料來源[3]是由機構或專業團體建立、維護的網站。專業網站會呈現研究成果、相關資源、網站簡介、白皮書、報告、調查、新聞稿等等。這些網站通常都很值得信賴，如果是由合法甚至有名的機構或團體營運網站，更是如此。

如果一篇網路文章只提供資料來源的連結，你就得一一確認這些來源的可靠程度，因為這些來源無法反映刊登這篇文章的網站可不可靠。以下是其他可信度比較高的資料來源，可以用來調查產品的市場、應用與技術：

- 發表在有審查制度的科學或醫學期刊上的文章，可借助學術搜尋引擎找到。
- 財經網站，例如Yahoo!財經。
- 主流新聞媒體，像《紐約時報》、《今日美國》（USA Today）。
- 主流財經媒體，例如《彭博商業週刊》和個人理財雜誌《吉普林》（Kiplinger's）。
- 政府單位官方公布的統計數據。
- 專業網站。

如何為委託案做準備？

你可以利用以下4步驟取得所需的資料，為你的客戶寫出詳實、具說服力的文案。

步驟1：取得產品相關的舊資料

針對已問世的產品，客戶一定有豐富的內容能提供給文案寫手，作為背景資料。這些資料包括：

- 先前廣告的樣張
- 宣傳手冊
- 年度報告
- 產品型錄
- 相關文章的複本
- 技術文件
- 說明會或演講的書面文件
- 影音腳本
- 新聞資料袋
- 市場調查報告
- 廣告企劃書
- 網站
- 產品使用者的來信
- 過期電子報
- 競爭對手的廣告及相關資料
- 內部備忘錄
- 技術資訊的往來信件
- 產品的詳細說明、設計圖及企劃案
- 產品原型的繪圖或照片
- 工程製圖
- 銷售與行銷企劃書
- 相關報告
- 各項提案
- 消費者回饋

在你參加任何簡報會議或開始寫文案之前，記得請客戶提供這些背景資料。你可以列出一張清單，說明你需要的背景資料有哪些。如此一來，便能清楚明白地表達你的需求。

此外，你當然也得透過網路，盡可能搜集到最多的產品資訊。你得花很多時間列印資料、閱讀客戶的網站，或至少好好研究和產品相關的網頁。

建議你也問問客戶最主要的競爭對手有哪些，並研究他們的網站內容。最後，記得也用 Google 搜尋和產品相關的關鍵字，說不定你會發現很多寶貴的資訊，可以用在文案裡。

研究過這些背景資料後，文案寫手應該就已經掌握90%的文案素材了。剩下的10%，則是透過當面訪談、電子郵件、視訊或電話請教，詢問對的問題。接下來，步驟2到4就列出文案寫手應該詢問哪些和產品、受眾及文案目的相關的問題。

步驟2：提出和產品相關的問題

- 產品的特色和功效是什麼？（請列出完整的清單）
- 哪一項功效最重要？
- 這項產品在哪方面有別於競爭對手？哪些是獨家特色？哪些特色優於競爭對手？
- 如果產品和對手沒什麼差異，有什麼是對手沒提過，能加以突顯的特色？
- 這項產品與哪些技術競爭？
- 這項產品有哪些用途？
- 這項產品解決了哪些問題？
- 這項產品的定位如何和競爭對手產生區隔？
- 這項產品的實際表現如何？
- 這項產品容易故障嗎？這項產品可以使用很久嗎？
- 這項產品的效率如何？
- 這項產品經濟實惠嗎？
- 這項產品定價多少？
- 這項產品好用嗎？容易保養嗎？

- 哪些人買過這項產品？他們有什麼看法？
- 這項產品有提供哪些尺寸、材質和款式？
- 製造商配送產品的速度有多快？
- 如果無法直接向製造商購買，消費者要如何購買？到哪裡購買？
- 製造商提供哪些服務和支援？
- 這項產品有保固嗎？

步驟3：提出和文案受眾相關的問題

- 誰會買這項產品？（這項產品主攻什麼樣的市場？）
- 這項產品究竟能提供買家哪些好處？
- 為什麼他們需要這項產品？為什麼他們現在就需要？
- 消費者購買這項產品最主要的考量是什麼（價格、配送、性能、服務、維修、品質、效率、可靠程度、購買的便利性）？
- 這項產品的買家有什麼特點？買家屬於哪一類的人？
- 買家購買的動機是什麼？
- 文案要吸引多少不同條件的對象？（舉例來說，玩具廣告就必須同時吸引家長和小孩。）
- 如果你要寫的是平面廣告，建議你讀一讀會刊登這則廣告的雜誌。
- 如果你要寫的是直效行銷郵件，建議你事先研究一下寄發對象的名單，讀一讀描述寄送對象的相關資料。
- 如果你要寫的是網路廣告，請研究一下會刊登這則廣告的網站和電子報。

步驟4：決定文案的目的

你的文案可能要達成下列一個或多個目標：

- 產生流量。
- 產生轉換效益。
- 鼓勵消費者詢問。
- 鼓勵消費者購買。
- 回答消費者的問題。
- 篩選潛在顧客。
- 增加造訪商店的流量。

- 引進新產品，或介紹改良過的舊產品。
- 和潛在顧客、現有顧客保持聯繫。
- 建立潛在顧客主動訂閱的名單。
- 讓潛在顧客購買產品。
- 公布新消息或產品資訊。
- 打造消費者對品牌的認同與偏好。
- 塑造公司形象。
- 提供銷售員行銷工具。

下筆寫文案之前，請好好研究你要寫的產品，包括產品的特色、功效、用途、過去的表現、主打的市場。仔細研究產品細節不會白費，因為具體細節才能勸敗。

利用訪談搜集情報

當然，背景資料有時候無法完全回答前述這些問題。有時候你得向客戶僱用的產品專家請益，取得其他資訊。這些專家包括工程師、設計師、銷售員、產品經理和品牌經理。

新聞記者會跟你說，面對面訪談比電話訪問好。你坐在訪談對象面前時，你能觀察對方的舉止、衣著和外表。也能從對方所處的環境中掌握到很多訊息。

不過，文案寫手進行的訪談和記者進行的訪談並不相同。你想知道的不是訪談對象的特質和經歷，你要找的是簡單明瞭的事實、單純的產品資訊。因此，你不必「貼近」訪談對象，電話或視訊訪談和親自會面一樣能達成目的。

而且，其實電話訪問有許多好處。首先，雖然這些專家很熟悉這項產品，但廣告宣傳通常不是他們的職責所在，加上他們工作忙碌，並不會想介入其中。電話訪問能減少打擾他們的時間，忙碌的主管會非常感謝電話訪問的效率。

此外，電話訪問方便你做筆記。有些人看著你狂敲鍵盤、忙著記筆記時，會感到坐立不安。進行電話訪談時，對方就看不到你記筆記的動作了（記得關掉視訊鏡頭），而且對方也能自在暢談，比較不會感覺到自己說的話正被記錄下來。

再來，文案寫手能節省往返客戶辦公室的時間。如果你是論件計酬，電話訪問讓你的獲利增加。如果你是按時計價，電話採訪省下的時間就算客戶賺到，因為減少了前置作業的時間。無論如何，都有一方賺到。

文案新手常問：「採訪時，錄音或記筆記哪個比較好？」我的回答是看委託案的情況而定。順帶一提，如果你決定要錄音，請務必在訪談開始前告知你的訪問對象。

有時候，你會被迫在沒有拿到太多背景資料的情況下參加簡報會議。這時候，新資訊會蜂擁而至，因此用手機應用程式等方式錄音會比較好，除非你打字速度夠快，能記下所有資訊。

另一方面，如果你已經聽過完整的簡報、很熟悉產品，你就應該在面談或電話訪問前，準備好具體問題，詢問背景資料沒有提供的產品資訊。這種狀況通常會得到簡短明確的答案，因此用電腦或手寫筆記就行了。

我幾乎都會在事前先將要採訪的問題寄給訪談對象。大約兩成的機率，他們會直接將答案打出來，回信給我。

《作家》（Writer）雜誌曾刊登過一篇文章，作者桃樂絲·辛秀·派頓（Dorothy Hinshaw Patent）針對如何安排、進行電話訪問，提供幾個訣竅（基本概念來自桃樂絲，但我有多做解釋或補充，以更符合文案寫手的需求）。

一、打電話約訪時，馬上表明你的身份、誰建議你聯繫對方，以及你想訪談的原因。

舉例來說：「吉姆·羅森塔先生嗎？您好。我是鮑伯·布萊，我目前替貴公司的廣告代理商安德森公司撰寫地面雷達的廣告。安德森公司的

藍辛・奈特建議我致電給您，他說您是設計雷達天線的專家。如果方便的話，我想請教您幾個問題。」

有時對方會拒絕接受訪問。以下幾個技巧多少能幫你順利約訪：

- **向對方解釋訪談不會花太多時間。**（「我準備了6個簡單的問題，訪談大概只會佔用您10分鐘。我知道您很忙，但我們能不能最近找個時間談10分鐘就好？」）

- **奉承受訪者，但是要夠真誠。**（「我應該也能詢問貴部門的其他人，不過他們跟我說是您設計天線的。我想確保廣告呈現100%正確的資訊，因為這則廣告會刊登在《機械設計》、《設計情報》和《電子文摘》等刊物裡。」）

- **說明委託案很重要。**（「我彙整的文章會刊登在今年的年報裡，所以才希望能獲得最正確的資訊。」）

- **借用權威人士的影響力。**（「您的部門主管雪莉・派克目前正和廣告代理商密切合作這次的委託案。她認為我們一定要徵詢您的意見。」）

二、讓受訪者挑選訪談時間。

建議你表示能在受訪者方便的時間致電，可以選在早上、午餐時間、下班後、晚上或其他任何時段。有些人上班時間太忙無法進行訪談，因此偏好晚上五六點以後，那時候他們會比較輕鬆一點；有些人會希望午餐時間訪談。總之，以受訪者方便的時間來安排訪談。

同樣重要的是，不管是面談或電話訪問，務必敲定明確的日期、時間進行訪問。如果你們約好進行電話訪談，請確保受訪者知道你會準時致電。電話訪問就跟面談一樣正式。

三、盡量提早約訪。

由於廣告委託案的截稿時間通常比較緊迫，這點很難做到。因此，最好是在接受委託當天，就開始約訪。如此一來，如果關鍵的受訪者出遠

門或無法受訪，你能儘早通知客戶，設法轉圜（要求延長截稿期限，或另覓其他受訪者）。

四、做足功課，訪問時要準備好。

請在訪問前讀完所有背景資料。事先想好訪談時要得到什麼樣的資訊，並將訪題製作成一張清單。

受訪者的時間、你的時間都是客戶付錢買來的。別浪費這筆錢，要求受訪者回答基本問題。你應該好好利用訪談的機會，向專家請教產品的細節、市場的具體情報，補足背景資料沒有提供的內容。

五、訪談務必準時出現。

很多商業人士比較急性子，如果你沒有如期赴約，可能再也沒有機會訪問。萬一你真的無法準時出現，一定要儘早致電說明情況。

六、筆記只做重點。

如果要現場做筆記，只要記錄有助於釐清事實的資訊就好。

七、與受訪者建立融洽的互動。

你們或許沒什麼共同點，但如果受訪者提及自身遇到的難題時，你能表現出感同身受或有興趣了解，能讓受訪者更樂意幫忙。比起懷有敵意或冷漠的受訪者，友善的受訪者能讓訪談更順利。

你或許真的不在乎製造出世界第一個光纖釣竿有多困難，但你訪問的工程師非常在乎。所以，當他跟你說：「光是要將抗拉強度調整成對的長度直徑比，就有一堆問題要解決。」你應該點頭微笑，表示理解。甚至還可以回答：「我能想像你們遇到的難題，這一定是很棒的釣竿。」這只是基本禮貌，而且有助於訪談順利進行。

八、彙整受訪者清單、保留訪談資料。

你應該將訪問過的對象整理成一份清單；同時，至少到委託案結案、

廣告發表後好幾個月內，你都應該好好保存訪談筆記。如果客戶想知道你的資訊來源，或質疑文案的正確性時，你就能參考這些筆記。

九、結束訪談時，務必表達感謝。

訪談結束之際，請記得要向訪談者說聲「謝謝」。事後寄一封電子郵件道謝會更好。

組織你搜集到的資訊

到了這個階段，你已經讀了一堆產品資料，做了筆記或劃了重點。你也訪問完專家，已經有筆記或訪談錄音檔。為了動筆寫文案，你接著要將筆記整理成電子檔並列印出來，之後參考才能快速又方便。

這道程序有兩個好處。第一，經過你思考、手寫筆記、打字整理的篩選過程，你會更熟悉這些產品資訊。

1960 年代，我還是個小學生時，老師出的作業都很簡單，只要找幾篇百科全書裡的文章就能寫成一篇報告，不太需要什麼額外的研究。身為學生，我們總認為自己只是抄抄百科全書蒙混過關。

但老師可不是傻瓜。他們知道我們會這麼做，也知道我們會用自己的話改寫百科全書的內容，過程中就能思考其中的觀念，最後針對報告主題導出自己的結論。

撰寫文案也是同一回事。你用自己的話重打訪談內容和之前的資料時，你就會建立自己對產品的觀點，並發展出如何行銷這項產品的獨特想法。

但說實話，我知道很多文案寫手不會這麼做。我只能說，這個方法我很受用，而且如果沒有先透過腦袋思考、鍵盤重打、列印資料這些步驟，重新消化所有搜集來的資訊，我不會輕易下筆寫文案。

第二個重打資料並列印出來的好處，在於你能將好幾個小時的訪談

和堆積如山的網站資訊、文件和產品手冊，濃縮成三到十張紙左右。如此一來，想找一項關鍵資料時，就不用回頭翻找成堆的資料，只要透過「在文件中搜尋」的功能，就能在重新整理的檔案裡找到。

此外，這份資料也能當作確認清單，標記已用在文案裡的資訊、圈選要用但還沒用的訊息，並劃掉不打算使用的內容。還有，比起解讀自己潦草的字跡，工整的文字檔讀起來要輕鬆得多。

雖然這份新的筆記很方便，不過一旦你真的重打一遍，你可能對這些訊息再清楚不過了，能直接寫出文案，過程中只需要偶爾瞥幾眼確認細節，或找出某個漏掉的數據而已。

我就曾在完全沒參考筆記的情況下，完成整個平面廣告文案，或電子郵件行銷內容。寫完文案後，我會比對筆記，確認重要的資訊都有寫進文案裡。

寫文案前，應該先擬大綱嗎？

很多文案寫手都在討論先擬定大綱是否有用。同樣的，這要看你的寫作方式。如果有用，你就應該是先擬定大綱。

大部分的短篇文案，像是網路廣告、電子郵件、部落格文章等，要包含的賣點不多，所以只要在腦海中勾勒大綱即可，不用寫下來。不過，如果文案需要涵蓋很多賣點，或者還沒想好怎麼組織編排（這情況常發生），我就會開啟新的 Word 分頁，構思文案大綱。

比較長的文案，像銷售影片的腳本、登陸頁面、白皮書、網站文案等等，先擬定大綱對我來說很有幫助。我會把大綱釘在書桌旁的軟木記事板上，用來指引我完成這份委託案。只要寫完某個段落的初稿，我就會劃掉大綱上對應的段落。這麼做讓我很有成就感，也給我動力繼續往下做。

幾十年來，我也建立了一套慣例，至少會先給客戶看過一份概略的文

案大綱，他們同意後，我才開始寫初稿。這份大綱會寫出一個暫定的標題，以及針對文案主題和內容的描述，並以項目符號條列或段落呈現。

這種建立「文案平台」的方式，能確保客戶同意你的撰寫方向。如果沒有先交出這樣的大綱、取得客戶同意，你可能根據某個主題或概念寫完整份文案，但遭到客戶否決，不得不重寫一遍。如果大綱事先有取得客戶的同意，這種事就不太可能發生。

如何組織你的文案大綱？第4章提到的「勸敗5步驟」，對所有要說服人的書寫來說，都是通用的架構。針對如何組織編排特定的文案類型，包括平面廣告、宣傳手冊、YouTube影片、加強推廣的臉書貼文、新聞稿、銷售信和電子郵件等，接下來會一一舉例說明。

善用社群媒體搜集資訊

你在LinkedIn、臉書、Twitter等社群媒體建立人脈網絡時，能接觸到很多人。你在研究文案委託案時，其中或許有些人就能助你一臂之力。

LinkedIn上尤其聚集了很多專業社團，聚焦各式各樣的專業、產業以及知識領域。不妨加入和你的文案主題相關的社團，因為成員都是該領域的專家或是產品的目標客群，也可能兩者兼具。

在社團中發問、記錄成員的回答等於是進行了非正式的研究。第15章提供更多細節，告訴你如何經營社群媒體、善用社群媒體做研究，以及替不同廣告網絡撰寫文案。

利用線上調查搜集資訊

另一個透過網路進行初級研究的方式，就是建立主動訂閱的電子郵件名單。不妨在你的網站上加個訂閱免費電子報的填寫欄位，就能將你公司製作的電子報寄給訂戶。這是建立名單最好的方式。

一旦建立了自己的訂戶名單，你就能利用像 SurveyMonkey 這類的線上調查工具，製作線上問卷發給你的讀者。利用社群媒體進行調查，能得到質性資料；線上問卷調查則提供量化資料。舉例來說，你可以透過線上問卷調查，得知調查對象中，有多少比例的人會想在未來一年內購買新的手機小工具，或有多少比例的人會吃甘藍菜。

除了自己實際調查，同樣的調查主題透過 Google 搜尋，也能找到很多別人做的調查結果。很多調查結果以比例呈現或公布排名，像是最熱門到最冷門的排序等等。這些數據都能讓文案更有效，因為數字很明確，同時也能吸引讀者的注意。

制定一套自己的寫作流程

現在來到最精彩的階段了：實際下筆寫文案。

每個文案寫手都有自己的寫作方式，你應該找到對自己最有效的方式。

有些文案寫手從標題、概略畫出視覺設計開始，之後再寫內文。沒有想出滿意的標題或視覺概念之前，他們無法寫內文。

相反的，有些文案寫手會直接從內文下手，之後再從內文或筆記裡提煉出標題。有些文案寫手喜歡從宣傳冊或年報中，挑最長或最難的段落開始寫。有些則偏好從簡單的段落先「暖身」，例如先寫直效行銷郵件的訂閱單，或網站上「公司簡介」的頁面。

不管你怎麼寫文案，你都得明白很難一次就寫到位。寫出優秀文案的關鍵在於重寫 2 次、3 次、4 次、5 次、6 次、7 次……直到一切妥當。文案新手常常在要開始寫文案時，變得不知所措，因為怕寫出爛句子或差勁的點子。

但沒有人會看到你最初的成果，你也不必第一次就要寫到位。所以別害怕，就將所有你想到的點子、詞彙、口號、標題、句子和片段寫出來就對了，反正你能隨時刪除不適合的內容。相反的，一旦你想到好主意

或找到適合的說法，卻沒有寫下來，那麼錯過就找不回來了。

很多文案寫手會先寫很多，遠超過最終版本所需要的量。這麼做能去蕪存菁。同樣的道理，你應該要搜尋遠超過最終版本要使用的資訊。如此一來，你就會更加精挑細選，選出最後文案要使用的資訊。

撰寫文案大致可分成三個階段，每個階段可能需要進行好幾次。

第一階段就是在電腦上打出你所有的想法，就讓思緒自由傾瀉而出。不要自我審查、不要中斷任何想法形成、不要回頭修改你的用詞，只要有想法、字句產生，就不斷寫下去。

有些文案寫手很難讓自己的思緒自由馳騁。他們變得拘謹、有所顧慮，因為意識到自己正在「寫文案」，聽起來是個艱鉅的差事。如果你也是如此，不妨試著假裝你在寫信給朋友，說服對方買一件你非常感興趣的新產品。這招似乎還算管用，大概因為和寫文案不同，寫信是件稀鬆平常的事情。

接下來到了第二階段：修改你的文案。刪除冗言贅字、重寫拗口的詞語和句子，大聲唸出你的文案，確保內容夠流暢。然後重新安排素材的順序，讓整篇內容更有邏輯。

此外，也請仔細閱讀你寫的內容，看看是否符合你的標準，是否是一篇有影響力、說服力的文案。如果不符合，就重寫一次，加強勸敗的力道。重寫可能要做的事包括加入更多產品資訊、想個更好的標題或更有力的結尾，或發想新的視覺設計。

到了第三階段則要將你的文案「打理乾淨」，也就是檢查錯字、文法錯誤，以及資訊是否都正確。這時候你也要確認有沒有行文或用法不一致之處。舉例來說，你不會希望在標題用的公司縮寫是GAF，但在內文卻寫成G.A.F.。

要培養文案的寫作技巧，和其他文類一樣，都需要不斷練習。撰寫文案能讓你學著改掉不好的寫作習慣，對寫作更有自信，並且能強化你的語言能力。

註明資料來源

文案寫手有責任註明文案裡引用資料的出處。如果你替婦產科診所撰寫宣傳手冊,提到「在美國,6對伴侶中,就有1對面臨不孕問題」,你就必須註明資料來源。

最好的辦法就是利用 Word 插入註腳或章節附註的功能註明,如此一來客戶就能輕鬆驗證每項引用的資料。

完成一份文案後,你也應該將所有用到的資料保存半年或一年。你願意的話,也可以將這份文件提供給客戶留存。

9步驟發想能勸敗的行銷點子

文案寫手的工作就是要想出能勸敗的字句和想法,成功賣出文案所宣傳的產品或服務。這些點子從哪裡來?來自對產品、市場和文案使命的理解,而文案的使命就是要把產品賣出去。

然而,就連最頂尖的文案寫手也有靈感枯竭的時候。接著介紹一套9步驟技巧,讓你為文案內文、標題、行銷活動,或其他任何事情發想新點子:

一、找出問題

解決問題的第一步就是要知道問題是什麼。但很多人只顧著埋頭往前衝,不知道目標在哪。記得這個教訓:還沒花時間確切找出問題之前,不要輕易找答案。

二、整合相關資訊

犯罪故事中,偵探花上大部分的時間找尋線索。要能破案,他們無法只靠聰明的頭腦,他們必須掌握證據。你也一樣。你必須先掌握相關資訊,才能解決問題或做出了解情況的決定。

每個領域的專業人士都深知搜集具體資訊有多重要。設計實驗的科學家會先瀏覽相關論文的摘要，看看之前做過哪些類似的實驗。要寫書的作家會盡可能搜集和作品主題相關的所有資訊，無論是剪報、照片、官方記錄、訪談稿、日記、雜誌文章等等。企業顧問會花好幾週或好幾個月的時間，深入了解一家公司，之後才想出對應重大問題的解決之道。

建議你把搜集到的背景資料建檔整理好。開始構想前，先複習這份檔案的內容，用電腦替這份的研究資料做筆記。這個步驟能讓你更熟悉背景資訊，也可能為你手上的問題帶來全新的觀點。此外，用電腦將資料整理成文字檔，能讓你將成堆的資料濃縮成幾張工整清楚的筆記，所有資訊一目了然。

三、培養基本知識

對文案寫作來說，具體資訊是和手上的委託案直接相關，包括產品、市場、競爭對手、媒體等相關資訊。基本知識則是你在職場與生活中所累積的專業素養、知識與體悟，包括你對生活現實、人情世故、社會事件、科學技術、經營管理，乃至你對整個世界的認識與理解。

你應該多學習工作相關領域的知識。專業刊物和協會網站是學習該領域知識最寶貴的兩個管道，不妨訂閱幾種電子報或和你的領域相關的專業刊物。快速瀏覽所有的內容，擷取、留存可能對你有幫助的文章，並將這些文章以主題分類歸檔，方便日後參考。

閱讀和你的領域相關的書籍，建立自己的參考書庫。如果有個20年資歷的文案老手出版了一本講廣播廣告的書，你買來看，你就能在一、兩天之內學到對方累積20年的經驗。此外，參加夜間課程對你也有幫助，不妨多參加講座、研討會和商展。在自己的領域廣結善緣，和同行交換資訊、故事、想法、個案或技術訣竅。

我認識的成功人士中，大部分都熱愛搜集資訊到偏執的程度。你也應該成為這樣的人。

四、尋找新組合

大家常說：「太陽底下沒有新鮮事。」或許真是如此，但想法不見得一定要全新的，很多想法只是現有元素的新組合。透過在舊想法之間找新關聯、從現有元素找新的搭配，你就有可能想出新方法。

以智慧手錶Apple Watch來說，這就是研發團隊將多種科技結合在一起的新產品，其中包括電子錶、智慧型手機的功能、血壓心跳偵測器、應用程式、無線充電等等。物理學家尼爾斯・波耳（Niels Bohr）也是結合兩個不同的觀念——拉塞福（Rutherford）主張電子環繞原子核的原子模型，加上普朗克（Planck）的量子力學——創造出現代的原子概念。

檢視相關資訊時，試著找尋能有加乘效果的搭配組合。有哪兩樣事物組合在一起，能創造出新概念？如果你有兩個設計，分別具備你需要的功能，能不能將兩者結合，創造新產品呢？

五、擱置問題

覺得自己的靈感枯竭時，不妨先把問題暫時擱一邊。這麼做能替自己充電，再次蓄積發想點子的能量。

但不要只是苦思5分鐘，就馬上採用這個方法。要使用這個方法，首先你得盡可能搜集到所有資訊。接著，你必須一而再、再而三地檢視這些資訊，努力試著發想新點子。直到你頭昏眼花、同樣想法不斷在腦海中打轉時，你才能暫時拋開問題，休息一下，讓你的潛意識接手。

靈感或解方可能會在你睡覺、沖澡、刮鬍子或在公園散步時，突然蹦出來。就算靈感沒現身，在你回頭面對問題時，你會發現自己恢復活力，而且看待事情也有了新觀點。我寫作時會用上這個技巧——先擱置我寫下的內容，隔天重讀。很多時候，我在寫的當下覺得很滿意的內容，第二天重看時，會發現其實還有很多改善的空間。

六、列清單

清單可以用來刺激創意思考，也能作為新想法的起點。這本書就有幾

份清單可以好好利用。但自己發想出來的清單還是最好的清單，因為是以你的日常生活會遇到的問題量身定做而成。

舉例來說，吉爾非常了解產品的技術細節，但很難說服顧客購買產品。為了要克服這項弱點，她可以先列出一份清單，上面載明顧客一般會拒絕的理由，以及應對技巧。（可以從幾週內的促銷電話搜集各式各樣的拒絕理由，接著透過請教其他銷售員、閱讀傳授勸敗的書籍，以及自身的失敗經驗中，列出應對這些拒絕理由的策略。）之後遇到態度強硬的顧客時，她不用再重蹈覆轍了；反而因為熟悉這份清單，準備好了如何應對這些典型的拒絕理由。

不過，沒有一份清單能保證遇到任何狀況都有好辦法。請記得，清單是刺激創意思維的工具，而不是萬靈丹。

七、徵詢他人

福爾摩斯是個傑出的偵探，但有時候就連他也需要問問華生醫生的想法。身為專業文案寫手，我認為自己知道怎麼寫出吸引人的文案。可是每當我拿草稿給助理看，他總能找出好幾個能改進的地方。

有些人喜歡獨立作業，我就是這樣的人，你或許也是。不過，如果你沒有在團隊裡工作，那麼主動徵詢他人意見有助於集中精神思考、激盪出自己從未想過的觀點。

他人的意見不用照單全收，聽取有幫助的就好。如果覺得自己是對的、他們的批評大錯特錯，忽略這些意見就好。但更多時候他人的意見能提供有用的資訊，幫助你想出最能勸敗的好點子。

當然了，如果你希望他人「幫忙看看這份報告」，那麼對方徵詢你的意見時，你也應該禮尚往來。你會發現檢視他人的工作成果很有趣，同時也會收穫很多。而且給建議比自己動手做容易得多。如果你提出了改善意見，對方也會非常感謝你的幫忙，因為這些對你來說顯而易見的事情，對方可能從來沒想過。

八、和他人合作

團隊工作會讓有些人的思考更有創意。最理想的情況下，團隊成員具備的技能和思考模式能和你平衡互補。以廣告業來說，負責文字的文案寫手會搭配負責視覺設計的美術指導，還有負責電腦技術的工程師。

以企業界來說，公司創辦人具備想法、創意，他們通常會聘請待過《財富》五百大企業的專業經理人，讓對方協助新事業成長。創辦人知道如何從無到有，但經理人才懂得怎麼營運一間有效率又能獲利的公司。

如果你是工程師，你或許能發明更好的晶片，但想要藉此賺錢獲利，你就應該和具備業務、行銷經驗的人合作。

九、別輕易放棄新點子

很多商業人士，尤其是主管階層的人，發展出來的批評能力遠比發揮創意的能力好得太多。如果創意十足的工程師、發明家都聽這些人的指令行事，我們就沒有桌上型電腦、電動車、飛機、燈泡、智慧型手機或水力發電可用了。

發揮創意的過程有兩個階段。第一階段是發想點子，任由想法自由馳騁。第二階段則是批判修改，冷靜思考每個點子，看看哪些可行。

很多人常會犯的錯就是把這兩階段混為一談，尤其在發想階段就急著批評剛冒出來的想法。結果在需要鼓勵發想的階段，就阻斷思緒、妄下定論。很多好點子就這麼被扼殺了，因此請避免犯這樣的錯誤。

這章提到的工作程序可能有點難實踐。不過別擔心，你一定做得到。記得曾經任職於奧美集團（Ogilvy & Mather）的文案寫手路·瑞德蒙（Lou Redmond）建議：「廣告是相對較簡單的藝術，別被嚇壞了。」

不同類型的平面廣告

所有平面廣告都大同小異嗎？還是說，針對不同的媒介或不同的廣告

目的，要採用不同的文案寫作技巧呢？

　　不論在哪種媒介上呈現，優秀的平面廣告都具備幾項基本特質。下一章將介紹成功的平面廣告所具備的9項特質。不過，隨著呈現的媒介和達成的目的不同，平面廣告的語調、內容和重點也會改變。

Chapter 6

平面廣告文案：
行銷人必練的基本功

儘管報業持續衰退，每年投入報紙廣告的金額仍將近160億美元。[1] 雖然報紙讀者的確持續減少，但報紙死期將至的說法其實多少有點誇大。

　　現在的平面廣告肩負幾個行銷任務，主要包括：

1. 直接銷售產品。（例如郵購廣告）
2. 挖掘待開發客戶。（例如邀請讀者回信索取宣傳手冊或白皮書）
3. 建立產品的知名度。（例如包裝食品、大部分低單價消費品的廣告）
4. 創造實體店和電子商務網站的流量，以增加銷售。

　　這4個任務有什麼不同？

　　要求讀者下單的廣告意味著直接創造買賣，必須獨自完成銷售的工作。當中沒有銷售員、產品展示間、零售陳列、說明的宣傳手冊幫忙銷售。這類廣告必須吸引讀者注意、保持讀者的興趣，接著說服讀者下單購買他沒親眼看過的產品。

　　郵購廣告的篇幅通常很長（半頁的報紙廣告大概能寫1000字或更多），因為必須提供完整的資訊。這類廣告得回答消費者的所有疑惑、讓他們卸下心防，並應對各種拒絕購買的理由，才能賣出產品。這類廣告也得分配足夠篇幅解釋如何下單，例如產品的網站連結、優惠券、免付費專線或其他方式。

　　目標鎖定企業或工廠採購人員的廣告通常是要挖掘待開發客戶，讓感興趣的買家主動要求更多資訊。因為大部分賣給工商團體的產品不會直接進行買賣，而是得先由銷售員介紹產品，再當面簽約成交。

　　挖掘待開發客戶的廣告資訊量可多可少，不過絕不會詳盡交代所有內容。讀者為了要獲得完整的資訊，必須透過寫信、電話、寄優惠券，或到指定網頁等方式聯絡廣告主。要將這類廣告寫得好，你得了解購買的流程，以及廣告會出現在哪。

　　很多消費品都不是透過郵購或銷售員賣出，而是在超市、百貨、汽車展示間和速食連鎖店裡買到。而且你通常只會在有需要時才會購買，而不會看了廣告就去買。

因此，這類產品的廣告不會直接銷售產品，而是希望能建立產品知名度，讓消費者知道他們的存在、產生購買的慾望。這類廣告得花上一段時間，才能建立知名度、誘發讀者的購買欲。漢堡王（Burger King）知道你不會看了他們的廣告後，就衝出門買份華堡來吃。他們廣告的目的是讓你想吃漢堡時，第一個先想到漢堡王，而不是麥當勞或溫蒂漢堡（Wendy's）。

有些廣告宣傳的不是產品，而是企業。這類廣告稱為企業廣告，目的是要在讀者心目中建立某種企業形象。這些廣告有時候鎖定一般大眾，為了澄清大眾對某家企業的誤解，或只是要提升某家公司的整體形象。更多時候，這些廣告鎖定的是股東、投資者和業界人士。翻一翻任何一期的《富比世》、《財富》或《彭博商業週刊》，這類企業廣告隨處可見。

根據刊登廣告的媒介不同，像是報紙、雜誌、型錄或網路廣告，廣告文案的寫作技巧也有所變化。報紙一直以來都是零售產品廣告的主打平台。零售商在報紙上刊登樣式簡單的廣告，強調產品價格，接著告訴消費者能去當地哪個零售商店購買。這類「多少錢、哪裡買」的廣告通常著重宣傳全店特價或某項產品的優惠折扣。

除了零售商，報紙當然也吸引其他廣告主，像是銀行、保險公司、房地產公司、戲院、餐廳、出版業、運動器材及保健食品。這類廣告主有些也會運用簡單的「多少錢、哪裡買」廣告宣傳，有些則刊登更精緻的廣告，性質更接近雜誌廣告。

雜誌和報紙主要有兩大差異。第一，報紙的目標讀者是一般大眾；雜誌則是鎖定特定讀者群，像是女性、青少年、基督徒、企業主管、科技迷、水電工、工程師、地質學家或作家。也就是說，雜誌是接觸特定市場的有效管道；報紙則是大眾行銷的好媒介。

第二，雜誌的印刷品質遠勝過報紙。此外，雜誌也能讓廣告主刊登全彩廣告。

廣告主利用雜誌廣告打造產品知名度及企業形象；很多消費雜誌則會提供專區給郵購廣告宣傳。

網路廣告則有好幾種宣傳方式。橫幅廣告曾是最常見的形式，但這幾年來橫幅廣告的效果逐漸下降。越來越多使用者利用廣告攔截程式，防止廣告彈出把螢幕搞得亂七八糟。一項2016年針對電腦網路使用者的調查顯示，26%的受訪者表示會使用廣告攔截程式避免看到網路廣告。[2]

另一個和橫幅廣告類似的方式，是在電子雜誌或電子報上投放簡短廣告。這類廣告通常只有50字到100字，並附上官網的超連結，官網提供更多產品資訊。

不管廣告是刊登在實體的報紙、雜誌，或網站、電子刊物，你的廣告都得想盡辦法爭取讀者的目光。畢竟讀者購買這些實體報刊、點選這些網站，都是為了這些媒介提供的文章、內容，而不是為了看廣告。以主流報紙為例，你的廣告就得和上百則其他廣告競爭；而一般雜誌的話，大部分讀者只看裡面的幾則廣告。因此，廣告的標題和視覺設計必須著眼於提供讀者夠強大的好處，或承諾讀者有所回報，以這兩個元素安排吸引人的訊息，才能讓讀者停下腳步，注意到你的廣告。

廣告的版面大小也影響文案的寫作方式。以全頁雜誌或報紙廣告來說，你就有很大的彈性調整圖像的大小，以及文案的內容多寡。（全頁雜誌廣告能容納超過1000字內容，不過一般文案字數都沒有這麼多。）

有鑑於此，廣告主通常以全頁廣告為宣傳核心，用來建立品牌形象和知名度；版面較小的廣告則用來挖掘待開發客戶。很多郵購業者也靠著版面小的廣告大獲成功。

如何寫出好文案？

針對不同廣告情境，的確要用上不同文案寫作技巧，例如雜誌和報紙的寫法不同，郵購文案和形象廣告寫法迥異；針對企業或一般消費者筆法也不一樣。這些技巧都很重要。但不論廣告刊登的平台，好的平面廣告具備相同的特質。

以下是能成功勸敗的好文案必備的9項標準：

一、標題包含對消費者來說重要的利益或情報，或能激起讀者強烈的好奇心，或承諾讀完文案有所回饋。

舉例來說，有個廣告標題寫著：「貴公司要怎麼減少一半以上的長途電話費呢？」這則標題的好處和回報很明確：如果你讀了這則廣告，就會知道要如何減少電話費。

省錢或折扣通常是你在標題能強調的最大利益。例如，有個郵購廣告要宣傳以「堅定果敢的處事技巧」為主題的音檔。廣告標題寫著：「《財富》500大公司經理一天要付5000美元才能學到堅定果敢的處事技巧，你現在只要花30美金就能學會。」

別管播放音檔和現場實際授課並不相同，這則標題營造了一個印象，讓人覺得自己比其他人少付4770美元學到新知識。這則標題簡單有力地陳述一樁划算的買賣。

21世紀不動產（Century 21）的房仲徵才廣告也很直接了當：「現在起，你就能在房地產業賺大錢。」沒有賣弄聰明的噱頭、沒有雙關語、沒有精美的照片或特效，只用簡單直白的語言，傳達令人難以抗拒的承諾。

二、圖像應呈現標題所說的主要好處。

請注意，我指的是「如果使用圖像」的情況。或許很多人告訴你圖像有多重要，但我認為，大多數廣告裡主要負責銷售的是文字，而不是圖像。上百則成功的廣告都只靠文字來宣傳。其他上千則成功的廣告也只搭配了簡單的照片、點綴圖樣和樸素的電腦繪圖。

廣告的視覺設計請盡可能呈現標題提到的好處，也就是產品的功效。其中，最有效的方法就是對比「使用前」與「使用後」照片。

化工公司杜邦（DuPont）的鐵氟龍廣告解釋為什麼有鐵氟龍塗層的工業處理設備能防止酸性物質腐蝕。廣告呈現兩張照片，一張是沒有塗層的攪拌葉片，被工業用酸性物質腐蝕成廢鐵；另一張則是有鐵氟龍塗層的葉片，浸泡在同樣的酸性物質裡仍完好如初。還有什麼比這個方式更

能證明鐵氟龍的好處嗎？

一則嬌生公司（Johnson & Johnson）的廣告標題提供了強而有力的產品功效：「現在，嬌生推出新玩具，幫助寶寶學會新技能。」廣告的照片裡，有個學步兒正在玩這些新玩具，而且顯然很樂在其中。這張照片展現了產品提供的好處，也證明寶寶喜歡這些玩具。

廣告裡的圖像不一定要詳盡說明產品的功效。舉例來說，房屋保險的廣告就可以呈現屋主在第一間房失火後，因為保險公司的理賠而住進安全又舒適的新家。

另外，圖像的說明文字能彰顯圖像的意義。說明文字能表明你想要讀者注意的圖像重點，或強調重要的情報。舉例來說，以圖像的說明文字提到產品大受歡迎，工廠幾乎跟不上訂單的速度，以供不應求的情況刺激讀者馬上行動。

三、文案第一段應延伸標題的主題。

直接看幾個例子：

- **你的腐蝕問題越嚴重，你就越需要杜邦鐵氟龍**

  在高度腐蝕的化學製程環境下，杜邦鐵氟龍塗層的液體處理零件壽命都比其他材質的零件長。

- **現在起，你就能在房地產業賺大錢**

  21世紀不動產的業務快速成長，我們員工的事業亦然。和其他銷售機構相比，21世紀不動產幫助了更多人在房地產業大展鴻圖，賺取豐厚報酬。

- **現在，嬌生推出新玩具，幫助寶寶學會新技能**

  你的孩子越長越大、越來越聰明。好奇心也更加旺盛，每天都渴望學習新事物。因此，嬌生設計的兒童發展玩具能陪伴小孩一起長大，鼓勵小孩成長的每個階段都不斷發展新技能。

四、版面設計要能吸引讀者目光、引導讀者閱讀廣告內文。

文案寫手必須考慮廣告的視覺設計元素，以及這些安排如何影響文案的閱讀效果。副標題會將文案切得太碎，分成太多小段落嗎？廣告要附上優惠券嗎？電話號碼要以較大的字體呈現，好鼓勵消費者來電嗎？是否應該用好幾張較小的照片呈現產品或說明流程，且每張照片附上說明文字呢？以上種種都是文案寫手要考慮到的問題。

要讓讀者願意讀你的廣告，關鍵在於版面設計要乾淨清爽、容易閱讀。版面設計要能抓住讀者的目光，並且引導讀者順理成章地從標題、視覺設計開始讀，接著瀏覽內文、公司商標和聯絡地址。

第19章將詳盡說明廣告的視覺設計。以下先提及幾個增加可讀性、吸引目光的版面設計要素：

- 只用一個主要視覺元素。
- 標題以粗體、大字呈現。
- 內文置於標題和圖像下方。
- 內文以清楚好讀的字體呈現。
- 每個段落之間可留一點空間，增加可讀性。
- 副標題有助於引導讀者閱讀內文。
- 文案應以白底黑字印刷。若以黑底白字印刷，或印在淺色底或圖案上，都比較不好讀。
- 篇幅短的段落比長的段落好讀。
- 第一段應該要很短，盡可能少於三行。
- 視覺設計越簡單越好。包含太多元素的視覺設計會讓讀者頭昏腦脹。
- 版面設計越簡單越好，包含標題、大圖、內文和公司商標即可。副標題、邊欄、次要圖片等額外的元素多少能增加廣告的可讀性，但太多的話會讓廣告看起來很亂，一點都不吸引人。
- 很多藝術總監認為，廣告要有大量「留白」才好，不然看上去就顯得雜亂，導致讀者不想看。但如果你文字的排版清楚好讀，就算沒什麼留白、整頁都是文字，讀者還是會逐字讀完。

同樣的道理，有些視覺設計技巧讓畫面看起來繁雜多餘，造成讀者反感。以下技巧會讓廣告的「廣告感」特別重，應該盡量避免：

- 傾斜的標題或內文段落。
- 以黑底白字印刷。
- 黑白圖片以其他顏色稍為上色（通常是藍色或紅色）。
- 字體過小（小於8號字）。
- 內文未適當分段，以很長的大段落呈現。
- 公司商標下硬塞一長串公司地址。
- 文字的欄目過寬。
- 選用粗糙的圖像和照片。

廣告的外觀，包括整體畫面、版面、所有元素的安排等等，再怎麼精彩都無法補救糟糕的文案。但倒人胃口的版面設計卻能使有興趣的消費者打退堂鼓，放棄閱讀很有料的文案。第19章還會再說明文案寫手必須知道的廣告設計原則。

五、內文以合理的順序呈現所有重要的賣點。

有效的廣告就是要向讀者訴說產品的故事，展現產品有趣又重要的一面。就像小說或短篇故事一樣，文案的架構也必須合乎邏輯，有開頭、中間和結尾。

如果要介紹產品和產品的功效，你大概會以重要程度安排賣點的先後順序：獨特的賣點在標題呈現，內文則依序從主要功效介紹到次要特色。這個模式就和新聞常用的「倒金字塔結構」相似。

如果產品的賣點間沒有明顯的優先順序，你可以考慮使用清單條列賣點，簡單標出一、二、三等項目編號即可。

如果寫的是個案經歷或顧客證詞，你可以依照時間順序鋪排內容。或者，你也能利用「難題與解方」的形式，呈現這項產品如何解決一個個困難。

六、文案要能說服最多數的潛在顧客，並讓他們進入下一步的銷售流程。

文案篇幅要多長、要包含多少賣點，取決於你賣什麼樣的產品、賣給什麼樣的對象，以及下一步的銷售流程是什麼。

隨手翻過一期的美國女性雜誌《好管家》（Good Housekeeping）後，針對文案長度我有以下觀察：

● 索菲亞香水（Sophia）的全頁廣告呈現了一張彩色照片，一個香水瓶的特寫壓在煙火背景上。這則廣告沒有內文，只有標題和幾句簡短的品牌理念。

> 索菲亞是慾望。
> 索菲亞是神秘。
> 索菲亞是夢幻。
> 科蒂集團為您獻上索菲亞。等待一個熱情的擁抱。

看來香水廣告無法以文字多描述什麼。香水賣的是增加性吸引力的神秘感。

● 挺立鈣片（Caltrate）的廣告則包含示意圖、圖表、四百多字的內文，標題也直接了當：「新上市的挺立鈣片讓骨骼長保健康。」保健產品似乎有很多可以說。這則廣告也鼓勵讀者寄信索取產品折價券，以及一份計算鈣攝取量的公式表。

● 很多食品廣告會附上食譜，其中當然會用到廣告裡的產品。廣告主希望讀者喜歡這份食譜，進而每次依照食譜做料理時，都會選購他們廣告的食品。

● 高單價產品的廣告都會邀請讀者寫信或來電詢問進一步資訊，像食物調理機、果汁機、地板材料、基因測試禮盒、假牙、房地產的廣告等。這類產品的廣告主知道，很多產品情報無法在報紙或雜誌廣告中細講。宣傳手冊、網站和銷售員接著要補強廣告的力道。

即將要下筆寫文案時，不妨問問自己：「我想要讀者採取什麼行動？我該怎麼說，才能讓他們真的這麼做？」

七、文案讀起來趣味盎然。

大衛‧奧格威曾在《奧格威談廣告》（Ogilvy on Advertising）一書中提到：「你不可能靠著無趣讓大家買你的產品，你只能讓他們覺得有趣，產品才可能賣得出去。」

唯有讀者覺得你的廣告有趣時，他們才會讀。讀者才不會看內容或風格乏善可陳的文案。

既身為作者又是讀者的你，早就知道什麼樣的文案有意思，什麼樣的文案沉悶。文案風格應該要利索、生動又輕快；文案應該要有節奏韻律，並且清楚明確。

不過，再好的風格都救不了沒有內容的文案。文案也得切中讀者的自身利益，涵蓋和讀者切身相關的好處、情報，或解方。文案不能只是娛樂讀者，而是得提出強而有力的理由，說服讀者為何這項產品值得擁有。

以下作法能讓文案更加有趣、更符合讀者的興趣：

- 直接切中讀者的生活、情緒、需求和渴望。
- 講故事。
- 以人為主題發揮。
- 以個人風格寫成，讓人感覺像朋友的來信，溫暖、真摯又熱於幫忙。
- 引用名人親身體驗的證詞。
- 提供贈品（禮物、產品手冊、宣傳冊或樣品）。
- 提供重要情報，特別是醫療保健和醫學的最新進展。
- 涉及重要議題，像是美容、健康、老化、子女養育、婚姻、家庭、安全、事業、教育及社會議題等。
- 回答讀者思考已久的問題。
- 以讀者感興趣的事物為主題。

至於以下作法，則會讓廣告變得沉悶無趣：

- 聚焦製造商，大談特談公司背景、理念和豐功偉業等。
- 只談產品的製造過程，或只講產品的功能，而沒提及產品對讀者的功效。
- 盡說一些讀者早就知道的事情。
- 篇幅冗長，充滿難字、長句、大段內容。
- 句子的長度都差不多（長短句交錯會讓文章富有變化與節奏）。
- 光講產品特色，卻沒提及使用效益。
- 沒有觀點，也就是沒有強而有力的銷售主張，或沒有凝聚購買慾的說詞（這類的文案只描述產品的實際情況，但沒有向讀者說明這項產品如何滿足讀者的需求）。
- 版面雜亂、視覺設計粗製濫造都會倒讀者胃口。

八、文案內容可信。

廣告公司老闆艾彌爾・嘉甘諾（Amil Gargano）曾說：「現今世界上充斥著憤世嫉俗與猜疑的人，但大部分都不是毫無理由的。這也是為什麼廣告如果無法令人信服，再怎麼精巧都沒有用。要獲得信任，就必須誠實以告，並謹慎對待你的目標客群。」

文案寫手的工作並不容易。你寫的文案除了要爭取讀者的目光、介紹產品、具有說服力，還得化解讀者的不信任，讓讀者相信你。

前面已經談過幾個建立可信度的技巧，包括引述滿意顧客證詞、實際示範產品功效、呈現研究測試結果等。但這些都只是技巧。要贏得信任，關鍵還是在於說實話。

在廣告中說實話並不是什麼激進的想法。一般對廣告公司主管的印象大多是油嘴滑舌、滿口謊言；但其中很多人都是正直、專業的商務人士，深信自己銷售的產品。他們大多不替有害或劣質的產品製作廣告。說實話除了和道德責任有關，真正要說實話的原因在於一個行銷宣傳的簡單事實。

精巧的廣告或許能說服讀者購買一次爛產品，但絕對無法說服他們再次掏錢買下已經試用過，而且不喜歡的產品。

這就是為什麼在文案中說謊沒有好處。不僅不道德，也無法幫廣告代理商和廣告主賺到錢，還讓廣告這一行聲名狼藉。

越來越少廣告同業昧著良心欺騙消費者，而大多數人深信自家行銷的產品確實對消費者大有益處。只要你相信自己的產品，就很容易寫出誠懇、資訊豐富、對讀者有幫助的文案。只要你夠誠懇，讀者會感受得到，進而相信你所寫的內容。

九、廣告會鼓勵讀者採取行動。

優秀的廣告會鼓勵讀者採取銷售流程中的下一個步驟，不論是下單、打電話給客服、到店裡逛逛、試用樣品、觀賞現場示範，或造訪網站、登陸頁面等。

相信你已經很熟悉利用折價券、免付費專線或其他方式，鼓勵讀者回應廣告了。如何讓你的廣告獲得最佳回應？《機會》雜誌（Opportunity）的銷售經理貝瑞・金斯頓（Barry Kingston）對此提供了幾個訣竅：

- 廣告中提供的公司聯絡方式別用郵政信箱，最好交代有街道名稱的地址。如此一來，讀者會覺得你的公司應該頗具規模、穩定經營、根基穩固。

- 如果大部分的雜誌讀者都是你的目標客群，可以提供免付費專線增加回應。不過，如果你想篩選待開發客戶，那麼提供一般公司電話號碼即可。

- 如果能直接購買產品、以信用卡付費，廣告上記得附上免付費專線。

- 不管是電商行銷或印刷廣告，文案中記得載明公司電話，以增加可信度。

- 優惠券能讓讀者回應增加25% 甚至1倍。

- 鼓勵讀者來函會減少回應，但能篩選出購買意願高的待開發客戶（也就是真正對產品有興趣的人）。

你的廣告需要標語嗎？

一則或一系列廣告中，出現在企業商標後的短語或一句話就是標語或口號。標語是用來總結廣告的核心訊息，或概略陳述公司的本質。

來看看幾個美國知名的廣告標語：

我們是美國航空，盡力做到最好

麥斯威爾咖啡：滴滴香醇，意猶未盡

州立農業保險公司就像你的好鄰居

蛋襪的彈性堅韌，無與倫比

保德信人壽：堅實的靠山

但願卡特童裝穿壞之前，小寶貝不要太快長大

貝爾電話公司：如果無法親自拜訪，長途電話最表心意

美國運通卡：出門別忘了它

這些標語簡潔好記，而且總結產品或服務的特性，因此成功打造知名度，品牌名稱深植人心。不過，也有數以百計的廣告標語只用上幾個月，之後不再使用，也沒人再提起。

那你到底該不該在廣告中使用標語呢？

這要看你的產品是否適合。文案寫作的原則是「形式配合功能」，也就是說，如果某個寫作技巧合用又自然，那就放膽這麼寫，別將不適合的文案技巧硬是套用在廣告上。

以同樣原則檢視是否使用標語，我會說，如果產品的核心銷售主張，或產品本質能用順口好記的一句話總結，你才該用標語。如果產品或業務本質無法一言以蔽之，就別強求，不然會發想出矯揉造作的口號，不僅有損廣告原本的好，也讓你、你的廣告公司、你的雇主和你的顧客尷尬又不愉快。

　　舉例來說，假設你的公司製造捕蠅紙。公司總裁說：「我們公司的標語應該是『高品質捕蠅紙的領導者』。」但這個標語會限縮產品種類。如果哪天公司決定擴大營業、多生產蒼蠅拍，這個標語就變成了麻煩，因為每當想到你們的公司，大家只會想到捕蠅紙。

　　這時你的廣告代理商建議：「我們把眼光放遠一點。你們不只生產捕蠅紙，你們從事的是「害蟲防治」，所以把標語改成『害蟲防治科學的領導者』如何？」但這個說法又太籠統。害蟲防治的範圍很廣，從驅除白蟻到捕鼠都算，但你的公司又沒打算涉足這些領域。

　　使用標語的風險在於，有些標語太狹隘，只能突顯特定專業；有些標語則太籠統，沒有實際意義或不適用。

　　如果標語順口好記，而且長期不斷灌輸給目標客群，標語才能發揮最大效用。舉例來說，好事達保險公司（Allstate）的口號：「交託在手，放心無憂。」從1950年起沿用至今，超過半世紀。

廣告文案的原稿格式

　　現在我大部分的文案都是以電子郵件寄給客戶，附上Word檔、Dropbox資料夾，或Google文件。如果你的客戶會使用電腦，就能使用Word 的「追蹤修訂」功能，在文案上標註他們的意見，省去印出來、手寫修改的麻煩。

　　有些文案寫手會在文案中註記，讓審閱文案的人知道自己正在閱讀的是標題、副標題、內文、圖片說明、文字框內容，還是針對視覺設計的描述。有些人會將這些註記用括號括起來，置於文案左側。我自己則是

用大寫字母打出這些註記、並將註記靠左對齊，後面加上冒號，並沒有使用括號。這麼做讓我的文案原稿看起來相當整齊，因為所有標記都靠左對齊。

以下是塞默公司文案原稿的例子：

塞默公司廣告　第1頁

標題：
如何讓冰茶保持沁涼

視覺：
一杯裝了冰茶的長型玻璃杯，置於打開的塞默牌保溫杯旁。

文案：
炎炎夏日裡，沒有任何東西比沁涼冰茶更解渴了。

不過，酷暑之下，不管鋁罐或紙盒裝的冰茶，冰涼都無法持久。一般的保溫瓶也裝不進公事包、提袋或午餐盒中。

現在，新上市的塞默牌保溫杯具備超強保冷力，而且輕便小巧，讓你隨時將清涼帶著走！

副標題：
容量大但體積小

文案：
塞默牌保溫杯體積夠小，最薄的公事包放得進、裝滿東西的背包也塞得下。但容量也夠大，裝滿 8 盎司的冰茶、檸檬水或果汁通通沒問題，和在家裡或飲料機喝到的容量相同，長型玻璃杯滿滿一大杯！

用塞默牌保溫杯裝冷飲，你就不必在午餐時間花大錢，到販賣機或速食店買飲料。買了塞默牌保溫杯幾週內就能回本，而且替您

在未來漫長的酷暑中省下一大筆錢。

塞默牌保溫杯帶來的沁涼暢快，包準你滿意。若有不滿意之處，只要寄回杯蓋就能全額退費，無需任何理由。

只要剪下顧客回函寄給我們，就能訂購塞默牌保溫杯，或上網下單：www.thermopal.com/offer。而且動作要快 —— 數量有限，通常春季中期就會賣光光！

顧客回函：
□沒錯，我要享受沁涼暢快！請寄給我___個塞默牌保溫杯，每個單價8.95美元，另附1美元處理費及運費。隨函附上我的支票。若有不滿意之處，我會將保溫瓶的杯蓋寄回，獲得全額退費。

姓名：_____

地址：_____

回函寄至：塞默公司
　　　　　郵政信箱 ○○○
　　　　　美國 ○○○ 市

發想文案點子的輔助工具：廣告種類清單

文案寫手接到委託案後，並不是憑空決定「我要寫個『見證型』廣告」，或「我要寫個『如何型』廣告，提供讀者解決方法」。文案寫手要先研究產品、目標客群及廣告的目的，才選用適合這項任務的文案寫法。

不過，多熟悉好幾種長年下來都很成功的廣告類型，像是如何型、見證型、前後對照型等等，仍有助於構思如何撰寫文案。

以下清單列出了許多不同的廣告類型。如果構思時遇到瓶頸，不妨瀏

覽一下這份清單，或許能有所啟發。你可能在掃過清單時，發現「哇，這個方法剛好適合手上的案子！」不過，別太依賴這份清單，這只是協助你腦力激盪的工具。

- 提問型廣告：在標題拋出問題，接著在內文提供問題的答案。
- 測驗型廣告：文案裡提供小測驗，讀者的作答結果決定了他們是不是這項產品或服務的潛在顧客。
- 新知型廣告：宣布新產品問世，或推出現有產品的新功能。
- 直言型廣告：直接了當呈現產品資訊。
- 暗示型廣告：標題語意模糊，藉此引發讀者的好奇心，吸引他們閱讀內文。
- 獎勵型廣告：承諾讀者閱讀這則廣告會獲得回報。
- 命令型廣告：要求讀者採取行動。
- 「多少錢、哪裡買」廣告：宣布優惠活動。描述產品、列出價格和折扣資訊，並說明到哪裡購買。
- 理由型廣告：提供讀者應該購買產品的理由。
- 信件型廣告：文案以信件格式呈現。
- 前後對照型廣告：呈現使用產品後獲得的改善。
- 見證型廣告：讓使用者或名人說產品的好話。
- 個案型廣告：詳細描述產品成功的歷程。
- 提供免費情報：提供免費產品手冊、宣傳手冊，或其他資訊。這類廣告著重鼓勵讀者來信索取免費資料，而非直接銷售產品。
- 故事型廣告：講述某個牽涉到人和產品的故事。
- 新潮型廣告：仰賴奇特的圖像吸引注意力。
- 篩選型廣告：透過標題篩選出特定讀者。
- 資訊型廣告：針對產品的使用提供一般性的實用資訊，並不直接推銷產品。
- 場合型廣告：在特殊場合下使用產品，藉以呈現產品的多功能、實用、便利或耐用程度。
- 運用虛構角色：廣告圍繞某個虛構角色開展，例如賣冷凍蔬菜的綠

巨人（Green Giant），或是美國1960至1980年代，Charmin牌衛生紙廣告都由虛構的超市經理衛保先生（Mr. Whipple）來宣傳。

- 運用虛構場景：廣告創造一個虛構的地方，例如萬寶路（Marlboro）香菸虛構出牛仔生活的「萬寶路郊野」（Marlboro Country）一地，呈現萬寶路代表的粗獷、勇猛的男子形象。

- 廣告利用卡通和漫畫呈現。

- 現身說法型廣告：廣告主在廣告中露臉，說明自家產品。

- 創造新詞：廣告主自創一個新詞彙，用來描述產品或是產品用途。「運動員足」（athlete's foot，台灣又稱香港腳）一詞就是廣告人歐比‧溫特斯（Obie Winters）為了客戶的產品所創，這項產品原本是馬匹使用的藥膏，但之後也能用來治療足癬。傑瑞德‧蘭伯特（Gerard Lambert）則在李施德霖（Listerine）漱口水廣告中，讓「口臭」（halitosis）成為家喻戶曉的名詞。

- 比較型廣告：比較自家和對手的產品，顯示自家產品的優點。

- 挑戰型廣告：挑戰讀者，看看他們能否找出更好的產品。

- 保證型廣告：廣告的重點在提供保證，而非產品本身。

- 優惠型廣告：廣告主打優惠價格、特賣，而非產品本身。

- 展示型廣告：展現產品如何發揮效用。

- 雙關語：標題以精巧的文字遊戲吸引讀者，文案隨後解釋雙關語的意涵。

- 比賽和抽獎。

- 結合時事：在銷售主張中增加時效性和急迫感。

如何撰寫小版面文案？

身為文案寫手，你的案源大多為報紙、雜誌的全頁廣告。不過很多郵購廣告主採用半頁廣告宣傳，效果更好。這類廣告多以直式呈現，為了看起來像報紙上的欄位。

此外，這類廣告通常設計成廣編稿或原生廣告，意味著希望這些廣告

看起來像文章而不是廣告。這樣的手法很有效，因為比起一看就知道是廣告的內容，「社論、專欄」的內容（文章）比較多人看，而且更多人相信。

要讓產品的潛在顧客注意到你的廣告，建議你在標題裡提到目標讀者（例如「處方藥使用者」），或是目標客群可能遇到的問題（像是「地下室潮濕」）。

針對郵購的分類廣告，給予承諾是有效的銷售手法。承諾消費者能藉由購買產品獲得愛情、金錢、健康、人緣、聲望、成功、休閒、保障、自信、美貌、舒適、娛樂、尊榮、成就感、自我提升，或能節省時間、消除憂慮與恐懼、滿足好奇心、發揮創意、表現自我、避免勞累或風險。

以下這些字眼很適合用在小版面的廣告中，包括：免費、新的、神奇、現在、如何、容易、發現、方法、計畫、揭開、顯示、簡單、驚人的、先進的、改良過的、你。

以全頁廣告來說，你的廣告就是讀者目光所及的全部。同一頁裡，沒有其他廣告分散讀者的注意力。

然而，如果你的廣告不是全頁刊登，那個就得和其他廣告競逐讀者的目光。因此再強調一次，要能吸引潛在顧客，有效的手法包括在標題提及目標讀者（像是「心臟病患者」），或寫出潛在顧客想解決或減輕的問題（例如「喪失記憶」）。

如何撰寫分類廣告及超小型廣告？

我強烈建議廣告主透過分類廣告和版面超小的廣告試著宣傳看看。沒錯，這類廣告版面極小，看起來幾乎沒什麼作用。但另一方面，刊登這類廣告的成本不高，試試看也花不了多少錢，投資報酬率因此可能很高。此外，能賺錢的分類廣告可以刊登很久，並且也可以投放到不同刊物上測試看看效果如何。

我寫過的郵購廣告中，最成功的一則在雜誌《作家文摘》（Writer's Digest）上連續刊登了好幾年，內容如下：

年收入10萬美元

為本地或全國客戶撰寫廣告、產品手冊、宣傳材料。免費提供更多細節：紐澤西州杜蒙市達肯布22號WD室。

以下是幾個郵購分類廣告的例子：

賺外快！12個在家賺錢的方法。免費提供更多資訊……

郵購百萬富翁揭露賺錢的秘訣。免費贈送1小時卡帶……

用廣告信賣新書！獲利400％！免費諮詢經銷商……

在家養蚯蚓賺錢……

食蟲植物森林玻璃盆栽。來信索取免費型錄。

追本溯源？家族尋根的簡單方法。免費提供更多細節……

要評估分類廣告的成效，是要看獲得每一則讀者詢問所花的宣傳成本。因此，如果你用越少的字傳達訊息，就減少了刊登廣告的開支，進而降低每則詢問的成本。

你的分類廣告應該越簡潔越好。有幾個訣竅能幫你減少文案字數：

- **精簡語句**。用最少的文字傳達你的想法。例如，把「這份在家就能進行的買賣，可以讓你每天賺500美元」精減成「在家工作，每天賺500美元！」。

- **簡化地址**。分類廣告裡的每個字都要花錢，地址也不例外。因此，把「達肯布大道22號」簡寫成「達肯布22號」一樣都能寄達，那我就要省下那兩個字。如果這則廣告會頻繁刊登在多個刊物上時，這麼做能省下一大筆錢。

- **利用片語和短句**，而不寫完整的句子。

- **記得你的目的。** 你要的是讀者的詢問，而不是要他們下單。文案不需要太多內容，因為你只是要鼓勵讀者來函索取更多免費資訊。

- **利用簡稱、連字符號、斜線等減少字數。** 例如將「養殖蚯蚓」簡化成「養蚯蚓」、「健康檢查」簡化成「健檢」。

前面提過，分類廣告要增加讀者回應，最好的辦法是鼓勵讀者詢問，而不是要求他們訂購。要鼓勵詢問，你可以寫「免費提供更多細節」、「索取更多免費資訊」、「免費贈送型錄」或類似的句子，並加上冒號及聯絡地址（例如，免費提供更多資訊：田納西州卡弩加市，郵政信箱54號）。

再來，這些資訊要免費提供嗎？有些廣告主會要求潛在顧客付點小錢，索取更多資訊（通常是25分、50分、1美元或2美元），或要求讀者寄出回郵信封，自行負擔郵資。

這麼做是認為，讓讀者負擔郵資、象徵性花點錢能篩選出條件更符合的待開發客戶，最後真正成為買家的比例也會比較高。

不過根據我的經驗，要讀者付費索取資訊並不划算，因為這麼做會大大減少待開發客戶的數量。

我認為，廣告主最好還是免費提供資訊。不過如果你提供的型錄很精美，製作成本高昂，你可以多少收個一、兩美元分攤成本。

另外，寫分類廣告時，你可以在地址上加入代號。如此一來，收到讀者來函詢問時，你就知道是哪則廣告產生的回應。舉例來說，前面提到我寫的「年收入10萬美元」的文案，地址裡的WD指的是雜誌《作家文摘》。而且由於這則廣告每個月都會刊登，我就沒有再加上數字代號來追蹤是哪個月份的雜誌。如果你想追蹤，當然也很好。例如，地址上就可以寫「WD-10室」，代表《作家文摘》十月號。好好追蹤每則讀者詢問，將每則詢問的代號紀錄在筆記本或試算表裡，以便評估廣告回應的成效。

前面已經提到評估分類廣告成效的兩項關鍵：每則讀者詢問的成本，以及讀者詢問變成實際購買的比例。接著，最後要結算盈虧：這則分類廣告產生的銷售獲利，有超過刊登廣告的成本嗎？有超過，代表廣告有賺頭。沒超過，代表廣告成效不彰，廣告主應該採用新的廣告。

　　將你的廣告登在有郵購分類廣告欄的刊物上。聯絡你有興趣的雜誌，向他們索取媒體簡介，其中包含雜誌銷售量、廣告價目表及讀者群的簡介，以及一份試讀本。你也可以要求出版商多提供幾本試讀本。

　　拿到試讀本後，仔細看看裡面分類廣告欄的廣告。這些廣告推銷的產品和自家產品類似嗎？類似的話，就是個好兆頭。接著，再看看這些廣告是否每期重複出現。除非這些廣告有效，不然廣告主不會持續刊登。如果這份刊物適合這些廣告，那麼應該也適合你的廣告。

　　分類廣告欄分成很多不同類別，務必選對類別刊登你的廣告。如果沒有適合的類別，可以聯絡雜誌方，看看能否特別為你創造新類別。

　　如果你賣的是資訊內容，應該避免把自己的廣告登在「書籍手冊」的類別裡，這麼做的話讀者回應會減少。你應該登在和你賣的資訊主題有關的類別中。舉例來說，如果你賣的是一本介紹如何靠清煙囪致富的書，就把廣告登在「創業機會」的類別下。

　　如果要測試一則分類廣告或小版面的廣告，你可以一次只在一個刊物上登一小段時間。問題是，大部分雜誌廣告刊登的作業時間都很長，甚至連週報都如此，會花上好幾週或更久。也就是說，如果你一次只刊登一小段時間，就算這則廣告成效不錯，你還是必須等上好幾週或好幾個月，廣告才能再刊出來。

　　如果是在週報或週刊上登分類廣告，我會連續刊登一個月試試看，也就是連續四期。如果是月刊，我則會一次刊登三個月看看成效，也就是連續三期。如果第一次刊登成效不錯，我大概會多刊登幾個月，讓廣告持續出現不中斷。

　　至於全頁廣告，通常是首次刊登在雜誌上時，會創造最多訂單。隨著刊登的時間越久，訂單的數量會逐漸下滑；直到廣告不再創造利潤時，

你就該換登另一則廣告了。

　　會有這樣的回應模式，是因為全頁廣告首次刊登時，就已經吸引到最有希望成為買家的潛在顧客，以及從最可能購買的消費者身上拿到訂單。這些首次刊登就下單的消費者，當然不會因為廣告再度刊登而再次下單。因此隨著刊登次數增加，接觸到新的潛在顧客數量就逐漸遞減。

　　和全頁廣告的回應模式不同，非全頁版面的廣告或分類廣告就算刊登了很多次，依然能維持穩定的回應量。有些以郵購營運為主的公司（包括我在內）每個月在相同的雜誌刊登同一則分類廣告，行之有年，但回應量仍沒有下滑。

　　有時候回應量反而在初次刊登的十二個月內逐漸增加，因為讀者一再看到相同的廣告，最後累積了足夠的好奇心，終於採取行動。有些人第一次索取資料後並沒有購買，但可能會持續索取好幾次資料，最後才終於下定決心購買。同時，你也要記得，新的一期會有新的讀者，不管是新訂戶或零售店的消費者，所以分類廣告的讀者量都還算穩定。

回應機制：告訴讀者下一步該做什麼

　　你應該要在文案裡向你的潛在顧客說明，下一步該做什麼、怎麼做、為什麼要這麼做。以下是幾個比較常用的回應選項：

- 撥打免付費專線。
- 以一般郵件回覆。
- 寄回廣告回函。
- 以電子郵件回覆。
- 填寫網頁表單。
- 和聊天機器人互動。
- 掃快速回應碼（QR code，請見圖6.1）。
- 實際造訪店家或展示間。

- 銷售員登門拜訪。
- 以簡訊回覆。

　　挑選最適合自家產品的回應方式，當作主要的回應機制。同時也提供消費者一兩個替代選項，畢竟大家偏好的回應方式不盡相同（例如，有些人並不習慣發簡訊。）

圖6.1：QR code

利用智慧型手機掃這張二維條碼圖像，潛在顧客就能立刻連接到
你的產品網頁，或任何你想提供給消費者看的網頁。

Chapter 7

直效行銷郵件：
最個人化的行銷管道

根據美國數據與行銷協會（Data and Marketing Association，DMA）的調查，美國2018年花在直效行銷郵件的金額高達385億美元。[1]現在，美國郵政系統每年要經手超過1200億封的直效行銷郵件。[2]

直效行銷郵件之所以成為業界愛用的廣告媒介，有以下幾個原因。

首先，你可以明確評估成效，只要計算收到多少訂單或顧客回函即可。如果是刊登平面廣告、投放廣播電台廣告，你通常無法確切得知廣告到底多有效。但直效行銷郵件廣告主就能掌握具體數據。

第二，比起其他廣告媒介，直效行銷郵件的投資報酬率通常比較高。有位小型傢俱連鎖店的文案寫手表示，和報紙廣告、電視廣告，甚至數位行銷相比，直效行銷郵件為店面帶來更多人潮。他說道：「消費者會拿著直效行銷郵件的廣告來店裡，離開時，我們的銷售就增加不少。顯然他們都是因為看了直效行銷郵件的廣告來店消費，這個手法效果真的非常好。」

美國百貨公司諾德斯特龍（Nordstrom）發現，他們改變老顧客的酬賓方案、不再寄送實體回饋禮券給消費者後，所有店面的人潮都減少了。[3]

第三，你能透過精心篩選的郵寄名單，鎖定不同客群寄發直效行銷郵件，並且針對不同客群的需求量身訂做專屬的文案。此外，只要預算許可，寄發數量要多要少都行，對大企業或小公司來說都很經濟實惠。

第四，要如何呈現你的廣告，直效行銷郵件提供很大的彈性。平面廣告受限於版面大小、電台廣告也有時間限制。相較之下，只要能成功勸敗，直效行銷郵件寫手要寫多少字、要用多少圖片都行。（我最近才收到一封長達16頁的直效行銷郵件！）你甚至還能在郵件中附上樣品或贈品給讀者。

因為上述優點，很多廣告主利用直效行銷郵件做很多事：

- 透過郵件賣產品。
- 篩選待開發客戶。
- 回答顧客對產品的疑問。

- 發送產品型錄、新聞快訊或其他宣傳文件。
- 刺激銷售力道。
- 和老顧客保持聯繫。
- 爭取更多新顧客的訂單。
- 讀者索取產品資訊後，後續追蹤、探詢購買意願。
- 結合其他宣傳手法，例如電話行銷、平面廣告和電視廣告。舉例來說，第2章提到的美國直銷公司「雜誌促銷」就會投放電視廣告，提醒消費者注意公司寄發的郵件裡有附上抽獎活動的訊息。
- 邀請潛在顧客參加講座、研討會、招待酒會，及貿易展等等。
- 更新訂閱名單、會員資料、服務條約和保單內容。
- 鼓勵消費者走訪實體店。
- 發送產品資訊、情報、樣品。
- 進行調查研究。
- 建立商譽。
- 宣佈優惠活動。

最後，可能和你想的不同，美國直效行銷郵件的回應率其實逐漸上升。2008年以來平均成長了14%；同一時期的電子郵件回應率反而大幅下降了57%。[4]

直銷行銷郵件：個人化媒介

直效行銷郵件和平面廣告最大的差異，在於郵件是私人性質比較高的媒介。信件是人們一對一溝通的互動模式。一則雜誌廣告一次會接觸到上千、甚至上百萬讀者，但一封信只會對你一個人說話。

現在大部分直效行銷郵件的確都是大量印刷、大量寄給好幾千名潛在顧客。但是讀者還是認為，郵件比雜誌或報紙更貼近自己。我們應該要善用這個特點──掌握私人郵件的個人化特色，呈現在直效行銷郵件的文案中。

和平面廣告不同，直效行銷郵件有署名。文案寫手能以第一人稱「我」寫信給讀者「你」，進而以比較像私下來往互動的方式，傳遞銷售訊息。

郵件的語調也應該個人化。成功的直效行銷郵件寫手偏好非正式、對話式的書寫風格。他們使用縮寫、口語、簡短明快的句子。他們寫出來的內容很有個性、充滿熱情，溫暖又真摯。

很多文案新手沒什麼撰寫平面廣告的經驗，不過直效行銷郵件就不同了，寫起來應該更容易，畢竟大家都寫過信。然而，有太多直效行銷郵件的口吻太像……嗯，太像廣告。你寫直效行銷郵件時，別壓抑你自己的風格。你應該將自己的話轉成文字，自然流露，就像在寫信給朋友一樣。

大部分直效行銷郵件的目的都是希望讀者有所回應。這類廣告要求讀者馬上下單（或至少採取某些行動），而不要多考慮一天、一週或一個月。直效行銷郵件寫手必須想辦法讓讀者立刻回應。這也是為什麼直效行銷郵件內大多包含訂單、回郵信封，還有一份文案叫你「現在就行動──別拖了──今天就把訂單寄出去！」

前面也提到，對於直效行銷郵件裡要包含什麼樣的資訊，你有很大的彈性、由你作主。這份郵件裡要放一封信嗎？還是要有宣傳手冊？訂單？顧客回函卡？樣品？第二封信？第二份或第三份宣傳手冊？

典型的直效行銷郵件通常包括最外面的信封、一封信、一本宣傳冊，以及一張顧客回函卡。不過見多識廣的文案寫手會根據文案的目的，調整郵件的組合。當然，你有不同組合可以選擇，例如郵簡形式，或在帳單、明細的郵件裡附上廣告。

不管什麼形式、組合，這份郵件的核心是銷售信（sales letter）。銷售信肩負主要的銷售任務，宣傳冊是用來強調賣點、展示產品，並提供不適合放在銷售信中的技術性細節。直效行銷郵件寫手之間流傳著一句老話：「銷售信負責賣、宣傳冊負責說。」

銷售信的寫作技巧

寫平面廣告的文案要起頭不難，因為有一定的模式：要有標題、配圖要呼應標題，而且第一段內文要延伸標題。

但光是銷售信的開頭就有很多種選擇。

首先就要考慮是否直呼收件人的名字，讓這封信更個人化；還是用制式、統一的稱謂就好。

如果採用較個人化的方式，你可以用電腦替收件者一一製作客製化信件，但所費不貲。個人化信件的迴響通常比較好，只要信件確實看起來是為收件者量身打造、讀起來像私人互動一般。切記別做得太過火，在信件中不斷提到對方的名字（例如：因此，瑞蒙先生，我們特別為您和瑞蒙先生的家人保留這項特別的優惠⋯⋯）。這麼寫讀起來很矯情，畢竟面對面交談時，你不會一再提起對方的名字。

另外，也別使用舊式噴墨印表機列印銷售信，也別讓人一看就知道收件人的名字是另外填入制式信件當中。銷售信最好要看起來像親手打字而成的，雷射印表機能達到這樣的效果。

很多委託案因為預算考量，你無法每封信單獨列印，廣告主會要求你使用預先印好的制式信件，隨後再打上收件者的名字和地址，也就是採取「配對填空」的方式。不過這個做法很花時間，而且實測發現，和以標題作為信頭的制式化銷售信相比，配對填空的信件效果沒有比較好。

但還是有例外。如果收件者是已消費過的顧客或高階主管，那麼就很值得製作客製化銷售信。公司規模越大、收件者位階越高，客製化信件的效果越好。

如果銷售信要寫標題，標題最好以大字、粗體呈現，例如16號的Arial Black字型。標題可以放在稱謂上方，或是置中並加上外框，更能引人注意。業界稱這個作法為「強森文字框」（Johnson Box）。

銷售信有時候也可以不加標題，直接以稱謂開頭，例如：親愛的朋

友、親愛的讀者、親愛的經理人，或親愛的史密森尼學會（Smithsonian Institute）之友。

此外，比起親愛的先生女士，或親愛的朋友這類一般性的稱謂，能反映讀者身份或興趣的稱謂通常比較好，例如親愛的農友、親愛的律師、親愛的電腦愛好者、親愛的未來富翁等等。

有時候你只用稱謂、沒有標題；有時候兩者皆採用；有時候沒有稱謂、只有標題可能更適合。

銷售信的15種開場白

銷售信的第一句話最關鍵。讀者從這句話決定，這封信是否包含自己有興趣的內容，或只是沒有用的垃圾信件，不用看就能丟掉。第一句話必須抓住讀者的注意力，但最重要的是吸引讀者往下讀。

多年來，比起其他文案類型，銷售信寫手發現幾種開場白用在直效行銷郵件上特別有效。這裡列出 15 種開場白的例子。你剛開始寫銷售信時，可以參考這些例子，想想看要怎麼發想出你自己的開場白。

一、直接端出優惠方案

優惠方案的內容包括特價產品、價格、優惠條件（包括折扣），以及購買保證。

如果方案特別吸引人，你可以將方案本身當作銷售信的主題，而不以產品或產品功效為主。下面以國際樂評（International Preview Society）這個音樂俱樂部的銷售信為例說明。這封銷售信主打貝多芬系列CD免費試聽10天的方案：

> 免費試聽10天！
> 貝多芬的傳奇音樂 ——
> 代表美與和諧的九大交響曲
> 出自終身坎坷的音樂家。

加送CD一張。

親愛的音樂愛好者，
貝多芬，光是這個名字，就讓人想到跨時代的偉大音樂……

這封銷售信的寫手認為，讀者早就已經喜歡貝多芬，所以不用著墨貝多芬的交響曲有多好。而且很難從演奏的樂團、指揮家或表演品質切入，說服讀者這套CD比另一套好。因此文案寫手聚焦在優惠方案上，也就是免費試聽10天，而且試聽就加送一張CD。

這封銷售信的標題採用一般的打字機字體，而且標題置於一般私人信件中收信人的名字和地址所寫之處，也就是稱謂的上方。

二、強調提供免費資料

如果銷售信是為了要鼓勵潛在顧客進一步詢問產品資訊，通常會向讀者說明，可以免費索取宣傳手冊、產品型錄或其他銷售資料。你可以強調有提供免費資料、著重產品資料的好處，而不是產品或服務本身，藉此增加讀者回應。

下面的例子摘自美國紐約互助人壽保險公司（Mutual Life Insurance Company）寄給我的銷售信：

親愛的朋友：

我們特別為您保留一份普林帝斯霍爾出版的《節稅妙招》，這本書對企業主管和專業人士大有幫助，內含實際、適時、有用的節稅方法，幫你爭取最大額度的扣除額，省下大筆稅金。

三、發佈消息

如果你有新消息要告訴讀者，像是推出特惠方案、新產品上市、新俱樂部成立、舉辦特別活動等，請以這項新消息開頭。以下是郵購公司考宏收藏俱樂部（Calhoun's Collectors Society）的銷售信：

美國郵票世界裡，只有一個名字比鑄印局的歷史還悠久，那就是史考特出版社，從1863年起就是美國集郵界的權威。

現在，史考特出版社的郵票專家首次選出一套從未在集郵年鑑裡出現的限量紀念郵票。

四、說個具行銷力的故事

寫成故事的文案對讀者有莫大的吸引力。首先，故事能讓讀者感同身受。講一個讀者會有共鳴的故事，就是在讀者的需求和你的銷售主張之間搭起一座橋樑。第二，大家都很熟悉故事，也喜歡聽故事。報章雜誌、電視上的新聞都是以敘述方式呈現。講故事能讓讀者對文案內容感興趣，讓他們往下讀，而不至於將銷售信隨手放一邊。

《Inc.》雜誌的銷售信就以故事開頭，講述一名男子辭掉工作，成為創業家——這是多數企業主管時常懷抱的夢想：

親愛的經理人，

三年前這個月時，我認識的一位男士——他當時是伊利諾一家大型企業的副總裁——走進老闆的辦公室，遞出辭呈。

兩週後，他創辦了自己的公司。

一切順風順水、如火如荼。他很聰明、充滿活力、專心致志，而且對自己的專業領域再熟悉不過了。

他的公司幾乎在一開始就大有斬獲，快速成長，持續增加新客戶、新員工、新設備。

然而，大約一年前，一切開始走調。訂單源源不絕，但公司營運陷入困頓，情況持續惡化……

直到上週五，這位三年前白手起家、懷抱希望的男士被迫結束營運，他的公司就這麼關門大吉。

到底發生了什麼事？到底什麼地方出錯了？有辦法避免這些錯誤嗎？要如何避免？……

這個故事抓住了我們的注意力，因為故事裡的情節也可能發生在我們身上。我們會想知道哪裡出錯了，以及《Inc.》雜誌要如何幫我們避免重蹈覆徹。

五、奉承讀者

有很多人對直效行銷郵件抱持負面觀感，其中一個原因在於他們知道這類郵件其實只是大量寄發，在廣告主上千筆郵寄名單裡，自己只是其中一筆而已。

儘管如此，你可以透過奉承讀者，將這個事實轉化成你的優勢。告訴讀者：「沒錯，你的名字在名單上。沒錯，你是這一群人中的一位。但你所屬的這個群體很特別，具備他人不及的優越之處，與眾不同。所以你也格外優秀，這就是我寫信給你的原因。」

瑪莎拉蒂進口貿易公司（Maserati Import Company）專賣豪華轎車，他們的銷售信開頭就對讀者極盡恭維：

> 親愛的麥科伊先生：
>
> 獨一無二，你覺得這個成語太老掉牙了嗎？
> 我之前也這麼想，直到我在名單上找到您。
> 現在我知道「獨一無二」的真正意義了。
>
> 搜尋您的姓名與地址的過程就像在礦砂中淘金……

這封信接著表示，如果讀者願意試駕瑪莎拉蒂的豪華轎車，就會獲贈一瓶法國香檳。

六、以夥伴名義寫信

這個作法的邏輯認為，既然直效行銷郵件大多鎖定特定客群銷售，那麼對這群擁有相同興趣或利益的潛在顧客來說，他們可能比較容易接受

同行或同道中人的銷售說法，而不是外人的推銷。

因此寫給農人的銷售信，署名者也應該是個農人。而且這封信要用直白簡單的語言寫成，就像農人彼此之間的交談一樣。

透過這個方式，文案寫手等於是跟讀者說：「我跟你一樣。我了解你的問題。我自己也經歷過同樣的狀況，而且我有找到解方。你可以信任我。」進而贏得讀者的認同。

《作家文摘》的銷售信就是以一名作者向其他作者交談的方式推銷：

> 親愛的作者：
>
> 我不是大文豪。
>
> 我大學修詩詞創作被當。我的第一篇、最後一篇，其實也是唯一的短篇小說慘遭14家雜誌退稿⋯⋯

七、來自總裁的私人訊息

直效行銷郵件裡，公司的老闆或經理能直接對顧客說話。

消費者喜歡和掌權、管理的人打交道。信件上有高階主管的署名會讓讀者覺得自己受到重視。而且廣告上有他們的簽名能增加訊息的可信度。（我常聽到有人這麼說：「如果這是假的，他不會在上面簽名。」）

未來軟體公司（FutureSoft）在Quickpro套裝軟體的直效行銷郵件裡，附上一封公司總裁的信：

> 未來軟體公司總裁約瑟夫‧塔馬戈給微電腦使用者的一封信：
>
> 我想跟你說，為什麼要將QuickPro的簡版操作手冊寄給您。我們的QuickPro獨特又強大，能為你量身打造需要的程式。

另一個例子來自郵購成衣商新紡公司（New Process Company）的總裁

約翰・布萊爾：

親愛的布萊先生：

最近有份便箋出現在我桌上，告知我必須立刻提高售價，否則無法應付持續增加的營運成本。

但是我說：「不，現在還不行！」

我知道像布萊先生您這樣的顧客，希望能在新紡公司買到最物超所值的產品。這就是為什麼只要能力所及，我一定會堅持不漲價……

八、引述聳動的內容

你的引述應該包含新消息、驚人的數據或事實，或一些煽動、有爭議的內容。而且一定要像新聞的開頭，讓讀者感到疑惑或好奇，進而想讀完銷售信一探究竟。

普林帝斯霍爾出版社（Prentice Hall）出版了一本以廣告為主題的書，他們在銷售信上直接引用這本書的內容做開頭：

在我「最不需要的東西」1-10分量表上，廣告代理商和其他行銷顧問公司差不多得了9分……

這就是電子零售商睿俠（RadioShack）的行銷大師路易斯・康菲爾德（Lewis Kornfeld）縱橫業界30年後，要告訴我們的真相。

九、提出問題

如果問題的答案對讀者來說很有趣或很重要，或者問題本身能激發好奇心，那麼以提問開頭就非常有效。

以下來看看幾個以提問開場的銷售信：

親愛的朋友：
如果寄件者你根本不認識，你看到以「親愛的朋友」開頭的信
時，有什麼想法呢？

親愛的布萊克先生：
你覺得自由工作者這個頭銜很糟嗎？其實大可不必這麼想……

十、強化「個人化」的色彩

我收過最個人化的直效行銷郵件如下：

親愛的朋友：

您可能早就知道，我們持續為與您相同姓氏的人盡一份心力。
經過幾個月的努力，《美國布萊家族的驚奇故事》即將出版，
而且您正是其中的一份子！

這封信非常個人化，有兩個原因。首先，我的名字在內文出現好幾
次。第二，這項產品特別為我這個姓布萊的人製作而成。（不過制式稱
謂「親愛的朋友」削弱了這封信的力道，應該改成「親愛的朋友布萊」
會更好。）

和制式化的郵件相比，個人化的郵件通常能獲得更多關注。因此請盡
量強調個人化的色彩。如果預算許可，不妨在內文提及一兩次讀者的名
字。而且更重要的是，確保文案切中讀者的需求、興趣和自我（例如，
以「美國布萊家族的驚奇故事」為名的書對姓布萊的人就很有吸引力）。

十一、點出讀者遭遇的難題

如果你的產品或服務能解決某個問題，不妨以這個問題開場，打造強
而有力的銷售信。接著，說明這項產品或服務如何幫讀者解決這個問題。

這個技巧有兩個好處。第一，這麼開場能篩選出特定的讀者群。（例
如，「只因為自己單身就得多繳稅，你受夠了嗎？」這樣的開場，只有單
身人士會感興趣。）

第二，這種模式會直接明瞭地告訴讀者，這項產品要怎麼解決讀者的問題。只要你以難題起頭，下一步自然就是提到解方。

美國曼哈頓的牙醫布萊恩・韋斯（Brian E. Weiss）就在邀請我預約看診的信上，用了這個技巧：

> 親愛的布萊先生：
>
> 相信您知道，如果牙齒問題造成不適或疼痛、如果牙齒外觀有待改善，您很難展現出最好的一面。
>
> 您是否牙齒已經有狀況，但卻遲遲不做檢查，也不諮詢牙醫呢？這封信或許能鼓勵您預約看牙，踏出重要的一步，讓自己恢復牙齒健康……

美國政治人物吉姆・湯普森（Jim Thompson）也在寄給芝加哥選民的競選信函中，用上這個技巧：

> 親愛的范德比太太：
>
> 如果你無法負擔更高的稅賦，
> 如果你晚上不敢出門上街，
> 如果你厭倦了腐敗的政府官員，
> 如果你的小孩得不到該有的教育，
> 那麼你就不需要芝加哥市政府指派的官員……

十二、強調好處、效益

如果產品的效益非常大、對讀者很有吸引力，那麼直接了當地點出這個效益會比其他方法更好。

普林帝斯霍爾出版社曾經來信推銷一本談廣告的新書，信的標題寫道：「最新出版……《如何讓你的廣告賺錢》。一本清楚、簡明的指南，教你有效打廣告……」這個標題很有效，因為你能放心假設，收到這封信的廣告從業人員都希望自己的廣告勸敗力更強。

想要得到讀者回應，標題點出的效益必須切中讀者的自身利益。就像美國卡納斯出版公司（Cahners Publishing）在自家出版的手冊《如何寫出成功的直效行銷郵件》（How to Create and Produce Successful Direct Mail）中指出：「不要跟你的潛在顧客談你的種籽有多好，要談的是他們的草坪。」

十三、善用人性，講述人的經歷與情感

大家都喜歡讀別人的故事，特別是那些和自己懷抱相似焦慮、恐懼、問題和興趣的人。

有些勸敗力最強的銷售信就將重點放在講述戲劇化、渲染力強的人物故事，就像新聞的人物報導一般。讀者會深受吸引，因為故事裡的事件多少會讓他們聯想到自己的生活經驗。此外，因為涉及人類情感，而不只有產品的技術性細節或抽象的銷售主張，這樣的銷售信更讓讀者印象深刻。

電子報《心臟保健》（Cardiac Alert）的發行者運用了自傳體寫法，在鼓勵訂閱的銷售信中描述人物故事。這封信的標題為：

> 我16歲時，我父親死於心臟病發作……

看到這一句，你應該會忍不住繼續往下讀。

十四、向讀者透露內線消息

消費者在雜誌上看到你的廣告時，他知道自己和其他成千上萬的讀者一起看到這則訊息。但是他不會知道，自己收到的銷售信會不會也寄給上千人，或只有少數被挑中的人。

如果讀者希望覺得自己與眾不同、受到重視與特別待遇，直效行銷郵件就是滿足這類需求的絕佳媒介。而提供一般人不知道的特惠方案、產品資訊，最能讓讀者覺得自己享有特殊待遇。

以下例子是一封揭露獨家消息的銷售信，這份郵件還附上一張翻印的雜誌廣告：

這是剛從印表機印出來、擬於《華爾街日報》刊登的廣告……

我們將於6月刊登這則廣告，希望讓潛在客戶更了解我們最新的財務規劃服務。

不過，由於您已是我們寶貴的客戶，我們認為您比其他新客戶來得更加重要。

這就是為什麼在廣告刊登好幾個月前，就先寄給您這封信。

我們希望您是最先知道這個消息的人。我們新的財務規劃服務能節省您的時間，並幫您建立豐厚的退休金。

這封信的訊息是：我們先告訴你這個消息，因為我們覺得你很特別。

有哪個直效行銷郵件的讀者不覺得自己很特別呢？

十五、提供獎金、獎品

提供獎金或獎品能大大增加直效行銷郵件的讀者回應。我曾收到的一封提供獎金的銷售信，開頭寫著：

美國家庭出版社即將推出全美第一個保證送出百萬獎金的抽獎郵件。住在紐約市的布萊先生，您可能已經贏得100萬美元。

在文案中描述獎金、獎品的3個句型：

你可能贏得……
你可能已經贏得……
你已經贏得……

其中，「你已經贏得……」這句獲得最多人回應，因為像消費者保證一定有獎。不過這個方法成本很高，因為你還得準備安慰獎。

第二有效的則是「你可能已經贏得……」這句。銷售信告知讀者電腦已預先選出大獎號碼，而你可能剛好獲得這組號碼。

過去十幾年下來，這個手法的使用率大幅下降。不過，我最近注意到使用率又稍微上升。

以上是15種銷售信的開場方式。當然還有其他方法。建議你仔細讀一讀收到的直效行銷郵件，並將好的郵件開場建檔保存，當作自己寫文案時的參考。

行銷策略通常有週期性。為什麼呢？因為太多行銷人採用一樣的策略，這個方法就變得不稀奇、隨處可見。市場上充斥著用相同策略製成的廣告，每個都差不多，眾聲喧嘩的結果就是效果不彰。

一旦這個策略沒那麼有效時，行銷人就一窩蜂屏棄這個手法。這個手法很快就從大家都用，變成沒人在用。這時，有些聰明的行銷人又開始使用這個手法，這個手法又再次證明有效。

應該要在信封上寫前導文案嗎？

讀者收到你的直效行銷郵件時，最先看到的是最外層的信封。勸敗從這裡就開始了。如果信封無法吸引讀者拆閱，或甚至讓讀者想把郵件丟掉，你的銷售信寫得再好都白搭。

信封的設計有兩個基本方式。第一，直接在信封上印出標題和文案，馬上開始勸敗。印在信封上的文案稱作「前導文案」（teaser），要能激起好奇心，或承諾閱讀文案的話會提供獎賞，藉此吸引讀者拆閱郵件。

這個作法的問題在於，前導文案等於直接表明郵件裡裝的是廣告。信封上斗大標題和文案就像在對讀者吶喊：「這是廣告函，一點都不重要，快丟掉！」

我的原則是：如果前導文案的內容令人無法抗拒，讀者因此不得不拆閱郵件，你才使用前導文案。但不要覺得一定得用上前導文案，因為和空白信封相比，力道弱的前導文案反而獲得的讀者回應更少。

我們都知道，大家總是先拆閱私人信件，之後才輪到直效行銷郵件。

我們也知道，很多人一收到信封印有前導文案的郵件，就直接把郵件丟了。

前導文案必須夠吸引人才有效。舉例來說，這個前導文案就讓我無法不拆開信封：「內含長壽健康的秘訣……不必節食或特別運動。」

相反地，如果你看到信封上印著：「索耶人壽保險公司歡慶營運50週年……半世紀一貫的高品質服務」，你可能就懶得拆開信封看內容了。

前導文案能以很多形式呈現。你可以只放標題，或標題加上文案。

你也可以使用開窗信封，前導文案就是窗口可見的內容。

你也能以透明塑膠信封套包裝郵件，讓內含的文件一目瞭然，說不定讀者會有興趣拆閱。

你甚至可以在信封上印插圖、圖表和照片。

不過大部分的前導文案似乎都採用以下3種基本格式：

1. 這是有史以來最棒的產品。
2. 這項產品能為你省下高達500美元。
3. 內含免費產品。

第三句前導文案最有效，因為承諾了拆閱郵件後會獲得獎勵。（美國Cracker Jacks牌的爆米花和各種早餐麥片會以內附玩具等獎賞的方式，吸引消費者購買。這種承諾打開有獎的方式替這些產品賺進上百萬美元。）即便你知道手上拿的是廣告，第三句前導文案還是會讓你想知道郵件裡面有什麼，讓你不把郵件立刻扔掉。

第一句前導文案效果最糟。這句話只是純粹的自吹自擂，讀者只會把郵件丟掉。

至於第二句前導文案，雖然沒有像第三句一樣有效，但比第一句好，因為至少承諾了讀者某個好處。這句話等於是在說：「沒錯，你手上拿著的是封垃圾郵件，但這封郵件多少值得你拆閱，不妨看看我們能為你

做些什麼。」

比起有前導文案的信封，空白信封的效果通常比較好。這個作法是想讓直效行銷郵件看起來像私人信件。讀者看到信封時，因為不確定是私人信件還是廣告，所以保險起見還是會拆閱。一旦你的郵件被打開了，這場郵件行銷戰就贏了一半。如果銷售信的開場又充滿說服力，你就能進一步抓住潛在顧客的注意力，讓他們往下讀內文。

如果你採用空白信封的手法，請設法讓郵件看上去像私人信件。使用白色或米色信封。如果採用開窗信封，別讓五彩繽紛的銷售文件在窗口位置露出來。也別將公司的商標印在信封上，只要單純印上回郵地址即可。

銷售信負責賣、宣傳冊負責說

很多直效行銷郵件只靠一封銷售信、一張回覆函就成功勸敗。

每件直效行銷郵件都應該包含一封銷售信，但不一定要包含廣告傳單、宣傳手冊等。身為文案負責人，你得決定是否需要附上廣告傳單。

以下有幾個有用的建議：

如果你賣的產品色彩繽紛、外觀好看，像是印刷精美的雜誌、花卉、水果、高級食品、錢幣、收藏品、運動器材、電子產品等，你可以附上廣告傳單。

有些產品最好的銷售方法是透過實際操作，但你通常無法透過郵件這麼做。退而求其次的方法就是利用照片呈現操作步驟，印在廣告傳單上，隨著郵件寄出。

有時候產品的方案實在太吸引人了，文案寫手決定在銷售信裡主打購買產品的效益；產品本身的特色則以廣告傳單呈現。

如果技術性細節或產品情報無法在銷售信裡解釋清楚，你就可以利用廣告傳單說明。

以直效行銷郵件推銷書的話，我會額外附上廣告傳單，上面列出詳細的目錄。如此一來，少數對這本書感興趣的讀者，可以瀏覽目錄，看看自己特別感興趣的主題有沒有包含在內。如果有，那麼勸敗成功的機率就因為傳單而增加了。

此外，沒有人規定你只能放一張傳單、一封銷售信或一張訂購單。你能在郵件中加入任何你覺得可以增加銷售的東西。

如何增加收件人的回應？

直效行銷郵件最重要的就是收件人的回應。建立品牌知名度、打造體面氣派的形象，或讓消費者記得你要傳達的訊息……都不是重點。重點是你的郵件創造了多少訂單或讀者詢問。獲得越多回應就代表郵件的效果越好。

接觸到對的客群、提供對的方案、呈現對的文案，是直效行銷郵件成功的關鍵。不過，很多增加回應的方法和文案寫作技巧或常識沒什麼關係。以下有幾個方法你可以好好運用：

- 一定要提供回應管道。可以是回函卡、回郵信封、訂購單、銷售網址，或免付費專線。

- 使用附上郵資、寫好地址的信封及回函卡，這會比讀者自行負擔郵資的信封或回函卡得到更多回應。

- 有存根或收據的訂單和回函卡會比沒有的得到更多回應。

- 讀者打開信封後，銷售信應該是他們首先看到的文件。你應該要讓讀者自然而然從信封、銷售信、傳單到回函卡這樣的順序看下來。

- 提供贈品：贈送禮物給有回應的潛在顧客。這項禮物必須是他們想要的東西，而且最好能和產品有關。

- 提供有回應的讀者有價值的服務或物品。例如，贈送宣傳手冊、型錄、調查報告，或能參加展示活動、提供估價、諮詢或免費試用等。

- 容許讀者提出負面回應，並轉化成有建設性的回覆。我在推銷自己的文案寫作服務時，會在讀者回函卡上提供「我現在沒興趣，以後再看看，可以在＿＿＿之後再聯絡」的選項。如此一來，即便讀者現在不需要我的服務，也還是能回覆這封郵件。

- 在郵件中放些有份量的東西。如果郵件看上去鼓鼓的，幾乎總是會被打開來看。這類物品包括樣品、獎勵、立體卡片和其他花俏的玩意（我有收過附贈即溶咖啡、辣椒粉、成套杯墊、月曆、原子筆、鉛筆、手電筒，和放大鏡的郵件）。雖然成本高，但在塞滿普通信件和傳單的信箱中，附贈物品的郵件真的很顯眼。

- 強調優惠的期限。一旦讀者把郵件放一邊時，他們大概不會再回頭看了。所以藉由強調優惠期限，催促讀者立刻行動，才能得到最多回應。

- 你可以直接表明具體期限。（記住，只要10天內把握這項優惠，貝多芬小提琴協奏曲就屬於你）。

- 你也可以暗示這項優惠不會一直都有（動作要快——數量有限！）。

- 你也能在鼓勵讀者採取行動時，製造急迫感（請記得，買保險的最佳時機是在悲劇發生前，否則就來不及了。）

- 讓信封看起來像收據或其他看起來「官方」的文件。大家幾乎都會拆閱這類型的郵件。

- 使用空白的信封，不僅沒有任何文案，連回郵地址都沒有。這類郵件散發出的神祕感令人難以抗拒。

- 利用信末附言（P.S.）再次強調優惠方案或賣點，80%的讀者會看附言寫了些什麼。

- 提供保證。如果以郵件銷售，你應該提供15、30、60天或甚至90天內不滿意就退款的保證。

- 如果郵件是為了要篩選待開發客戶，不妨告知讀者他們沒有購買義務，也沒有銷售員會打電話過去（除非他們自己希望如此）。

- 如果郵件標註收件人地址的方式，是以窗口信封顯示顧客回函上貼好的地址標籤，效果就和另外打上收件人地址的信封一樣。特地用手寫地址反而可能會減少回應，大概是因為看起來不專業。

- 如果你的郵寄名單只有頭銜沒有姓名，信封上可以加註對這個人的描述（例如，致電子零件買家——內含重要訊息）。

- 貼郵票或蓋上郵資戳記的信封，效果比事先印刷好「郵資已付」戳記的信封來得好。

- 比起一般普通的訂購單，彩色印刷、設計成像證書一般，或印上很多資訊的訂購單效果比較好。

- 銷售信裡有縮排段落、劃底線的文字，還有部分文字以第二種顏色呈現的話，效果會比一般的銷售信好。

- 銷售信裡增加「花俏的點綴」能增加中低階層讀者的回應，例如箭頭、頁邊有仿手寫字跡的註記、小插圖、顏色標記等。但如果收件對象為企業主管、專業人士或高階消費者，請避免使用這些手法。

- 有標題的制式信件效果通常和特別打上收件人姓名與地址的制式信件一樣。

- 銷售信、宣傳冊為各自獨立物件的包裹，比兩者合在一起的包裹效果更好。

- 在回函卡上重複強調優惠方案。

- 回函卡上的第一句話要帶出行動，並在文案內重申優惠方案（例如，是的，我想知道如何省下一半的電話費。請寄給我一份免費的長途電話服務指南。我了解自己沒有任何購買義務，而且也沒有任何銷售員會打電話來。）

- 請不要使用令人生畏的法律用語。請以簡單明瞭的話陳述產品方案、條件和保證。

- 務必讓讀者能輕鬆簡單地回應。這意味著方案要單純不複雜、訂購單要好填寫，而且確保訂購單上留有足夠的空間，讓讀者能填寫必

要資訊（這點沒做到的回函卡或優惠券意外地多）。

- 讀者對你的產品有多大的興趣，請務必搞清楚，以免過度推銷或勸敗力道不足。例如，如果你拿到的是美國遊戲雜誌《任天堂威力》（Nintendo Force，暫譯）的訂戶名單，很明顯這些人和美國戶外活動雜誌《田野與溪流》（Field and Stream，暫譯）的訂戶相比，應該對電動遊戲比較有興趣。

不論是文案新手或老手，撰寫直效行銷郵件是我認為最有效的練功方式。寄出郵件後幾週內，你就會知道自己寫的文案成不成功。除了網路行銷外，沒有其他文案形式能產生這麼立即或準確的回應。

其他直效行銷郵件形式

前面討論的傳統郵件形式一直以來都是直效行銷郵件的主力。不過還有很多其他形式，而且這些形式漸漸表現得比傳統直效行銷郵件好。

書籍式宣傳冊（bookalog）、雜誌化宣傳冊（magalog）、小報式廣告單（tabloid）、文摘式宣傳冊（digest）、二摺郵簡（trifold self-mailer）、看板廣告卡（billboard mailer）*、剪報式廣告單（tear sheet）**、超大明信片、震撼包（impact package）、影音宣傳冊和驚嘆包（shock-and-awe package）。以下是目前美國最受歡迎的直效行銷郵件形式：

- 宣傳冊形式的對摺郵簡：11 × 17 吋（27.94 × 43.18 公分）大小的紙張，對摺形成 4 個版面。大小和翻閱方式和宣傳冊類似。

- 二摺廣告單（slim-jim）：8.5 × 11 吋（21.59 × 27.94 公分）「（美國通用的）信件尺寸」的紙張，二摺形成 6 個版面。

- 三摺廣告單：8.5 × 14 吋（21.59 × 35.56 公分）「（美國通用的）法律文件尺寸」的紙張，三摺形成 8 個版面。

---

* 譯者註：「看板廣告卡」為大張明信片尺寸的文宣品。
** 譯者註：「剪報式廣告單」做成像是從報紙或雜誌上撕下來的文章，通常會採用報紙或雜誌的紙張印製，或製造手撕的痕跡，好讓廣告單更擬真。

- 大尺寸廣告單（broadside）：大尺寸、單面或雙面彩色印刷的廣告單，摺疊後郵寄。

- 偽新聞快訊（faux newsletter）：把直效行銷郵件設計成新聞快訊的樣式。

- 雜誌化宣傳冊[***]：多頁的直效行銷郵件，看起來像雜誌。

- 文摘式宣傳冊：和雜誌化宣傳冊很像，但紙張尺寸只有一半大，將 8.5 × 11 吋（21.59 × 27.94 公分）的紙張於短邊對摺，並以騎馬釘裝訂成冊。

- 書籍式宣傳冊：長文案的直效行銷郵件以平裝書的形式呈現，能裝進 6 × 9 吋（15.24 × 22.86 公分）或其他尺寸的信封，與銷售信、回應表單一起寄出。

- 壓封郵簡（snap pack mailer）：由多張紙組成，摺疊後將周圍密封起來。你必須沿著邊緣的虛線撕開，才能打開郵件，檢視其中的內容。

- 小報式廣告單：很像雜誌化宣傳冊，但是尺寸比較大，和報紙的尺寸差不多。

- 驚嘆包：包裹裝滿產品相關的宣傳資料，像是銷售信、產品宣傳冊、回覆單、DVD 或 CD，並放入好幾樣贈品，可能是鉛筆、原子筆、杯墊、小玩具、海報、糖果等等。

- 影音宣傳冊：這樣的宣傳冊有內嵌螢幕，播放一個或一個以上和產品相關的影片。

- 音效郵件（audio mail）：信件或宣傳冊內建音效晶片，打開時會播放音效。

- 立體郵件（structural mailing）：郵件打開後，會出現立體物件，像是球面或小型建築。

- 震撼包：包裹內含引人注目的附件，像是一袋碎成條狀的紙鈔，或

*** 譯者註：也有譯作「雜誌型錄」，但這個用法特指產品型錄製作成雜誌的樣式。

一塊印有寄件者名片的磚塊。

- 超大明信片：尺寸為 6 × 9 吋（15.24 × 22.86 公分）或更大的彩色印刷明信片。

- 還有很多其他形式……

Chapter 8

宣傳冊、型錄與其他：大量資訊考驗你的組織能力

人類很早以前就開始使用宣傳材料了。根據蒐羅珍奇異事的系列書籍《信不信由你》（Ripley's Believe It or Not，暫譯），史上第一本宣傳冊寫於500年前，作者是艾爾南・科爾特斯（Hernán Cortés），他以摧毀阿茲特克古文明、在墨西哥建立西班牙殖民地聞名。當時查理五世（Charles V）以大報（也就是大尺寸廣告單）的形式在西班牙人民之間派發，裡面還推銷了美洲的火雞。

就算在網路時代，很多公司行號仍使用實體的銷售文宣，像旅行社、超市、銀行、營造商、百貨公司、保險公司、醫療院所、學院等，還有其他很多不同類型的組織機構都依舊發送實體宣傳冊、傳單、型錄以及其他文宣品，藉此協助銷售。

銷售員拜訪潛在顧客時，或消費者參觀到廣告主商展的攤位時，實體宣傳材料就非常方便，能立刻派上用場。另外，宣傳冊具備PDF電子檔缺少的實體魅力，而且更容易分類建檔，作未來參考之用。

再者，宣傳冊通常也有PDF檔，放在廣告主的網站，提供民眾下載。不管是印刷品、電子檔或兩者並存，廣告主都需要這些宣傳材料。需要的原因有二。其一，為了建立可信度。一般人認為「真實」存在的公司才會製作這些宣傳資料。任何人都可以花個50美元印製信頭和名片，並號稱自己有間公司。但如果有製作宣傳冊，而且是實體宣傳冊，就能證明你所言不假，公司確實在營運，並非不肖業者。

其二，宣傳冊是節省時間的利器。大家都比較喜歡有份印好的資訊可以帶回家，有空時再研讀。而且如果要一一回信給詢問產品資訊的潛在顧客，實在太花時間了。此外，雖然有人喜歡上網了解產品，還是有人偏好有實體的資料能拿在手上翻閱。

總之，解決之道就是將特定產品的基本資訊搜集在大量印刷的宣傳冊上。宣傳冊負責提供潛在顧客需要知道的大部分資訊，其餘可以透過銷售信、電話客服或造訪實體店時補充。

就連大多使用電腦、行動裝置做生意的消費者，以及能在官網找到產品資訊的消費者，他們也很常索取實體廣告文宣。現成的宣傳冊能省去自己從官網上印資料的麻煩。

宣傳冊能輔助直效行銷郵件等宣傳活動，也是銷售員和經銷商的銷售工具。要快速向新顧客、潛在顧客、員工和經銷商說明產品的重點時，宣傳冊就是非常方便的溝通媒介。

宣傳冊是承載資訊的媒介，告訴消費者自家產品的特色與效益。宣傳冊也應該說明產品如何發揮效益、為什麼大家應該買，以及該怎麼購買。

不過，好的宣傳冊不只是說明和提供資訊，還要有說服消費者的功能。要記得，宣傳冊是銷售工具，不是說明書。優秀的宣傳冊文案不僅列出產品的資訊和特色，也要將這些情報轉化成切中顧客利益的好處，也就是為什麼消費者應該購買這項產品的理由。

寫出優秀宣傳冊文案的11個要點

以下提供11個要點，幫助你寫宣傳冊文案時，能（1）提供讀者想知道的訊息，同時（2）說服他們購買產品：

一、了解銷售流程中哪個階段會用上宣傳冊

不像超市架上的產品（肥皂、洗髮精、罐頭豆類、香菸等）我們能直接購買，需要宣傳冊的產品通常要經過好幾個步驟才能賣出。像電腦、汽車、旅遊行程、保險、電話、金融服務、講座、俱樂部會員、房地產和其他很多產品與服務，都需要買賣雙方經過好幾次會面或聯絡，才能成交。

對這些產品與服務來說，從一開始接觸到最後成交的過程中，宣傳冊會在某個階段派上用場。不過是哪個階段呢？你是替剛接觸產品、狀況外但好奇的買家寫宣傳冊文案嗎？或者，是在快成交時才拿出你的宣傳冊，用來建立可信度、回答顧客問題呢？

宣傳冊到底用在哪個階段？那就要看產品、市場，以及廣告主銷售的方式了。有些廣告主甚至會設計一系列的宣傳冊，在銷售流程中一步步引導買家。

舉例來說，我自己靠撰寫文案維生。我從不同管道尋找待開發客戶，包括在廣告期刊上登廣告、寄發直效行銷郵件、透過演講和撰稿增加曝光率、口耳相傳、網站宣傳，以及其他客戶轉介。

一有待開發客戶來電，我會先跟他聊聊，確認他感興趣的程度。只要電話中詢問幾個問題，我就能快速確定對方會不會變成潛在客戶。

一旦透過電話篩選了待開發客戶，我下一步就會寄送完整的宣傳資料。內含7至8份文件，內容涵蓋自傳、客戶名單、4頁長的銷售信、我撰寫的文章影本、文案樣本、價目表，以及潛在顧客可以郵寄的訂單。總之，這份資料提供所有潛在顧客需要知道的文案服務資訊。

潛在顧客根據這份資料，應該就能決定是否要聘用我。我可能後續會再打個電話，或寄送更多文案樣本，但這份宣傳資料足以讓對方以郵寄方式直接購買我的服務，不需要額外資訊或會面。

但我有個的朋友正好相反，身為管理顧問的他寄給潛在顧客的資料非常少。他只會寄一張短箋以及一份很薄的小冊子，裡面簡要列出他的服務項目。

這麼做是因為在銷售流程的下一階段，他要和對方見面談談，所以只寄送不完整的資料。如果他一開始就寄送像我一樣多的資料，之後見面就沒什麼好談了。精簡的資料不僅讓對方好奇他的服務能帶來的關鍵效益是什麼；精簡的資料同時也因為沒有完整說明，對方只能要求面對面會談，有些問題才能得到解答。

其實我們都有架設網站，針對我們的背景、資歷、服務和客戶提供詳盡的資訊，但很多樂意花時間瀏覽網站資料的人還是會要求：「請以實體郵件或電子郵件提供資料給我。」

以下是幾個宣傳冊能融入銷售流程的方式：

- **當成會後參考資料**。也就是和潛在顧客會面後，宣傳冊提供給對方留存。這份宣傳冊應該要總結稍早會面所說的銷售主張，並詳盡描述產品資訊及效益。

- **當成銷售定點的宣傳廣告。**這類廣告會放在銷售定點展示。舉例來說，旅行社裡會印製色彩繽紛的手冊放在架上，宣傳旅遊行程。銷售定點擺放的宣傳冊封面要有引人注目的標題和圖片，能讓經過的人駐足，拿起來翻閱，甚至帶走留存。

- **回覆詢問。**消費者可能會進一步詢問或索取產品資料。這些人因為你的廣告、宣傳活動、透過網路搜尋或他人推薦，而對你感興趣，因此進一步詢問，可說是非常積極。和那些沒有聯絡你的潛在顧客相比，這些人更有可能成為買家。

回覆詢問的宣傳冊要足以回答潛在顧客的問題，並說服他們採取銷售流程中的下一個步驟。這些積極詢問的人已經表達了他們對產品的興趣，因此請毫不猶豫將各種情報、賣點詳盡寫入這類宣傳冊中。

- **當成直效行銷郵件裡的資料。**就如第7章所述，直效行銷郵件裡會放入宣傳冊和廣告傳單，用來補充說明。銷售信負責銷售，而宣傳冊提供額外資訊、技術性細節，以及產品的照片和圖像。一般為了節省成本，這類宣傳冊通常會比較薄（而且也設計成能放入標準信封的大小）。

- **當成銷售輔助工具。**像醫療用品、辦公室設備、人壽保險、工廠設備等，很多產品都是由銷售員登門拜訪潛在顧客來銷售。這些銷售員便會利用宣傳冊輔助銷售（也能當作會後參考資料）。這類的宣傳冊多設計成大開本、放上大圖、用上粗體標題和副標，引導銷售員向潛在顧客說明銷售主張。一般標準化的產品宣傳冊有時候也可以改造成銷售工具。例如，將宣傳冊內容印成幾張字板，放在可翻頁的三孔展示架上，擺在談話桌上方便說明；或額外製成簡報電子檔呈現。

不管你怎麼應用——當成會後參考資料、銷售定點的文宣、直效行銷郵件的內容物，或用來回覆詢問、輔助銷售——你都應該讓廣告主的特定銷售方式主導宣傳冊的文案和設計。不管是產品情報或銷售主張，最佳的宣傳冊都會包含剛好的資訊量，引導潛在顧客從銷售流程的這一階段，順利進入到下一階段。

此外，設計宣傳資料還有一個訣竅：仔細想想讀者會怎麼使用、保存宣傳冊。口袋大小的宣傳冊可能很適合直效行銷郵件或放在銷售定點展

示，但若放入資料夾、或放在已擺滿一般尺寸文宣（8.5 × 11 吋，也就是 21.59 × 27.94 公分，你的競爭對手很可能印製的大小）的書架上，很可能從此不見天日。

同樣的道理，如果宣傳冊的外型或尺寸特殊，可能在眾多文宣中過於惹眼而被丟掉，因為放不進標準尺寸的檔案櫃中。此外，提供給採購人員的宣傳冊很有可能打洞後收入三孔檔案夾中，所以要預留足夠的頁邊空白，以免打洞時有些字也跟著不見了。

二、了解宣傳冊會被單獨使用，或會搭配其他資料

有些銷售場合裡除了銷售員，唯一的銷售工具就是宣傳冊。

有些公司則把宣傳冊當成整體行銷活動中的一環，搭配平面廣告、電台和電視廣告、直效行銷郵件、宣傳活動、商展和研討會。

有些公司只有一項產品、只製作一份宣傳冊。有些公司則會製作一系列宣傳冊，每一本介紹系列產品中的一項，或鎖定整個目標市場的某個區塊。

撰寫宣傳冊文案時，文案寫手必須知道這份宣傳冊會被單獨使用，或會搭配其他宣傳材料，因為其他宣傳材料會影響宣傳冊的內容。

舉例來說，如果公司網站已經提供詳細的產品資訊，宣傳冊可能只會概述產品精華，並附上官網網址供進一步參考。

不同宣傳材料之間的內容多少有必要重複，但請避免重複太多。舉例來說，8頁的產品宣傳冊裡，我通常會用一半的篇幅介紹製造商、描述製造商的能力。

但如果製造商已經有一本「公司宣傳手冊」，我就不需要再贅述。我反而會直接將這兩份分別介紹產品和公司的宣傳冊，寄給索取更多資訊的潛在顧客。

再舉個例子。一位客戶請我替一台工業用攪拌機撰寫宣傳冊。客戶希望能寫出詳細的計算表，呈現攪拌機的耗電量。

雖然有些工程師可能對計算過程很感興趣，但列出詳盡的計算根本在浪費宣傳材料的版面。最後我們決定宣傳冊只提到攪拌機節能的優點，但不列出計算過程，並另外製作一張「技術性資訊」的表單，放上詳細的算式。

總之，請先搞清楚宣傳冊會用在什麼場合。是獨立一份宣傳冊，還是一系列中的一本？有搭配平面廣告、直效行銷郵件，和宣傳活動嗎？

廣告主也有印製年報、企業宣傳冊、產品型錄，或其他介紹企業的一般性宣傳冊嗎？有文章影本、簡介資料，或其他宣傳材料可以和主要的宣傳冊一起寄出去嗎？

宣傳冊的形式要依據功能調整。我曾替一套模組化軟體系統撰寫宣傳材料。既然是模組化產品，我就寫了一份模組化的宣傳冊，也就是分成好幾個部分，但各部分組合起來就成了一個整體。這份宣傳冊的主體是一份4頁的檔案夾。左頁放的是系統簡介的文案；右頁則做了一個口袋，裝了8張表單，每張介紹其中一個軟體模組。

這個形式讓銷售員能將表單當成獨立的傳單，展示說明或當郵寄附件都很方便。此外，這樣的設計也方便廣告主更新資料。每新增一個模組，或更新現有的模組，廣告主只要加一張新的表單就好。

三、了解你的讀者，選對溝通方法

除了前面提到宣傳冊要配合銷售流程的不同階段，你的宣傳冊也必須提供讀者需要的資訊。把讀者放在心上，思考他們希望從宣傳冊中獲得什麼樣的訊息。也要問問自己：「我要怎麼利用宣傳冊勸敗呢？」

假設你現在要寫一份宣傳冊，向農人推銷紫花苜蓿的種籽。農人大概對紫花苜蓿的歷史（或你公司的歷史）沒有興趣。他們大概也不在乎紫花苜蓿生物結構或種籽的化學成分。

農人想知道你的種籽是否夠飽滿健康、是否不容易被雜草影響生長、能不能長出品質良好的紫花苜蓿，而且種籽的價格是否合理。

那你要怎麼說服他們購買你家的種籽呢？一個方法就是給他們看結果。你可以在宣傳冊的封面放兩張紫花苜蓿田的照片，左圖是雜草叢生、萎靡不振的紫花苜蓿；右圖的紫花苜蓿則是一片繁盛。你再加上圖片的說明文字，告訴農人右圖是採用你的種籽，而且你的種籽如何讓收成增加四成。

　　你還能利用宣傳冊做得更多。為什麼宣傳冊不附上一包種籽寄給農人呢？宣傳冊的文案可以這麼開頭：「我們的紫花苜蓿種籽強健、沒受污染、有效抵抗雜草。口說無憑，請您親自驗證。」

　　請務必了解你的讀者。農人不想看浮誇的宣傳，或科學論文背書。他們想要開門見山的說明，直接告訴他們如何提高獲利。但如果客群是科學家，表格、圖示和數據比較能讓他們安心。鎖定科學家的宣傳冊請大量使用這些元素。

　　工程師則偏好圖表和設計圖；會計師則輕鬆掌握充滿數字的表格；人資經理大概對人的照片比較感興趣。

　　除此之外，文案的長度不僅取決於你掌握的資訊量，也要考量你的消費者是否習慣閱讀長篇文案。如果要向圖書館員推銷微縮膠卷設備，你的宣傳冊就可以寫得很長，因為圖書館員通常喜歡閱讀。

　　鎖定忙碌經理人的宣傳冊則應該短一點，因為大部分經理人都在跟時間賽跑。介紹有線電視服務的宣傳冊內容能以圖片為主，因為喜歡看電視的人比較偏好看圖片，而不是閱讀文字。

四、宣傳冊封面要放上有力的銷售訊息

　　讀者拆開信封取出，或從展示架拿下你的宣傳冊時，首先看到的會是宣傳冊的封面。如果封面承諾讀者，閱讀文案就能獲得很大的好處或獎賞，讀者就有可能翻開宣傳冊一探究竟（或至少瀏覽一下圖片、圖片解說和標題）。

　　但如果封面上的銷售訊息力道很弱，甚至根本沒有銷售訊息，讀者就沒有翻閱的動力。這麼一來，宣傳冊就會被當作垃圾郵件，等著被丟掉。

很多宣傳冊的封面都沒有標題或圖片、只有產品名稱和公司商標，而這種宣傳冊數量還多得驚人。這就像平面廣告沒有標題：浪費了寶貴的勸敗機會。

舉例來說，美國保德信人壽的宣傳冊封面標題這麼寫道：「現在，你可以加入樂齡會（AARP）的醫療團保，補足你其他保險沒有給付的支出！」封面放了一張圖，呈現一對退休伴侶享受著悠閒的生活。

這份宣傳冊的封面非常有效，因為提供了讀者具體有力的好處，簡單表明：「補足你其他保險沒有給付的支出！」和這個承諾相比，有其他行銷話術或封面設計更具銷售力嗎？

有時候圖像比標題文字更能傳達產品的效益。我最喜歡的避暑勝地就屬美國紐約州長島的蒙托克（Montauk）。比起文字，一張海浪打在柔軟沙灘上的彩色照片更讓我嚮往在島上度過週末。

如果你在蒙托克岸邊經營飯店，就在宣傳冊封面放上這樣的照片，我就會入住！

宣傳冊寫手偶爾會想利用和產品無關的花招，誘騙讀者翻閱宣傳冊。多年前，我看到一份宣傳冊，封面放了教堂和鑽戒的圖片，標題寫著：「別考慮結婚了……何不『訂婚』就好？」

這個封面引起了我的注意，當時我剛訂婚。但我一翻開宣傳冊，內容卻在推銷租車比較好，何必買車，和訂婚、結婚一點關係都沒有。我不只是失望，更覺得被騙了。我確定其他人也會有同樣的感覺，而且懷疑這份宣傳冊到底能得到多少租車合約。

傳統的宣傳冊封面只包含標題和圖片，沒有其他文字，翻開內頁才有內文。不過你可以打破傳統，在封面就放上內文，讓讀者馬上讀到你的銷售主張。讀者會直接讀到第一段文案，如果說服力夠強，他們就會翻開宣傳冊繼續往下讀。

五、提供完整的資訊

盡量提供足夠的訊息，好讓潛在顧客採取銷售流程的下一個步驟。

一般來說，宣傳冊的字數不少，一定比大部分平面廣告或電視廣告來得多。

但要記得，宣傳冊是提供訊息的媒介。對讀者來說，平面廣告、電視廣告和直效行銷郵件可能是打斷日常活動的插曲。但宣傳冊則是讀者主動索取，他們確實對其中的資訊感興趣。

所以就放膽讓宣傳冊的篇幅該多長就多長吧。請寫出所有必要資訊，像是價格、產品的詳細規格、訂購資訊、保證保固和各種介紹。

只要文案夠有趣、夠吸引人，購買意願高的潛在顧客都會讀完宣傳冊的內容。一旦你寫出枯燥的文案，或沒寫出有用的資訊，讀者就會失去翻閱的興致。

另外，關於宣傳冊的設計，我注意到有個荒唐的傾向。很多宣傳冊的頁面會留有大片空白，搭配非常少的文案。我曾見過8.5×11吋（21.59×27.94公分）大小的宣傳冊上，每頁只有上方角落用很小的字體呈現一兩個段落。其餘的部分大多留白，並用一些圖像點綴，像是條紋、彩色花樣、線條和幾何圖形。

這麼做就是在浪費版面和印刷成本。你的顧客索取宣傳冊不是為了看這些花俏的設計，而是為了獲得更多的資訊。如果你想要我證明這個作法不好，可以直接去翻翻手邊的報紙：每頁都是滿滿的文字和照片，沒有留白、沒有「視覺設計元素」。只有讀者想看而且付錢得到的資訊。

當然，你的宣傳冊不用每一頁都塞滿文字，適當的頁邊和段落間的空白能提升可讀性。照片、圖像、圖片文字說明和副標題都能劃分內容，讓資訊呈現得更清楚明白。但打算在宣傳冊留很多空白是個愚蠢的主意。要成功勸敗需要多少文案，就寫多少文案，不要擔心。總之，務必提供讀者完整的資訊。

六、好好組織你的賣點

一般人閱讀宣傳冊的順序和讀平裝小說一樣。他們會先看封面，接著快速看一下封底，之後再把整本書大概翻一翻。如果這本書似乎還不錯，他們就會翻到第一頁開始讀。

你的宣傳冊就應該像小說一樣，具備合理的架構。優秀的宣傳冊也在講故事——講產品的故事，有開頭、中間與結尾。宣傳冊的架構取決於你想說什麼樣的產品故事，以及讀者需要知道什麼樣的資訊。

舉例來說，我的岳父母做的生意是向出版社購書，接著轉賣給企業。這是個相當特別的服務，可能連企業圖書館*或資訊中心的專業管理人員都沒想過有這種服務。因此我的岳父母在宣傳冊的開頭先概述了他們的服務內容、說明為何這項服務對企業的圖書館員有幫助。

接著，宣傳冊列出這項服務的6大效益。因為是以編號1、2、3依序呈現，讀者能迅速了解這項購書服務對自己有哪些好處。

最後，宣傳冊向讀者說明這項服務運作的技術性細節，並解釋如何下訂單。

如何編排宣傳冊的內容，取決於顧客想知道哪些產品資訊。如果你經營一家電腦專賣店，發現上門的顧客似乎都會問一樣的問題，你可能因此寫一份小冊子，標題為：「買電腦前要問的6個問題。」這本冊子則以簡單的問答形式，說明購買電腦的訣竅。

如果你公司的業務是設計、裝潢辦公室，那麼宣傳冊可以設計成現代辦公室的紙上導覽。導覽途中的每個定點，例如從影印機到飲水機，你用文案指出要怎麼重新規劃辦公室的這個區域，好讓辦公室更適合辦公、提升生產力。

組織宣傳冊的方式有很多種，例如以字母順序、時間先後、產品系列、價格、應用、市場、產品效益的重要程度、購買流程的步驟，或以

---

* 譯者註：由企業設置，隸屬於企業，為企業員工服務的圖書資訊收藏、管理單位。

問答形式呈現、列出效益清單等等。請選擇最適合你的產品、讀者和銷售主張的方式。

七、將宣傳冊內容劃分成簡短、易讀的段落

建議你在組織宣傳冊的內容時，找到一個編排的邏輯，以此擬定大綱，將內容拆成好幾個段落，以及段落裡的分項。

直到最後定稿，你的文案都應該維持這個架構。將宣傳冊文案拆成一系列的短小段落和分項，每個部分都有自己的主標題或次標題。

這麼做有幾個好處。第一，因為有下主標題和次標題，就算讀者只是匆匆瀏覽宣傳冊，也能獲得資訊。很多人並不會一字不漏讀完所有文案，但一系列的主標題與次標題能讓讀者一眼掌握銷售主張的要點。

而且下主標與次標時，請務必言之有物，不要玩文字遊戲。與其寫「日立就是冷靜」，不如改成「日立冷暖氣冷卻耗能減半」。

第二，將文案劃分成好幾個簡短的段落能讓讀者更容易閱讀。大家看到長篇內容都怕，也會讀到不耐煩；一般人比較喜歡先讀一小段，稍作停頓、休息一下，消化讀到的資訊，接著再讀下個段落。（這也是為什麼小說會分成好幾個章節。）

第三，分成小段落也讓你寫宣傳冊文案更輕鬆。你只要依照擬好的大綱，將筆記裡的資訊放到合適的段落裡。如果有新的資訊不在大綱的範圍內，你直接在宣傳冊新增一個段落就好。而且，和讀者一樣，你也能寫完一個段落就稍作休息，之後再繼續寫下個段落。

撰寫宣傳冊文案時，試著想像這些段落會如何呈現在印製好的宣傳冊上。舉例來說，你可能偏好簡潔的風格，並打算採用6頁的形式，分成4個段落（每頁一段落），封面加上標題，封底放公司商標和地址。

有的文案寫手會讓宣傳冊的每一頁包含一兩個完整的段落。有些寫手則認為，讓一個段落的內容超過一頁、橫跨到下一頁，是讓讀者翻頁往下讀的好辦法。這兩個手法都各有優點，怎麼選擇就是個人品味的問題

了。但你要注意文案架構和排版設計是否能互相配合。

如果你的宣傳冊以特殊方式折疊，或設計成特殊形式，建議你用廢紙製作一個實體模型。用這個模型看看實際版面呈現的效果、了解文案怎麼從一頁進行到下一頁。務必確保讀者看到文案的順序和你設計的一樣。

八、善加運用視覺元素

宣傳冊的照片不只是裝飾，而是要能展示產品的外觀、使用方法、為讀者帶來的效益，進而輔助銷售。

最好的宣傳冊照片應該要展示產品發揮功能的狀態，藉此呈現產品的用處。這些照片裡如果有出現人，通常能增加照片的吸引力（大家喜歡看有人的照片）。

照片是視覺圖像的首選，因為能證明產品確實存在、真的有用。不過圖片在很多方面也非常有效。

圖片能畫出照片不容易呈現的產品樣態或流程（例如汽車引擎內部運作實況）。

地圖能指出所在地。

圖表能清楚展現事務的運作或組成。舉例來說，架構圖利用箭頭和文字框，就能清楚交代一間企業是由哪些部門和分公司組成。

曲線圖能呈現事物之間的數量變化。例如，冷氣的宣傳冊中，曲線圖就能顯示電費隨著冷氣溫度調降而增加。

圓餅圖可以呈現比例和百分比（例如，公司的年收入有多少比例花在研發上）。長條圖則適合比較不同數量（例如，比較今年和去年的銷售）。如果數據太多，無法在宣傳冊的內文呈現，那麼表格就很方便，能清楚列出這些資料。

如果比起文字，視覺圖像更能清楚傳達、說明，不妨善加利用。如果圖像沒有比文字敘述好，就不要勉強使用。

常見的宣傳冊視覺圖像包括：

- 產品照片。
- 產品和其他物品合照，讓讀者對產品尺寸有點概念。（以半導體宣傳冊為例，就可能用上一張顯示一片微晶片放在一張郵票上的照片，藉此強調積體電路有多小。）
- 產品實際安裝的照片。
- 產品實際使用的照片。
- 產品製造過程的照片。
- 產品規格表。
- 整理產品特色與功效的表格。
- 以產品作為原料製成的成品照片。
- 企業總部、製造工廠，或研究實驗室的照片。
- 產品裝箱待運的照片。
- 科學家測試產品或產品進行品管檢測的照片。
- 顧客正開心使用產品的照片。
- 替產品背書的人的照片。
- 列出多種產品款式和版本的表格。
- 以圖表展現產品性能的科學證據（例如溫度測試、壓力測試、使用壽命等）。
- 以照片呈現可選購的配件或零件。
- 以一系列的照片顯示產品效能或使用方法。
- 說明產品如何運作、如何組裝的圖表。
- 產品改良計畫、即將上市的新產品或未來更多應用的草圖。

　　你的關鍵賣點請務必使用視覺圖像加以說明。如果一份汽車宣傳冊主打齒輪齒條系統的效能，最好放上一張說明這個轉向系統如何運作的圖表。但如果齒輪齒條系統不是宣傳的賣點，就沒有理由要放這張圖表。

　　所有圖片都要附上說明文字。研究顯示，宣傳冊圖說文字的閱讀率是內文的2倍。利用圖說文字加強內文，或提出文案沒有包含的賣點。

圖說文字要讀起來有趣，而且確實提供資訊。不要只寫「自動繞線器」，應該寫成：「微處理器控制的全自動繞線器（左上圖），每小時繞接1000根管腳，大幅降低製造成本。」

九、確認銷售流程的下一步，並告訴讀者採取行動

　　希望讀者在你的食材店購買義大利麵嗎？希望讀者加入養生會館的會員？希望讀者參觀你的工廠？或試駕新上市的豪華汽車？

　　宣傳冊要能讓顧客進入銷售流程的下一個階段。

　　要成功做到這一點，你的宣傳冊必須確定下一個階段是什麼，並告訴讀者該採取什麼樣的行動。

　　一般來說，這種「行動呼籲」出現在宣傳冊的最後。文案會敦促讀者打電話、上網了解更多資訊，或採取其他行動。請讓讀者方便回應、採取行動，像是附上回函卡、付郵資的回郵信封、訂單，註明免費客服專線、網址和各地經銷商名單。

　　宣傳冊最後的文案要能產生立即的回應。請善加利用採取行動的字詞，像是「今天就打電話給我們」、「想獲得更多資訊，請來信索取免費型錄」、「請填妥回函卡、寄回本公司」、「歡迎參觀離你最近的店面」、「數量有限，今天就下訂」、「現在就下載免費的選購指南」。

　　下面這個有力的結尾來自一間廣告代理商的宣傳冊：

　　下一步

　　既然您現在已經認識我們了，我們也想進一步認識您。

　　請將您近期使用的廣告、宣傳文件及公關新聞稿寄給我們，我們會替您的行銷手法進行免費評估。

　　如果您希望與我們當面談談，歡迎來電。我們非常樂意讓您參考我們過去替其他顧客完成的作品，同時討論看看我們能為您做什麼。

這個結尾有力的原因有三點。一、這段內容用字很個人化。二、這段內容要求讀者採取具體行動（「請將您近期使用的廣告、宣傳文件及公關新聞稿寄給我們」、「歡迎來電」）。三、這段內容提供讀者免費的好處（「我們會替您的行銷手法進行免費評估」）。

務必記得在宣傳冊中要求讀者下訂單。至少敦促讀者採取最後會導向購買的行動。

十、別忽略最基本的資訊

有時候你傾全力構思文案點子，反而忘了提供最基本的資訊，像是電話號碼、交通資訊、地址、營業時間、郵遞區號和產品保證。

寫宣傳冊文案時，可別忘了最基本的內容。看似無關緊要的細節，往往足以影響交易是否成功。

舉例來說，有家公司忘了在直效行銷郵件的宣傳冊上附上第二支電話號碼。結果，潛在顧客打電話來下單卻常常忙線中、打不進來，因此流失掉許多訂單。

檢查宣傳冊文案時，請確保你沒有遺漏以下項目：

- 企業商標、名稱和地址。
- 電話號碼。
- 電子郵件地址。
- 如果採用的是郵政信箱，應該要另外加註公司所在的街道名稱。
- 交通資訊（例如，「位於95號州際公路旁、第五大道與主街的交叉口處」）。
- 價格、店面營業時間、分店地址。
- 經銷商、業務代表的名單。
- 透過電話、郵件、網路或簡訊下訂的說明。
- 接受信用卡付款的字樣。
- 產品保證、保固說明。

- 運送與服務資訊。
- 商標、公司相關註冊登記資料、免責聲明，及其他法律文件。
- 宣傳冊的編號、代碼、印刷日期，以及版權聲明。
- 公司官網的網址。

另外，也別忘了檢查錯字、標點和文法。

這些細節都很重要。舉例來說，郵購公司都知道，宣傳冊若加上「接受信用卡付款」的字樣及免付費專線，銷售就會增加。

十一、讓宣傳冊值得留存

顧客收到你的宣傳冊後，可以做以下3件事：

1. 直接下單，或詢問更多資訊。
2. 保存下來，之後參考。
3. 丟掉。

你當然希望顧客會採取前兩個做法，希望他們有所回應，也希望他們保留這份宣傳冊，往後需要這項產品時再拿出來翻閱。

要讓讀者保留你的宣傳冊，你得先寫出值得留存的宣傳冊才行。宣傳冊因為其中的資訊才有保留的價值。這些資訊可能直接和產品相關，也可能是與產品間接相關的一般性資訊。

舉例來說，蒙托克的度假飯店可以在宣傳冊封底印上附近地區的詳細地圖。遊客會因為這份地圖而保留這本宣傳冊。

針對可能會購買我文案寫作服務的客戶，我寄給他們的宣傳郵件中會包含一篇我寫的文章〈10個訣竅，寫出更有效的產業文案〉（Ten Tips for Writing More Effective Industrial Copy）。這篇文章影本有附上我的照片、姓名、地址和電話。就算潛在顧客把我的宣傳資料都丟了，他們很有可能會留下這篇文章，因為這篇文章包含的資訊可能對他們有幫助。

再舉個例子。大部分人對股市怎麼運作沒有概念。所以如果一個股

票經紀人印製了一本小冊子，標題叫《門外漢的股市簡介，並教你怎麼玩》，那麼讀者很有可能會想保留這份小冊子。之後等到他們存夠錢可以投資股票時，他們就會找出這本宣傳冊，打電話給股票經紀人或直接線上開戶。

總之，如果希望你的宣傳冊持續幫你增加銷售，那麼請讓你的宣傳冊值得留存。再提個例子：有家賭場在宣傳冊封底印了21點的遊戲規則，藉此替自家宣傳冊加值。

如何組織你的宣傳冊文案？

儘管是個過度簡化的說法，但宣傳冊大致可分成3種類型：

1. 關於產品的宣傳冊。
2. 關於服務的宣傳冊。
3. 關於公司的宣傳冊（又稱企業宣傳冊）。

每份宣傳冊的內容和編排都自成一格，因為每個銷售情境、產品、服務或企業各不相同。不過多數宣傳冊都具備幾項相同的特色。例如，大部分提供諮詢服務的宣傳冊都會列出客戶名單。

以下概述這3類「典型」宣傳冊的內容，讓你有個初步概念，知道寫這些宣傳資料時要包含什麼樣的內容。

一、產品宣傳冊

- **簡介**：簡要描述產品、說明讀者為什麼應該對這項產品感興趣。

- **效益**：列出讀者應該購買這項產品的理由。

- **特色**：強調讓這項產品有別於競爭對手的重要特色。

- **運作方式**：描述產品如何運作、可以為顧客做什麼。展現產品優越之處的任何測試結果都可以放在這個部分。

- **使用者（市場）類型**：說明這項產品是為哪些特定的市場所設計。舉例來說，污水處理廠的目標客群應該是市政府、公共事業和工業廠房。這三個市場各不相同，有其特別的需求。這部分可以放上顧客名單，列出願意背書的知名人士或組織機構。

- **應用**：說明產品的用途。

- **產品提供的選項**：款式、尺寸、材質、配件等在你訂購產品時，可以選擇的條件和組合。也可以在這個部分加入圖表、圖解、公式表、表格，或其他有助於讀者選購產品的指南。

- **價目表**：說明產品價格的相關資訊，包括配件、不同款式、尺寸的價格，還有數量折扣、運費及處理費。這類資訊通常會單獨印成一張表單、插入宣傳冊中，以免價格改變宣傳冊就得淘汰。

- **規格明細**：電氣特性（額定電壓、電流等）、耗電量、防潮能力、適應溫度範圍、操作條件、清潔方法、保存條件、化學性質等各種有關產品的特性和使用限制。

- **問與答**：回答關於產品的常見問題，包括宣傳冊其他部分沒有提到的資訊。

- **公司簡介**：簡單介紹製造商的背景，向讀者擔保產品是由可靠、營運佳、聲譽良好的公司製造。

- **售後服務**：說明運送、組裝、訓練、維護、服務和保證的資訊。

- **「下一步」**：說明如何訂購產品（或如何取得更多產品資訊）。

二、服務宣傳冊

- **簡介**：概述服務項目、客戶類型，以及讀者為什麼該對這項服務感興趣的原因。

- **服務內容**：詳細說明各項服務的內容。

- **效益**：說明讀者能從這項服務中獲得什麼益處，以及讀者為什麼應該選擇本公司而非競爭對手。

- **方法**：概述公司提供這項服務的方法。

- **客戶名單**：列出願意替這項服務背書的人或組織。

- **見證**：挑選特定客戶推薦這項服務、說好話。見證內容通常會引用客戶自己的話，並加上引號、註明引自哪一位人士或組織。

- **費用和條款**：說明每項服務方案的費用、條件和付款方式，也包括任何公司提供給客戶的保障。

- **公司團隊簡介**：簡單介紹公司背景，強調重要成員的資歷。

- **「下一步」**：向讀者說明，如果有興趣使用這項服務，或想取得更多服務資訊的話，可以怎麼做。

三、公司宣傳冊

- 公司的營業項目。
- 公司的組織架構（母公司、單位、部門、分公司、子公司）。
- 公司理念或使命。
- 公司歷史。
- 工廠和分支機構。
- 業務涵蓋的地理區域。
- 主要目標市場。
- 經銷體系。
- 銷售額。
- 和競爭對手之間的排名。
- 配股規模。
- 公司盈餘及配息紀錄。
- 員工人數。

- 員工福利。
- 傑出員工。
- 專利發明。
- 卓越成就（包括所屬產業的各種「第一」）。
- 研發計畫與成果。
- 品管執行成效。
- 社會服務（環保計畫、社福關懷、慈善活動、藝術贊助等）。
- 獲獎紀錄。
- 公司政策。
- 公司目標、願景、未來計畫。

上述內容僅供參考，並非一定要套用的模式。請依照你的需求調整，以產品、受眾、銷售目標為依據，決定宣傳冊的內容和架構。

網路普及之前，宣傳冊是提供產品資訊的主要管道，因此篇幅都很長，8頁、12頁、16頁，甚至24頁都有，也可能更長。

數位時代來臨後，網站取代了宣傳冊扮演的角色，提供所有產品資訊。現在很多宣傳冊都只有4至6頁，簡單提及重點精華，詳細、深入的產品資訊則放在網站上提供消費者參閱。

如何撰寫型錄？

型錄和宣傳冊類似，但有兩大相異之處：

1. 宣傳冊通常深入介紹單一產品；型錄則簡單介紹很多產品。由於每件產品分配到的版面有限，產品介紹必須簡單扼要。型錄的文案通常帶有像電報短促、減省的風格，句子簡短俐落，盡可能用最少的文字傳達最多的訊息。

2. 宣傳冊的任務通常是提供足夠的資訊，好帶領讀者進入銷售流程

的下一個階段。型錄則多為郵購的宣傳媒介，讀者可以直接透過型錄訂購產品，過程中很少有銷售員涉入（工業產品的型錄是少數例外）。因此，撰寫型錄時，文案寫手會花很多心思在設計簡單好用，同時又能鼓勵讀者下單的訂購表。

除了利用型錄所附的訂購單，消費者也可以透過電話或網路下單。這也使得很多企業大幅縮短型錄的篇幅，致力引導潛在顧客造訪網站，從網站獲取產品資訊、購買產品。

雖然數量不多，但還是有些企業仍印製厚重的型錄，特別是那些需要印來給採購人員當作產品參考指南的公司。美國運輸業務用品公司Uline就是個好例子，他們會印製厚重的型錄，集結了自家銷售的包材。

現在流行的做法是一年中陸續寄送篇幅短及篇幅長的型錄。舉例來說，每三個月寄給客戶一份全部產品的型錄，一年寄四次。此外，剩下八個月每月寄一份篇幅短小的型錄。這些比較薄的型錄內容比全部產品的型錄來得少，並將重點擺在引導客戶造訪網站，查看更多產品細節。

型錄和宣傳冊的撰寫技巧並不相同，雖然基本原理差不多。以下提供幾個訣竅，幫助你寫出成功的型錄文案：

寫出俐落精煉的標題

就算版面限制標題不能太長，你還是可以為標題增添勸敗力。別只在標題中單純描述產品，請加入吸引人的詞彙、強大的效益、暗示產品獨特性的形容詞。

舉例來說，Boardroom出版社的郵購圖書型錄中，平凡的書名都變成難以抗拒的型錄標題。不是直接寫出書名《賦稅知識》（The Book of Tax Knowledge，暫譯），而是配上「3147種節稅方法」的宣傳標題。至於《成功的稅務規劃》（Successful Tax Planning，暫譯）一書，型錄裡的介紹寫著「你的稅務會計有跟你說過這些嗎？」還有一本書談如何選購電腦，型錄中以聳動的標題宣傳：「電腦銷售員沒告訴你的事。」

型錄附上「製造商的一封信」

很多型錄會附上一封企業總裁寫給讀者的「私人」信件。這封信不是印在帶有信頭的信紙上、夾進型錄中，就是直接印在型錄最前面幾頁上，通常印在封面內頁。

企業總裁藉著這封信，向讀者說明型錄產品的高品質、公司服務客戶的承諾，以及製造商對顧客滿意的保證。這封信也可以用來介紹公司的產品線，或請讀者特別留意公司推薦或有優惠的產品或系列產品。

下面的段落來自美國戶外休閒品牌L.L.Bean型錄裡的信：

> L.L.有個簡單的經營理念：「以合理的價格銷售優質產品，真摯誠懇地對待顧客，那麼顧客自然會再上門。」我們稱這個理念為L.L.的黃金守則。如今，品牌創立72年後，我們依然實踐這條信念。

你忍不住會被這個崇高的經營理念，以及這段話的誠懇打動。型錄裡加進一封信，能在制式化的產品規格與價目說明裡，增添一絲溫暖之情與人情味。

列出所有重要的產品資訊

型錄的內容必須提供讀者下單所需的全部資訊，包括產品的尺寸、顏色、材質、價格和款式等。文案也必須提供讀者精簡但完整的產品描述，好讓讀者決定是否購買。

將大部分的篇幅留給暢銷產品

你應該用整頁或半頁的篇幅介紹最暢銷的產品，並且將這些產品擺到型錄的最前面幾頁。至於沒那麼熱銷的產品，你則用四分之一或更小的版面介紹，並安排在型錄後面幾頁裡。不怎麼賣或滯銷的品項應該直接捨棄不放在型錄中，或只呈現在網站上。

善用能刺激銷售的技巧

這些技巧包括提供免費客服專線、接受信用卡訂購、下單就送禮、買一送一的優惠，或運用箭頭、星號、爆炸形狀的文字框等視覺設計強調

型錄裡的折扣。也可以將優惠即將到期的產品做成一張宣傳單夾進型錄裡，或印在訂購單上。還能提供多買多折扣的優惠（例如，滿50元美金可享9折優惠）。此外，網路訂購輸入折扣碼享優惠、提供免費禮物包裝服務、訂購單上列出特價產品等都是有助於勸敗的好方法。

訂購單要簡單、容易填寫

務必提供顧客足夠的空間填寫訂單內容。不妨在訂購單上說明下單的每個步驟，並且用加上外框的大字標註購買保證。你也可以附上回函信封，方便顧客寄支票。另外，你當然也要提供不同訂購方式，像是透過傳真、網路和免費客服專線等。

在文案中突顯優惠價格

你可以這麼寫：「75折！原價12美元，現在只要9美元。」另一個方法則是劃掉原價、寫上新的價格：~~12美元~~「9美元」。

其他類型的宣傳品

宣傳冊和型錄是宣傳主力，在所有宣傳品中佔了絕大部分的比例。不過你還是有可能接到其他類型宣傳品的委託。

年報

統整企業過去一年的表現。現在年報似乎逐漸式微，每年數量都在減少。年報結合了企業宣傳冊裡的企業資訊與過去一年的財務數據，像是銷售額、利潤、收益和股息等。年報通常都製作精美，採用亮面紙、放上昂貴的四色印刷照片、搭配精緻的視覺設計，以及時髦氣派的文案。

傳單

8.5×11吋（21.59×27.94公分）紙張上，單面或雙面印有宣傳內容的宣傳品。如果有使用圖像，通常僅限於簡單的線條勾勒。傳單通常在集會活動和商展上發送，或張貼在鄰近地區的佈告欄上。很多小生意人認

為用傳單開拓客源是很經濟實惠的方法。

大尺寸廣告單

尺寸較大的傳單，能摺疊後郵寄。持有顧客郵寄名單的公司通常每個月會寄給顧客這類廣告單，上面印有特惠情報、新產品資訊，或其他顧客感興趣的新消息。

通知單的附帶廣告（invoice stuffer）

尺寸較小的宣傳品，設計成能放進10號信封的大小（4.125×9.5吋，約10.48×24.13公分）。這類廣告單隨著每個月的帳單或對帳明細寄出，用來宣傳特賣活動或特別產品的郵購。因為這類廣告單不是額外寄送，而是隨著定期郵件寄出，能「搭便車」是這種宣傳手法的好處。

夾報廣告（circular）

夾在包裹或報紙裡發送的廣告單，也可能由專人發送或放在店裡供人索取。這類廣告通常有4到8頁長、彩色印刷，內含當地零售店的產品折價券。

小冊子（pamphlet／booklet）

形式很像宣傳冊，差別在於小冊子通常提供一般性的實用資訊，而宣傳冊則是描述特定產品和服務的特色與功效。

白皮書

是一種偽裝成資訊性文章或報告的宣傳品。就像很多資訊式廣告（informercial）看起來就是資訊豐富、客觀公正的電視節目，而非付費廣告；白皮書也試著說服讀者，自己正透過白皮書學習某些知識，這些知識和白皮書裡的產品能解決的問題相關（像是電腦安全防護、提升顧客服務、管理銷售人力、儲存退休金等），而不是被白皮書的內容推銷特定產品。

白皮書和宣傳冊有一樣的目標——銷售，或協助銷售產品或服務，但

白皮書外觀看起來、內容讀起來都像一般文章或權威客觀的文件。

和宣傳冊不同的是，白皮書必須提供實用的作法，幫讀者解決問題、協助讀者判斷重要的交易決定，或提供具體理由支持讀者所做的交易決定（例如，新倉庫該用租的，還是買的）。

不過別搞錯，宣傳冊和白皮書終極目標還是都一樣：銷售，或協助銷售產品或服務。

兩者只差在達成交易的方式不同：宣傳冊直接了當呈現產品特色和功效，而白皮書的手法則是比較間接的勸誘。第17章會更仔細說明白皮書的架構、內容和形式。

Chapter 9

公關新聞稿：
具備新聞性的內容
才是王道

1985年本書的第一版問世，當時新聞稿的主要受眾為新聞雜誌的編輯及記者，還有廣播電台與電視製作人。

不過進入網路時代後，行銷負責人會將新聞稿公開在官網上，提供消費者瀏覽。消費者變成了公關宣傳資料更大群的受眾。因此，新版的這一章經過調整，著重說明如何撰寫給消費者及新聞從業人員看的新聞稿，以及如何善用關鍵字讓新聞稿在搜尋引擎享有較高的搜尋結果排名。

公關新聞稿與付費廣告的差別

雖然公關和廣告分屬不同的專業領域，但兩者仍有重疊之處，而且幾乎所有文案寫手多少都會受僱撰寫新聞稿或其他公關宣傳資料。

公關宣傳資料的風格偏向婉轉、間接，對熟習直接、強力說服文案的寫手來說，可能需要花點時間適應。

廣告會直接接觸到讀者，並且毫不掩飾、擺明要說服讀者掏腰包。新聞稿則得先寄給編輯，希望編輯願意將這篇內容刊登在雜誌或報紙上。

一旦寄出新聞稿，這篇文章何時會刊登出來、以什麼形式曝光，甚至會不會刊登，你都無法掌握。編輯可以毫無更動、全文照登，也可以依自己的意思改寫、刪除某些內容，或者把部分內容當作其他新聞或文章的基礎，甚至也能置之不理。編輯握有生殺大權，而且跟刊物的廣告部門不同，編輯沒興趣幫你宣傳你的公司。

編輯只關心雜誌或報紙裡的內容都是讀者有興趣的新聞和資訊。如果你的新聞稿包含這樣的新聞或資訊，編輯很可能會採用你的稿子。但如果你的稿子只是毫無新意的廣告，編輯認得出來，並且棄之不用。

有些對公關操作還不熟悉的公司會問我：「編輯真的會採用新聞稿嗎？」答案是肯定的，他們會採用。《哥倫比亞新聞評論》（Columbia Journalism Review）曾進行一項調查，計算某份《華爾街日報》中有多少篇文章來自公關新聞稿。調查顯示，高達111篇文章來自公關新聞稿，內

容不是全文照登，就是經過改寫。這些公關新聞稿中，只有30%的文章記者有加上額外資訊。

沒有具體數據顯示每年到底有多少新聞稿問世，但我猜想大概有幾十萬，甚至幾百萬則。

新聞稿這麼大行其道，原因之一在於成本不高。印出一張新聞稿，寄給100位編輯大概只要花100美元。而且可能花得更少——如果你直接以電子郵件寄送，這是現在大部分新聞稿發送的方式。

如果編輯採用你的稿子，以短文的形式刊登在雜誌上，你的公司等於獲得了免費的宣傳版面。要以付費廣告的形式刊登，同樣大小的版面可能就要價上百甚至上千美元。

而且這類稿件比付費廣告更容易取信於人。大家本來就對廣告抱持懷疑的態度，但比較容易相信報紙或電視上的內容。他們不曉得大部分的新聞都來自公關新聞稿，而稿件來自那些製作平面及電視廣告的公司。

不過，一篇公關新聞稿也不見得會被媒體採用，就算被採用了，也不見得會引起讀者興趣或增加生意。有些新聞稿完全被忽視，有些則引起驚人的迴響。美國某個製冰公會曾推出「休閒時光」（Leisure Time Ice，暫譯）的冰塊品牌，並發出一份公關新聞稿，宣稱包裝冰塊比家裡自製的冰塊來得純淨。結果公會理事長至少接受了25位編輯的專訪，並出現在15個電台與電視談話節目裡。

《華爾街日報》、《紐約時報》、《洛杉磯時報》（Los Angeles Times）、合眾國際社（United Press International）、美國聯合通訊社（Associated Press）都替這個冰塊品牌製作專題報導。公會的成員因此增加了一成，而冰塊的銷售量也增加了。越來越多公司都利用這類公關活動宣傳自家產品與服務。

就連向來看不起公關活動的專業人士，例如醫生、律師、建築師、工程師、管理顧問等，現在都開始投公關新聞稿、現身電視電台的談話性節目。一份針對523名美國律師協會（American Bar Association）會員進行的調查顯示，其中20%的律師曾透過這類活動自我宣傳。

透過網路直接面對消費者的公關新聞稿

本世紀至今，公關領域最大的突破就是「DTC模式」——直接面對消費者（direct-to-consumer）的公關活動。

上個世紀，公關新聞稿得寄給媒體機構，也只能給媒體人過目，像是報紙的編輯與記者、雜誌編輯、節目總監，以及電台和電視的製作人。這是「DTM模式」——直接面對媒體（direct-to-media）的公關活動，而且當時幾乎所有的公關活動都是這樣的模式。

媒體人要嘛因為公關新聞稿對他們來說沒有用，就直接將稿件丟到垃圾桶；要嘛就是擷取部分內容，用在自家刊物或廣播、電視節目裡。記者或編輯也會將新聞稿裡的部分內容當作手邊案子的參考資料，這是最常見的利用方式。

刊物有時候也會節錄新聞稿的內容，當作獨立的短文刊登，這是專業雜誌和新聞快訊常見的手法。如果讀者對新聞稿的主題非常感興趣，且整篇內容都很有趣或實用，也許因為能節省刊物寫手的精力，有些刊物偶爾會一字不差地刊登整篇新聞稿。

不過時至今日，公關新聞稿也採用「DTC模式」。公司的網站通常會有個區塊稱為「新聞中心」、「新聞室」、「最新消息」或「媒體專區」。發送給媒體的公關新聞稿中，全部或至少重要的新聞稿也都會在這個區塊裡發表。通常以HTML的形式呈現，造訪網站的使用者能直接閱讀未經媒體審查或編輯的新聞稿。

採用DTM和DTC模式的公關新聞稿幾乎沒什麼不同，除了一件事。要在官網上發表DTC模式的公關新聞稿時，內文中記得要寫出審慎挑選過的關鍵字。這麼做能確保潛在顧客搜尋這個關鍵字時，你的新聞稿會出現在搜尋結果中。此外，官網上有很多新聞稿也有助於提升公司在搜尋引擎的排名，因為Google和其他搜尋引擎比較會將內容網頁的排序提前，而不是將產品頁面等明顯是銷售文案的排序提前。

公關新聞稿是什麼？

　　公關新聞稿是由組織機構自行提供的新聞資料，發送給媒體，為了宣傳組織機構的產品、服務或活動。

　　以下是一篇具說服力、格式值得參考的公關新聞稿範例：

　　寄自：科許公關公司，紐約州花園市第七街226號
　　更多資訊請來電：XXX-XXX-XXXX，藍恩‧科許
　　委託客戶：紙風車公司，紐約州紐約市公園大道南404號
　　聯絡人：總裁約翰‧薛德勒，XXX-ABC-DEFG

　　立即發佈

　　紙風車公司新推出水彩體驗組與「羅夫普斯」上色樣稿

　　紐約紙風車公司總裁約翰‧薛德勒今天宣佈，紙風車公司新推出水彩特別體驗組，內含水彩顏料及周邊工具，而且適用於DIY「羅夫普斯」上色樣稿。

　　薛德勒表示，羅夫普斯樣稿是一組由黑白圖片組成的潛影印刷品。只要用水彩或麥克筆就能染成彩色，可用於文圖排版、設計樣稿、外包裝設計、翻頁掛圖等。（專利正在申請中。）

　　羅夫普斯樣稿一組4張，讓藝術家有機會實驗多種色彩、探索不同的色彩組合。每間紙風車產品專賣店都買得到。

　　薛德勒表示，水彩體驗組的零售價為45美元，但如果加購羅夫普斯樣稿，就能以20美元的優惠價購買。這套水彩體驗組包含完整的上色材料：

- 馬丁博士牌36色透明水彩顏料，含一組棉布版色票。
- 30格調色盤、盛裝水或清潔溶液的擠壓瓶，以及上色過程中使用的吸水紙巾和棉花棒。

關於水彩體驗組及羅夫普斯樣稿上色程序的更多資訊，請洽紐約紙風車公司總裁約翰・薛德勒，地址：紐約州紐約市公園大道南404號，電話：XXX-ABC-DEFG。

關於公關新聞稿的格式與內容，以下提供12點訣竅：

1. 比起使用花俏的信頭或信件格式，新聞稿的內容比較重要。內容清楚、準確才是關鍵。

2. 如果是委託公關公司替你的公司撰寫新聞稿，那麼發稿單位都應該同時列出公關公司和你的公司。如果是自家公司寫的，發稿、聯絡單位就只有你的公司。不管是哪一種，記得都要註明名字和聯絡電話，如果編輯需要更多資訊時，才能聯絡得上。

3. 公關新聞稿上可以註明發表日期，或寫上「立即發佈」、「立即發稿」。如果採用前者，你可以將發布日期延後一天，好讓隔天才收到的編輯能即時發表。

4. 發表日期要置於標題下方，並劃線強調。

5. 標題應該要總結新聞稿的內容，長度最長為兩到三行。標題要讓忙碌的編輯只需匆匆一瞥，就能判斷新聞稿的內容是否值得考慮發表。

6. 新聞稿的第一段要包含「人、事、時、地、原因、方法或過程」。如此一來，就算編輯把其他部分都刪掉了，新聞稿的精華至少能保留。

7. 任何說法最好都註明來源，編輯並不想讓讀者認為自己有偏向某個立場、主張某個觀點，他們寧可這些說法都來自於你。雖然出處常常會被刪掉，但必要時加註才是明智的作法。

8. 新聞稿內文應該要補足額外資訊，並避免使用盛讚之詞、溢美的形容。請記得新聞稿重點在傳遞資訊，而非廣告。

9. 公關新聞稿的長度最好是一頁，不要超過兩頁，反則會變成編輯閱讀的負擔。

10. 如果讀者想索取更多資訊，為了讓他們能聯絡得到，新聞稿上記得載明聯絡人的姓名、地址、電話和電子郵件。

11. 照片、視覺設計、圖表可以直接貼在電子郵件的內文中，不過記得註明：如果有需要，也能另外提供解析度 300 dpi 的圖像檔。

12. 公關新聞稿應該要簡潔、直接，有新聞性。如果只需要寫兩段，就不要寫成十段。冗言贅句很倒編輯胃口，而且現在大部分的新聞稿大多不是以紙本型式寄送，而是透過電子郵件寄送，或由線上公關操作服務曝光，冗長囉嗦尤其讓人退避三舍。

你的公關新聞稿具有新聞性嗎？

編輯要的是有新聞性的公關新聞稿。和優秀的廣告一樣，新聞稿的標題必須馬上將最新消息傳遞給讀者。

編輯手邊總有成堆的新聞稿，他們沒有時間慢慢地讀你的稿子，挖掘其中的精華。有一位任職科技雜誌的編輯表示，公司每個月大概會收到2000篇公關新聞稿。你的新聞稿得讓讀者在5秒內就抓到新聞點。

不過什麼樣的內容才有新聞性呢？這視你的產業與受眾而定。《富比世》和《財富》雜誌不會認為新的滾珠承軸型錄出版會是個值得報導的新聞。但《機械設計》（Machine Design，暫譯）、《設計情報》（Design News，暫譯）雜誌的編輯，以及讀者有滾珠承軸需求的其他專業雜誌，就可能樂意刊登一小篇幅的型錄出版新聞稿，並放上型錄的封面照。

沒有新聞性的內容，就是廣告和宣傳。編輯不會刊登描述產品、服務或組織單位的新聞稿，除非內容本身提供新消息，或對刊物讀者有用的服務資訊。

舉例來說，標題為「愛潔乾洗店以實惠價格提供高品質清潔服務」的新聞稿大概不會獲得編輯採用。但如果標題改成「如何去除頑強污垢？愛潔乾洗店提供專業建議」，編輯可能就會以介紹實用知識的文章形式

刊登這篇新聞稿。由於載明專業建議的來源，愛潔乾洗店因此獲得曝光機會。

以下列出公關新聞稿適合選用的主題。這些主題能吸引編輯的注意，因為提供了新消息或實用資訊，或兩者兼具。你的公關新聞稿主題可以是：

- 新產品上市。
- 原有產品推出新名稱或新包裝。
- 推出改良產品。
- 原有產品推出新款式或新機型。
- 原有產品推出新材質、顏色或尺寸。
- 原有產品有新應用。
- 原有產品有新配件。
- 全新或更新的宣傳品出版，像是宣傳冊、型錄、規格表、調查結果、報告、重印本、白皮書等。
- 高階主管發表演說或談話。
- 任何主題的專家意見。
- 爭議性話題。
- 介紹新員工。
- 公司內部的升遷拔擢。
- 公司或僱員獲得獎項或殊榮。
- 創新發現或發明（例如取得專利）。
- 新店面、分公司、總部、設備啟用。
- 介紹新的銷售代表、經銷商和代理商。
- 公司贏得重大合約。
- 合資企業成立。
- 管理組織重整。
- 公司重大成就，像是達到多少產品銷量、營業額提升、單季營收表現亮眼、安全紀錄優良。

- 介紹不尋常的人物、產品、和經營模式。
- 介紹成功的應用、設置案例,或成功的企劃。
- 提供秘訣和提示(像是「如何⋯⋯」開頭的介紹型文章)。
- 公司名稱、口號或商標改變。
- 新事業開始營運。
- 舉辦特別活動,像是特賣會、派對、開放參觀、工廠參觀導覽、比賽或抽獎。
- 慈善行為或其他社區服務。

唯一不用具備新聞性的公關新聞稿類型為「背景資料」(backgrounder / background release),這類稿件提供公司的背景概述。

雖然背景資料嚴格來說並不是新聞稿,但你還是應該試著在其中加入新資訊,或至少寫出鮮為人知的情報或出人意表的資訊。比起枯燥無味的公司架構說明,這麼做更能抓住編輯的注意。

另一種特殊的公關新聞稿類型為「事實資料」(fact sheet),其中載明詳細資訊,通常以列表方式呈現,因為篇幅太長無法放在主要公關新聞稿內文裡。

如果你寫了一篇介紹食材專賣店新開幕的公關新聞稿,你可以附上一份事實資料,列出這家店三、四樣特殊食材的食譜。顧問公司的事實資料則可以列出客戶清單,或公司重要人物的簡介。

文案寫手經常會遇到一種客戶,他們因為希望得到媒體曝光,前來委託我們撰寫公關新聞稿,但其實沒有任何新鮮事值得報導。遇到這樣的情況,創意十足的公關或文案寫手可以「製造」足以吸引媒體關注的切入點。

舉例來說,美國紐約市的傑里科公關公司(Jericho Communications)曾想辦法替自家客戶達美樂披薩(Domino's Pizza)爭取媒體曝光機會。有人提議:「我們晚上加班到很晚時,會訂披薩。說不定白宮也是這樣。我們能否得知,國家進入緊急狀態時,白宮叫披薩外送的次數是否有增加?」

果不其然，的確如此。傑里科以此創造「披薩量表」，向媒體表示，我們能從白宮叫披薩外送的次數來衡量國內情勢。這個策略非常成功，替達美樂披薩爭取到很多主要媒體的報導。

電子雞蔚為風潮時，當時我7歲的兒子不小心讓電子雞掉到馬桶裡，電子雞不幸「罹難」讓他非常傷心（機子進水後短路）。為了讓他好過一點，我們把電子雞埋在後院、舉辦了葬禮。這件事讓我想到了一個公關點子。

我寄出以下這份公關新聞稿，結果不到一週，有家紐澤西州的大報社就以我們的「電子雞墓園」做了一大篇專題報導（請別來信索取手冊，我早就不知道丟到哪了）。

寄自：紐澤西州新米爾福德區174荷蘭大道，微晶片花園
聯絡人：鮑伯‧布萊，電話973-263-0562

立即發佈

微晶片花園，全球首座「電子雞墓園」，在北紐澤西州開幕

7歲的艾力克斯‧布萊在電子雞不小心掉到馬桶裡過世後，找不到地方安葬他的寵物。因此，他的爸爸、駐紐澤西州的創業家鮑伯‧布萊在郊區自宅的後院打造了「微晶片花園」——全球首座電子雞墓園。

現在，如果你家小孩的電子雞不幸過世，與其隨手把電子雞丟進垃圾桶，不如好好將牠安葬在漂亮、綠樹成蔭的墓園裡。

墓園收費5美元起，價格隨地點和安葬方式調整（可選擇土葬、火葬或建造陵墓）。鮑伯‧布萊會在微晶片花園裡，為您已故的摯愛電子雞，提供永久安息之地，並舉辦葬禮、提供埋葬證明書。

鮑伯‧布萊表示：「就算是電子雞也無法長生不死，既然我們有貓、狗的寵物墓園，現在電子雞也應該要有專屬的墓園。」

為了幫助飼主從飼養電子雞獲得最多樂趣，鮑伯‧布萊也撰寫了一本資訊豐富的新手冊《如何飼養電子雞》。鮑伯是35本已出版書籍的作者，包括肯辛頓出版社的《我討厭脫口秀天后凱西‧李‧姬佛》、哈波柯林斯出版社的《非官方終極版星際爭霸戰解謎大全》。

《如何飼養電子雞》內容涵蓋如何選購第一隻電子雞、如何帶牠回家、照顧與飼養、遊戲與訓練指南。手冊中也提及電子雞安葬儀式及微晶片花園的起源。

想獲得內含電子雞墓園完整資訊的手冊《如何飼養電子雞》，請寄4美元至以下地址：紐澤西州杜蒙特市達肯布希大道22號。

關於公關新聞稿的問與答

一些剛接觸公關業務的公司常問我以下這些問題：

Q：公關新聞稿的最佳長度是多少？

A：如果主題是新產品上市，長度大約1、2頁。如果真的很多內容可以說，3頁還能接受，但絕對不要再多了。

　　個案描述或背景介紹的新聞稿通常比較長，平均3至5頁。如果超過5頁，就乾脆寫成專題報導，不要以公關新聞稿的形式發表。

Q：公關新聞稿由公關公司提供，還是由企業直接寄出比較好？

A：重要的不是哪個單位寫了這篇公關新聞稿，而是這篇新聞稿是否清楚有條理地提供有趣的新聞。有些人認為編輯對公關公司的人有戒心，偏好和新聞來源的企業打交道。我認識幾位編輯的確如此，但大部分的編輯並沒有這麼想。

Q：公關新聞稿該怎麼印比較好？

A：平版印刷是最佳選擇，而且費用不高。影印本如果夠清晰、沒有髒污，也可以接受；或者你也可以用雷射印表機列印。現在大部分的公關新聞稿都以數位化方式寄送。

Q：公關新聞稿需要附上照片嗎？

A：附上照片有幫助，但不是必須。一張產品、人物、工廠、製程或包裝的照片，如果夠有趣，就能增加編輯的興趣。別忘了，大部分雜誌和報紙除了文字，也刊登圖片。

你可以在電子郵件內文中附上幾張最精彩的照片，同時也表明，如果編輯有需要，可以另外提供解析度300 dpi的彩色影像檔。如果照片檔案太大，就以Dropbox等雲端儲存空間提供。

Q：發送公關新聞稿最好的方式是什麼？

A：郵寄、電子郵件寄送是最基本的方式，大部分的行銷人採用後者。

千萬別把新聞稿或其他任何文案當成電子郵件的附件，並寄給不認識你、也沒預期收到這封信的編輯。對方可能會因為擔心收到病毒或惡意軟體，根本沒打開附件就直接把信給刪了。如果你不確定怎麼做最好，寄件之前可以先致電編輯，詢問對方偏好的收信方式。

如何撰寫專題報導？

文案寫手有時也會接到委託，替專業刊物或商業雜誌「捉刀」長篇專題報導。

不妨翻翻市面上的專業刊物，裡面有許多文章來自特約寫手，像是科學家、工程師、經理人和其他企業聘用的專業人士。

這些特約寫手撰文不是為了稿費（大部分專業刊物稿酬微薄，甚至分文未給），而是為了宣傳自己的事業，以及他們服務的公司。很多企業也會定期在雜誌上刊登專題報導，並聘請專業寫手代筆。

還有另一個方法是在自己的部落格上發表這篇文章，並加註連結，連到的網頁能提供更多和主題相關的詳細資料。最佳的部落格長度眾說紛紜，但500到1000字很常見。

儘管每篇專題報導都不同，但雜誌會刊登4種基本類型的文章：

1. 個案經歷

這類文章就是產品的「成功故事」，描述某個產品、服務或系統如何幫助特定顧客。

個案經歷之所以有效，原因在於大家認為對某個顧客有用的事物，可能對其他人也有幫助。此外，個案經歷之所以有效，因為可信度比較高。這類文章會提及特定細節，而不是泛泛而論。結果，因為是以說故事的方式進行銷售，個案經歷的專題報導銷售效果還特別好。

典型的個案經歷文章通常是這麼產生的。一家電話製造商替某客戶的營業部安裝了新的電話系統。辦公室主管發現，新系統不但提升了25%的銷售力，還節省了一半的電話費。

電話製造商得知這件事後，詢問辦公室主管和其他公司經理人，能否將這則故事寫成報導，刊登在適合的專業刊物上。若主管同意，電話製造商接著就聘請寫手撰寫專題報導。

寫手就會前往那家公司、訪問營業部的主管，並寫成這篇報導。文章經過審查後，投稿到雜誌等著刊登。報導掛名的可能是製造商、辦公室主管、雜誌編輯或代筆寫手，這就要看文章的內容而定了。

2. 介紹「如何……」的文章

這類文章提供實用資訊，幫助讀者把某件事做得更好（像是「如何為你的中小型企業辦公室選購合適的照明？」、「降低電費的7種方法」、「滾珠承軸選購指南」）；這類文章也稱為「教學指南」（tutorial），大概是因為這類文章能傳授讀者新技巧或新知識。

這類文章屬於內容行銷（請參考第17章），文章內容不會直接討論你

的產品（甚至也不該提及你的公司名稱，除了文章署名時可以提到），而是藉由建立公司的聲譽、將你的公司塑造成該領域的領導者，間接達到宣傳的效果。讀者往往會將這類文章剪下留存，所以就算你的文章沒有馬上帶來銷售，有些人因為保留了這篇文章，之後有需要會再找上門。

3. 討論議題的文章

這類文章裡，產業專家會針對當下某些主題、爭議，或技術性議題發表意見。這類文章能強化你的企業成為該領域領導地位的形象。舉例來說，「網路使用者該為非法下載電影、音樂和其他版權內容受到法律制裁嗎？」就屬於討論議題的文章。

4. 新聞

新聞報導通常由編制內的編輯和記者撰寫，而不是找外面的寫手負責。不過有時候，當企業有重大消息要發佈，像是合併、收購、革命性的新發明，企業就會和記者合作撰寫專題報導。記者因此得到獨家內容，企業則獲得正面的媒體曝光。

提案信

一篇專題報導要能在雜誌上刊登，首先要讓雜誌編輯對專題報導的主題有興趣。也就是說，你第一步是要透過電話或郵件，向編輯描述文章的主題。現在通常都以電子郵件提案。

有些編輯願意在電話上聽你的提案，不過大部分編輯都希望你將想法訴諸文字、簡短描述，寫成「提案信」。提案信的內容為一兩頁的大綱，以郵件形式呈現你想撰寫的主題。

這封信說明文章主題、你的切入點、雜誌讀者會對這篇文章感興趣的原因，以及你為什麼有資格撰寫這篇文章。這封信同時也展現出你的寫作風格。如果你的提案信寫得枯燥，編輯可能會覺得你的文章也會一樣乏味，因此不接受你的提案。

以下的提案信讓我能為《美國鐵路》（Amtrak Express）雜誌撰寫一篇專題報導：

收件人：編輯詹姆斯・法蘭克先生
雜誌《美國鐵路》
紐約州紐約市東51街34號

親愛的法蘭克先生：

寫這封信只是在浪費紙嗎？

沒錯──如果這封信未能達到預期的結果。

在商業界，信件和備忘錄大多都是為了帶來特定的回應，像是達成交易、促成會議、取得聯繫、獲得工作面試機會等。其中很多信件都無法達到目的。

一部分的問題在於企業主管和員工不知道如何寫得充滿說服力。針對這個問題，文案寫手發想出了一套撰寫公式「AIDA」來解決。這4個字母分別代表注意力（Attention）、興趣（Interest）、渴望（Desire）和行動（Action）。

首先，信件要寫出有力的開頭，切中要點或提供吸引人的元素，藉此獲得讀者的注意。

接著，信件內容要能勾起讀者的興趣，方法通常是清楚陳述讀者的問題、需求和渴望。如果你是要寫信給收到受損產品的顧客，就直接表明問題，並承諾提供解決方法。

接著，信件內容要能激起渴望。既然你要提供些什麼，像是服務、產品、協議、合約、折衷方案和顧問諮詢，那麼你就可以說明你能提供給讀者什麼樣的效益，藉此讓讀者產生需求。

最後，信件要呼籲讀者採取行動，要求對方下單、簽名、開支票、指定委託。

我想為貴雜誌撰寫一篇1500字的文章，名為〈如何寫出有效信件〉。這篇文章會以實際信函、備忘錄內容為例，說明AIDA公式怎麼應用，這些實例來自保險公司、銀行、製造廠商和其他組織的文件。

這封信也是為了特定目的而寫，希望得到《美國鐵路》雜誌編輯的委託。這封信是否成功了呢？

祝好
鮑伯・布萊

P.S. 順便做個自我介紹。我從事廣告顧問，也寫書，作品包括麥格羅希爾出版的《技術文件寫作：結構、規範與風格》（Technical Writing: Structure, Standards, and Style，暫譯）。

編輯通常會在一個月內回覆提案信（如果超過一個月沒有回音，你可以再寄一封信或致電詢問）。

如果編輯的回覆「我們對你的提案感興趣，麻煩寄手稿來」，這是個好消息，表示編輯想看看寫好的文章，但並沒有承諾要刊登。編輯會等到看過文章後，才會決定要不要採用，所以儘管這是個好消息，你的文章也不一定會刊登。

如果這位編輯回絕了你的提案，你可以將提案信寄給其他刊物。只適合特定一種刊物的文章主題並不多，大部分文章主題都至少適合大約6種刊物。

現在大部分刊物都希望收到電子化的提案信。他們會在官網上載明寄提案信的電子郵件地址，或設計線上提交機制讓人提案。如果是利用電子郵件，你可以將提案信貼在電子郵件內文中，或以附件方式寄送。

如何撰寫演講稿？

企業、組織的主管有時候並非以文章來溝通，而是透過演講。就和寫文章一樣，主管經常會聘請寫手來寫演講稿。

我第一次接到撰寫演講稿的委託時，我嚇傻了，因為我完全不清楚一場演講該有多長，無論字數或時間長度都毫無概念。

現在我知道了。一般講者說話的速度平均是每分鐘120個英文字。也就是說，20分鐘的演講應該要有2400個英文字長。

以午宴、晚宴的場合來說，演講大多很簡短，大約20分鐘。時間再短一點，內容會顯得不扎實；再長一點，聽眾可能開始覺得無聊。任何演講都不應該超過1小時，不論內容再怎麼重要。

每場演講都應該要有清楚的目的。大部分演講的目的是娛樂、教導、說服或激勵聽眾。

演講是傳達想法、意見和情感的有效手段，但卻不太適合呈現大量資訊（平面文字的效果比較好）。

以下是幾項撰寫講稿的訣竅，能讓演講達到預期的目的，而且不讓聽眾無聊地呵欠連連：

一、找出講者想說的話

很少有文案撰寫的委託案像替別人寫演講稿一般，如此個人化、講究個性特質了。在你動筆前，如果花點時間了解講者的要求，就能省下很多麻煩。

文字工作者南西・愛德蒙・韓森（Nancy Edmonds Hanson）曾這麼寫道：「你得先問出對的問題來了解客戶，你寫出的稿子才會像對方發自內心說出來的話。有時候花很長的時間討論演講主題有其必要，協助客戶釐清自己對演講主題抱持的立場。你要做的是深究客戶的想法，請對方想得更多、更深，直到他將演講主題想得很透徹。」

事前訪談客戶有助於掌握演講的重點以及大部分資訊。其他不足的資訊可以靠在圖書館查找，或瀏覽和演講主題相關的客戶資料。

二、了解你的觀眾

盡可能了解演說的對象是什麼樣的一群人。如此一來，你就能針對他們的特定興趣或切身利益調整演講內容。舉例來說，以podcast為主題的演講應該切合聽眾在專業上的興趣。工程師對技術層面感興趣，比較想知道podcast如何運作；廣告公司的主管比較會想知道如何利用podcast當作行銷的媒介。

三、寫出有利的開場

講者說的第一句話就像平面廣告的標題，或直效行銷郵件的第一段內容。引人入勝的開場能抓住聽眾的注意力，讓聽眾對你的主題產生熱情。以下是一段演講的開場：

今天，我想和各位分享心底的想法與回憶，這些想法與回憶深藏在我心中多年。我的先生約瑟夫已經過世7年了，這些想法和回憶直到現在才公諸於世。今天我想跟各位談這些，是為了讓大家了解SBH家扶協會（Sephardic Bikur Holim）的重要性，以及協會對我的孩子所代表的意義。我的故事要從一件我們大家都知道，但鮮少面對的現實談起──那就是我們的生命其實都非常脆弱。

約瑟夫是個非常好的丈夫、充滿愛的父親，也是事業有成的生意人。他懷抱熱忱想幫助他人，對遭逢不幸的人感同身受。他的付出，使SBH有了今天的成就，擔任社工一直以來也都是他的夢想。對我來說，約瑟夫決定用事業換取大學生活，是件再自然不過的事。

四、別忘了幽默感

說到運用幽默感，演講稿寫手總是不太有把握。他們曉得幽默感可以快速暖場，拉近與聽眾的距離，但也明白笑話講壞了就會毀了整場演說。

我的建議是，可以時不時加入一些趣聞點綴，這些趣聞中包含親切、

溫和、友善的幽默感。但不要過分插科打諢、講老掉牙的笑話，或模仿單口喜劇。只要安排一些精挑細選、幽默感十足的評論，讓講者看上去很溫暖、好親近即可。自嘲的幽默效果通常都不錯。

以笑話開場是個很冒險的作法。這麼做通常效果都不如預期，因為某些人可能覺得好笑，但其他人卻不這麼認為。更慘的是，有些聽眾會以為你只是來要寶，根本沒有重要的內容要說。

五、別試圖涵蓋太多內容

請記得，20分鐘的演講只有2400個英文字的長度。而且口語通常沒有書面語那般精實，所以演講能提供的資訊有限。

別想在一場演講中塞進所有跟主題相關的內容。只要擷取其中的一小部分，並以溫暖、機智、風趣和威信講出你的故事就好了。刪除所有的枝微末節，將演講內容限縮在幾個重點上。

舉例來說，一場演講談「你的職涯」就太籠統；改成「如何創辦數位行銷公司」，就比較適合當成餐後演講的主題。

六、以對話的口吻寫講稿

演講是給人聽的，而不是讓人看的。演講是有個人在說話，所以要聽起來像在說話，而不是在唸一篇學術論文或企業備忘錄。

所以務必以對話的口吻寫講稿。也就是善用簡單的字、短句、大量的縮寫。有時候甚至可以用上一些口語的說法。

要測試講稿是否符合這項標準，最好的辦法就是自己大聲唸出講稿看看。如果聽起來很彆扭拗口，那麼就持續修改到唸起來自然為止。

你可以利用項目符號、標題和數字將演講內容分成好幾個部分。如此一來，講者在這些段落之間就能喘口氣。

如果內容無法這樣分段，你可以標註哪些地方講者可以稍作停頓。這些停頓點能讓緊張的講者有機會放緩腳步。

七、讓內容簡單扼要

演講並不適合拿來傳遞複雜的概念和理論。

一方面演講能包納的資訊量有限；另一方面，和閱讀文章、平面廣告或宣傳冊不同，聽眾無法停下來思考某個論點，或回頭檢視稍早呈現的資訊。

理想上，演講內容應該要圍繞一個主題或論點。如果裡面有事實或觀察和這個論點相違背，就應該排除這些內容。

你應該提供聽眾容易理解的資訊和建議。別想讓聽眾了解嚴密的數學證明、複雜的論證，或繁複的流程。他們不吃這一套。

八、要用視覺輔助工具嗎？

1970年代我在企業任職時，幻燈片大行其道。每個講者都準備好幻燈片投影機，裡面放了好多張色彩繽紛的幻燈片來輔助演講。現在的話則是用簡報檔案，放在電腦上、以投影機投影到大螢幕上給聽眾看。

有時候視覺輔助工具很有幫助。舉例來說，如果你想介紹新企業的商標，就必須給觀眾看商標的圖樣。單用文字敘述並不足以形容圖像要傳達的概念。

使用視覺輔助工具時，請不要在簡報上放太多文字，因為一張簡報上有越多文字，字體就會變得越小。一般來說，一張簡報最多包含5項重點，每個重點不超過5個英文字。

九、發講義

在研討會的場合，與會者通常會拿到一本裝訂好、厚厚的資料，集結這場研討會上所有講者的簡報內容。如果聽眾人數沒有很多，你之前寫過的相關文章就是很好的講義；你也可以提供演講的重點摘要。

十、冠上吸引人的講題

演說時，你是從講稿的第一句話開始說，而不是演講的題目。但講題會用在郵件、傳單和其他宣傳品裡，為了要吸引聽眾來聽。講題的好壞影響可大了，可能是造成台下小貓兩三隻，或觀眾席爆滿的差別。

「有效管理海外商展」是個枯燥的講題，改成「如何在日本電子展設置攤位 —— 而且有所斬獲」就更吸引人了。

如何撰寫新聞快訊？

很多企業、組織會發行新聞快訊，免費發送給消費者、客戶、潛在顧客、員工、刊物編輯和同產業的決策者。

現在大部分的企業都以電子郵件發送電子報，這麼做也很有效。不過還是有少數企業郵寄傳統紙本的新聞快訊（可參考圖9.1），而且因為很少人這麼做了，他們反而比電子報更顯眼。

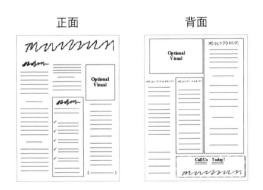

圖 9.1：雙面、8.6 × 11 吋（21.59 × 27.94 公分）大的
新聞快訊粗略的排版

不管你採用紙本或電子檔，兩者的內容、調性和公關新聞稿、專題報導大同小異，只是新聞快訊的篇幅通常比較短。新聞快訊的目的，是直接或間接地宣傳發刊的組織，以及組織的活動、服務或產品。

和雜誌或主流媒體網站上的文章相比，新聞快訊的可信度沒那麼高，因為讀者知道是某個組織自行出版的內容。不過話又說回來，一家企業可以利用新聞快訊暢所欲言，不用擔心編輯審查、改寫或引述錯誤。

可以利用發行新聞快訊來鎖定一群潛在顧客（也就是收到新聞快訊的對象），經年累月建立公司的形象和聲譽。

很多客戶一開始野心勃勃，打算定期發行新聞快訊，像是每一季、每兩個月或每個月出刊。然而，一旦推出新的臉書宣傳活動導致成本超過預算時，行銷部門的主管可能會為了彌補預算缺口，而省略一兩期的新聞快訊。

很多公司想用低價製作新聞快訊，就會用這套理由說服自僱寫手和廣告代理商：「跟平面廣告或線上影片不同，新聞快訊不是宣傳主力，所以我們無法負擔高額預算。不過既然新聞快訊打算定期發行，我們會用發稿量來彌補。」

針對新聞快訊的委託案，文案寫手和廣告代理商都要審慎處理。因為經常說好要製作六期新聞快訊，最後縮水成兩期。

一份典型的紙本新聞快訊為四頁長。文字以兩到三欄呈現，幾乎沒有留白處。裡面包含三到四則專題報導（每篇約200到500字），幾則短文（兩三段文字），還有幾張附文字說明的照片。

大部分的內容都不是特別為新聞快訊而寫，而是來自其他管道，像是公關新聞稿、精簡版的專題報導、演講稿、個案經歷、銷售文宣、宣傳活動、社群媒體的貼文以及線上會議。如此一來，新聞快訊等於是多提供一個管道，讓你在其他媒介上傳遞的訊息能有更多曝光機會。

舉例來說，有一家銀行發行了一份新聞快訊，標題為：「金錢真相報你知：消費者專屬的新聞快訊」。這份新聞快訊陳列在分行的展示架上供人索取，裡面充滿個人理財的實用資訊，例如「抵押貸款的迷思」、「10%的事實……預扣利息所得稅背後的真相」、「從經濟衰退中恢復元氣」以及「投資之道」等文章。

銀行和顧客之間的關係以信任為基礎。透過新聞快訊免費提供投資諮詢，能讓銀行與顧客關係更加緊密。

一家在地超市發行了以食物為主題的四頁新聞快訊，放在結帳櫃檯供消費者索取。快訊的內容涵蓋營養、運動、食品採購和烹調的實用秘訣，每一期也都提供幾份食譜。

這家超市藉由協助我多運動、吃得健康，贏得我的好感，成功建立自家的良好商譽；這家超市也透過提供食譜，讓我為了買更多食物而上門消費。

新聞快訊的內容清單

透過上述例子，你應該有些概念，知道哪些類型的內容適合刊登在新聞快訊裡。下面的清單可以當作靈感來源，協助你撰寫新聞快訊：

- ☐ 新聞
- ☐ 解釋性的文章（例如，某事如何運作）
- ☐ 產品故事
- ☐ 個案經歷
- ☐ 背景資訊
- ☐ 如何解決某個問題
- ☐ 使用產品的技術性訣竅
- ☐ 一般性的指引與建議
- ☐ 針對某個主題，可以做、不可以做的清單
- ☐ 產業情報更新
- ☐ 員工情報更新
- ☐ 員工介紹
- ☐ 企業經營在地社群關係的情報更新
- ☐ 財務消息

□ 近期特賣活動的綜合報導

□ 訪談、人物側寫

□ 來信專欄

□ 研討會、座談、商展、聚會的公告與報導

□ 附說明文字的照片

□ 精選產品指南

□ 清單

就像前面提到的，現在很多企業都透過網路發送新聞快訊（也就是電子報），不管是當作紙本快訊之外新增的宣傳方式，或直接取代紙本快訊。關於如何撰寫、發佈電子報，請參考第13章。

Chapter 10

電視和電台廣告：
實在的資訊
才是勸敗關鍵

現在，由於生活中充斥著上百台電視、串流影音頻道，有比以往多更多的廣告在競逐我們的注意力。你的挑戰就是要想辦法讓自家廣告脫穎而出、抓住消費者的目光，但廣告主不是很確定該怎麼做。

有一派人相信「創意」是突圍而出的解決之道。透過戲劇化的故事、快節奏的動作、超現實的奇幻場景、出其不意的幽默、動畫、電腦繪圖、「新浪潮」般的風格等技巧，讓電視廣告獨樹一格——不過我認為因此常常犧牲了銷售功能。這些廣告確實突出，但沒有勸敗力，因為忽略了產品本身，也未能展現產品對消費者的吸引力。

另一派人則擁抱老派價值。這一派的擁護者認為，簡單的電視廣告就能說服消費者簽支票、掏腰包，只要廣告誠懇、直接地呈現產品以及產品的效益。美國清潔劑品牌OxiClean的去漬產品廣告就是個好例子。他們的廣告充滿說服力，因為廣告直接試用產品給觀眾看，我們因此也駐足關注。美國枕頭品牌My Pillow的電視廣告也很有效，公司老闆兼產品發明人現身說法，熱烈說明、示範比起一般商店現成的枕頭，自家產品好在哪裡。

越來越多廣告專家都挺身捍衛直接了當的廣告表現手法。費絲‧波普康（Faith Popcorn）擅長預測趨勢，也是行銷諮詢公司BrainReserve的創辦人。她表示，我們正朝著產品情報的時代邁進，消費者要的是實在的資訊、貨真價實的買賣。她幾十年前這麼預測，而現在內容行銷的崛起似乎證明她是對的。

在內容行銷的時代，很多人是透過資訊來理解事物，而不是情感等其他方式。建議你到附近的書店看看架上的書，你會發現主導出版產業的都是以「如何……」為書名、直接提供資訊的書籍。此外，這些書的作者沒有故弄玄虛、譁眾取寵、使用花招把戲，他們就是以直接呈現事實的方式來說故事。作者知道作品真正的買家，是那些想要且需要書中資訊的人。

產品也是如此。真正對產品感興趣的潛在顧客會主動尋找資訊。他們希望在掏出辛苦掙來的薪水之前，能非常了解產品。太多電視廣告浪費大把精力向不適合的觀眾推銷，這些人本來就不太可能掏錢成為買家。

廣告主為了讓這些不會掏錢的人看他們的廣告,下功夫模仿好萊塢電影的表演與製作手法。他們忘了,電視廣告的目的不是讓大家來觀賞,而是要說服觀眾購買產品,或對品牌產生偏好。很久以前,大衛・奧格威和其他廣告界先驅都已經證明,觀眾喜不喜歡一則電視廣告,和他們是否被廣告推銷成功,這兩件事沒什麼關聯。

《廣告時代》雜誌的專欄作家席德・伯恩斯坦(Sid Bernstein)曾在一篇講電視廣告的專欄裡寫道:「我常懷疑,『創意』有時是不是有損可信度。我覺得,我們真正需要的是簡約。更簡單、更坦率的銷售方式,更自重、更清晰的表達方式。少一點混淆……少強調聳動的娛樂效果,將重點擺在說服消費者理性消費。」

另一方面,奧格威的名言則是:「你不可能靠著無趣讓大家買你的產品。」現在管用的行銷手法應該是「寓教於樂」,英文為 educainment,由網路行銷人佛瑞德・格利克(Fred Gleeck)所創*。這個字是由「教育」(education)一字,在此帶有資訊(information)的意涵,與「娛樂」(entertainment)一字組成。

電視廣告的 12 類型

我向來認為寫小說屬於完全原創的書寫,無法以任何公式歸納。

但在一堂劇本寫作課上,老師的一席話讓學員驚訝不已:「我知道你們都認為自己的作品很特別。但電影人早已歸納出 36 種劇情模式,所有劇本都能放進這些類別裡。」她列出其中幾個類別,像革命、瘋狂、為愛而犯罪、野心、悔恨、災難和通姦。

雖然電視廣告好像有無限多種表現方式,但電視廣告的類型沒有劇本多。以下介紹 12 種電視廣告。

---

* 譯者註:education 和 entertainment 兩字的結合,比較常見的拼法為 edutainment;另外,針對這個字的發明者,眾說紛紜。

一、實際示範

這類廣告示範產品如何運作。如果你要賣的是食物調理機，你的廣告可以實際展現這台機器如何快速、輕鬆地將食材切片、切塊、攪拌和混合。

這類廣告用來比較兩項產品格外有效。你可以在螢幕左邊展示一般汽車蠟多麼黏稠又毫無光澤；螢幕右邊則顯示你的汽車蠟多麼滑順容易塗抹、光澤閃耀，而且跟鴨毛一樣防水。

一則泳池加氯器的廣告裡，有位女性看起來是坐在泳池邊的躺椅上，旁白告訴觀眾自家的加氯器如何讓泳池的水清澈見底。突然，這位女性起身向上游出水面。我們這時才發現，這位女性其實原本待在泳池裡，這個畫面是在水裡拍成的。這個戲劇化的轉折在在顯現了這款加氯氣的淨水能力。

二、顧客證詞

滿意顧客的證詞能用來增加廣告說詞的可靠度。比起製造商老王賣瓜，一般人會比較容易相信其他顧客或第三方對產品的好評。

有些最有說服力的證詞來自實際使用、並喜歡產品的人。真實人物比拿錢辦事的演員或安排好的訪問更容易贏得信任。為了拍到真正的產品使用者由衷讚美產品，電視廣告製作人會利用隱藏式攝影機拍下顧客的反應、對問題的回答。

很多廣告主會花錢請名人代言產品，認為名人比較能引人注目，而且大家會相信他們講的每一個字。

電視廣告製作人都同意，要找適合產品的名人來代言。美國歌手小甜甜布蘭妮（Britney Spears）能替百事可樂（Pepsi）創造買氣，但卻不適合拍攝投資銀行的電視廣告。至於美國歌手瑪莉‧奧斯蒙（Marie Osmond），她替美國體重諮詢公司慧儷輕體（Weight Watchers）代言是不錯的選擇。美國美式足球選手培頓‧曼寧（Peyton Manning）也適合拍美國全國保險公司（Nationwide Insurance）的電視廣告。

三、單人主講

這類廣告會有一個演員站在鏡頭前，直接推銷產品，講述產品的優點與效益。

單人主講廣告又可稱為「發言人」（talking head）廣告或「宣傳人」（pitchman）廣告。如果銷售話術格外具有勸敗力，根本不需要額外妝點，這類廣告就能發揮特別的效果。美國人壽保險公司Colonial Penn就請了電視名人艾力克斯‧崔貝克擔任廣告主講，他同時也替多個以房養老貸款方案拍廣告。因為這類廣告屬於直接回應式廣告（direct response commercial），也就是透過廣告呼籲觀眾透過免費專線等方式，直接聯繫販賣產品的公司，所以能評估廣告的成效。因此這類廣告肯定管用，不然這些成本高昂的廣告不可能經常在電視上播放。

四、生活剪影

這類廣告像是一齣迷你劇，劇情圍繞在幾個人身上，且和宣傳的產品有關。一則牙膏廣告裡，穿著睡衣的小男孩淚眼汪汪。他因為沒有刷牙被媽媽罵，因此非常難過。爸爸跟男孩解釋，媽媽並沒有生他的氣，只是擔心他的健康。好好刷牙能讓牙齒潔白、沒有蛀牙。男孩聽了以後笑逐顏開，原來媽媽還是愛他的。

五、生活風格

這類廣告將重點擺在使用者身上，突顯產品和使用者的生活風格多麼契合。墨西哥啤酒品牌可樂娜（Corona）的廣告就呈現一群身材很好的青少年在沙灘上和好友玩得很開心，營造放鬆、隨興的生活情調。至於養老院或55歲以上才能入住的銀髮社區所拍的廣告，大多描繪養老院或銀髮社區的居住環境怡人，陪伴和多元活動一應俱全。

請留意：如果你打算讓演員在照片或影片中扮演你的目標客群，建議你聘請比目標客群實際年齡小10歲、體重大約輕5公斤以上的演員或模特兒。因為大家喜歡把自己想像得比實際上更年輕、更苗條一些，或渴望和影像中的男男女女一樣。

六、動畫

動畫、卡通對兒童特別有效，廣告出現當紅動畫角色更能吸引兒童觀眾。鎖定成人的動畫廣告大多不用卡通角色呈現，只是用動畫呈現一般會以真人演員做出的動作。

七、廣告歌

廣告歌就是替廣告標語譜曲成歌來唱。知名的廣告包括麥當勞的「I'm Lovin' It」，或是麥當勞1971年推出、在美國風靡十幾年的「你今天值得休息一下」一曲（You Deserve a Break Today，暫譯；台灣的知名麥當勞曲則是「麥當勞都是為你」）。此外，過去美國知名的廣告曲包括百事可樂的「提振百事精神」（Catch That Pepsi Spirit，暫譯；台灣則是「新一代的選擇」）、健怡可樂（Diet Coke）的「只為了好味道而喝」（You're Gonna Drink It Just for the Taste of It，暫譯；台灣則是「輕鬆喝進好味道」）。最好的廣告歌會有悅耳好記的旋律，讓大家忍不住哼唱，進而將廣告標語烙印在消費者的腦海中。美國農民保險公司（Farmers Insurance）也將那一句公司口號「我們是農民保險，噹……噹、噹噹噹」（We are Farmers; dum-de-dum-dum-dum-dum-DUM）編成旋律，廣告的最後都會唱出來。

八、視覺效果主導

有些廣告主將拍廣告當成拍電影，而不是當作推銷的工具。他們就像在拍短片，而且色彩和畫面品質都超過大部分的電視節目和電影。日產汽車（Nissan）的Turbo Z系列廣告就是個例子。廣告場景設定在煙霧瀰漫、幽暗的「未來城市」，讓人聯想到科幻電影《銀翼殺手》（Blade Runner）。

特殊的視覺效果能讓觀眾緊盯著畫面不放，但這些奇特的娛樂效果有助於銷售產品嗎？我至今還沒看過任何文章或個案研究證實這一點。

九、幽默

幽默風趣的廣告正夯，例如2018年百事可樂拍的「什麼都不能丟下」

（No can left behind）。我們知道，大家都喜歡好笑的電視廣告，但這些廣告能否說服消費者掏錢又是另一回事了。事實上，幽默好笑的廣告及其他娛樂性高的廣告有個共同的問題，那就是觀眾看完廣告後，通常都不記得廣告宣傳的產品名稱。因為觀眾的注意力是放在廣告身上，而不是產品。

少有文案寫手能寫出幽默風趣的文案。萬一廣告不夠好笑，就會變成一場銷售災難。除非你有99.9%的把握確定廣告夠好笑（而且觀眾也有同感），不然最好別硬製作這類廣告。一個觀眾覺得好笑的地方，另一個觀眾可能覺得很蠢。

十、系列人物

這類廣告創造一個虛構的角色，讓角色出現在一系列的電視廣告、平面廣告中。這個手法很適合用來建立品牌識別度。成功的人物包括第6章提過的超市經理衛保先生、冷凍蔬菜的綠巨人。此外，揚名美國的還有Scott牌紙巾的布魯貝兒阿姨（Aunt Bluebell）、通用汽車（General Motors）的技師古德仁先生（Mr. Goodwrench）、家電品牌美泰克（Maytag）的維修員（Maytag Repairman）、餅乾品牌Keebler的卡通精靈，以及食品公司貝氏堡（Pillsbury Company）的貝氏堡麵團寶寶（Pillsbury Doughboy）。如果你創造了大眾喜愛的角色，建議你持續、大量用這個角色行銷宣傳，直到研究或銷售數據顯示你的消費者已經厭倦這號人物了。最近這幾年，這類廣告似乎比較少人用。

有時候廣告上不斷現身的人物就是公司老闆。例如美國鄉村歌手吉米・迪恩（Jimmy Dean）替自家香腸宣傳，還有普度食品（Perdue）創辦人一家親上廣告推銷。有些廣告則會請演員、名人等擔任廣告系列人物。例如，美國速食連鎖店卜派炸雞（Popeye's）的廣告會出現的炸雞店店員安妮小姐（Annie）、演員派屈克・華博頓（Patrick Warburton）現身美國全國租車（National Car Rentals）的廣告，以及培頓・曼寧為全國保險公司代言。

十一、購買原因

這類廣告列出大家應該購買這項產品的理由。美國煙燻食品品牌希伯

來國民（Hebrew National）的香腸廣告中，好幾個人正開心大啖這個牌子的香腸，旁白則同時告訴觀眾，大家喜歡吃自家香腸的理由。這類廣告的效果可以很好，不過這種手法用在平面廣告似乎更有說服力。

十二、訴諸情感

這類廣告善用懷舊、魅力或感傷等情緒觸動觀眾的心弦（和錢包），能令人難忘並極富勸敗力。百威啤酒（Budweiser）在美國美式足球超級盃播放的廣告中，有一支廣告描繪了馴馬師和馬之間的深厚情感。這隻馬是由馴馬師從小養大的，之後賣給了百威啤酒的宣傳馬隊。某次馬隊遊行時，這匹馬發現馴馬師出現在觀看遊行的人群中，牠便從遊行行列中掙脫，反方向跑向馴馬師所在之處，一人一馬重聚的場面十分感人。

跟幽默風趣的廣告一樣，情感真摯的廣告文案也很難寫。如果你覺得自己做得到，那麼祝你成功。大部分文案寫手還是謹守實際示範、單人主講、顧客證詞和其他「直接銷售」的模式，成功機率比較高。

撰寫電視廣告文案的訣竅

以下介紹幾個秘訣，幫助你寫出吸引人、令人難忘又具說服力的電視廣告：

- 電視不是文字、而是以畫面為主的媒體，所以請確保你的畫面有傳達出銷售訊息。如果把電視機轉為靜音時，就看不出電視廣告在賣什麼，那麼這則廣告就不夠有力。

- 儘管如此，畫面和聲音仍得通力合作。聲音的文案要能說明畫面呈現的訊息。

- 一定時間內，觀眾能吸收的聲音和影像訊息有限。一般廣告長度多為30或60秒，直接回應式廣告通常持續120秒，至於資訊式廣告大概30分鐘。如果你的銷售訊息會接二連三地出現，那麼你的畫面就設計得單純一點。相反的，如果你打算採用複雜的影像，文字就越精省越好。觀

眾無法同時應付眼花撩亂的影像，以及連珠砲的台詞。

● 請將觀眾放在心上 —— 那些坐在電視機前面的男男女女。對他們來說，你的電視廣告是否夠有趣、夠重要，讓他們不會起身走向冰箱或廁所？

● 在既定的預算限制裡發想你的廣告。特效、廣告歌、演員、動畫、電腦繪圖和實景拍攝都會讓電視廣告的開銷暴增。只有單人主講與棚內拍攝的實際示範廣告相對比較省錢。

● 請確保你的廣告一開場就很吸睛。電視廣告的頭4秒就像平面廣告的標題，決定了觀眾是否會繼續看完廣告，還是起身去找零食吃。想辦法讓你的廣告開場令觀眾難以抗拒，例如用上明快活潑的音樂、吸睛的影像、戲劇化的情境，或真實生活會遇上的困擾。

● 如果你賣的是超市貨架上可以買到的產品，記得在廣告中秀出品牌，像是利用特寫鏡頭讓觀眾注意產品的包裝。如果他們記得包裝的樣子，之後大有可能選購你的產品。

● 善用人事物運動的變化狀態。影片和簡報不一樣，影片能呈現連續動作。你應該讓觀眾看到汽車馳騁、楓糖傾流、飛機飛過、爆米花彈跳、蘇打水冒泡的畫面。請避免靜態、停滯不動的廣告畫面，要讓畫面持續流動。

● 同時，別忘了電視除了畫面，也有聲音。請讓觀眾聽到汽車引擎咆哮、鬆餅在鍋裡滋滋響、飛機轟隆隆飛過、爆米花霹哩啪拉響、蘇打水冒泡的嘶嘶聲、冰塊掉進狹長冷飲杯的噗通聲。很多人覺得，培根煎得滋滋作響的聲音比畫面更讓人胃口大開。（氣味可能更讓人食指大動，只可惜電視還無法散發氣味。我也不知道有哪個製造商正在研發這樣的技術。）

● 善用畫面上的文字，也就是以白色字體壓過畫面的文字標題。這類文字是用來強調電視廣告的賣點，或補充說明旁白沒有提到的內容。如果你賣的維他命只限郵購，不妨就在廣告中放上大字「僅限郵購」。因為如果觀眾認為可以在實體店面買到產品，就不會藉由郵購的電視廣告

下單購買。

- 在廣告裡至少重複 2 次產品名稱和主要賣點。這麼做有 2 個原因。首先，重複能幫助觀眾記住產品。其次，很多觀眾一開始可能沒注意看廣告，所以你可以透過重複，讓觀眾知道這則廣告是哪個品牌、在賣什麼產品。

- 別忘記廣告要賣的產品。你應該讓廣告裡的角色在享用、穿戴、騎乘、使用或享受這項產品。好好示範怎麼使用產品、找人談談產品有多好，或應用平面廣告那些證實可行的行銷技巧，相信結果會讓你滿意。

- 如果你希望觀眾來電或寫信訂購產品、索取更多資訊，請在廣告一開始就宣布（例如，「準備好紙筆，記下接下來的優惠！」）。不過很少人看電視時，手邊會有紙筆，所以提供電話號碼和網址的話，觀眾比較容易記得。

- 如果你的廣告請名人助陣（不管是露臉或獻聲），最好以畫外音或在畫面打出文字介紹一下這位名人。因為除非你特別介紹，大部分人其實都不知道誰是誰。而且除非這位名人特別出名，觀眾並不會因為這位名人而對廣告印象深刻、被名人說服。

- 如果是當地零售商的電視廣告，記得提供商家地址和清楚的交通指南。如果店家數量太多，你可以請觀眾查詢電話簿，找出離他們最近的店面。

- 電視廣告的長度基本上有 4 種，10、30、60 及 120 秒。10 秒的廣告通常是為了建立品牌辨識度，清楚交代產品名稱並輔助其他 30 到 60 秒的廣告。

- 因為時間有限，電視廣告應該鎖定單一概念或賣點，例如，燒烤比油煎好；美國汽車維修公司萬達（Midas）裝的消音器數量比誰都還要多；美國威訊通訊公司（Verizon）的網路比史普陵特（Sprint）的穩定；蘋果公司出產最時髦、先進的智慧型手機。

電視廣告腳本的格式

電視廣告腳本的格式很簡單：左邊呈現影像（畫面）的內容、右邊呈現聲音（文字和音效）的描述。

寫出好的廣告腳本才是最重要的事。別擔心那些術語，你需要時就會學起來。你的廣告是否吸引人、令人難忘、具有說服力，才是關鍵。

下面提供幾個基本的術語，讓你好起頭：

ANNCR（Announcer）播音員：念廣告台詞的人。

CU（Close-up）特寫：近距離拍攝某個人物或物體，拍攝對象佔據螢幕的大部分，例如包裝上的品牌標籤。

LS（Long shot）遠景：從一段距離外拍攝主體。

MS（Medium shot）中景：拍攝主體在前景，但畫面有很大的空間呈現背景。

SFX（Sound effects）音效：人聲或樂器以外的背景聲音。

VO（Voice-over）畫外音：鏡頭外旁白的聲音。

以下廣告腳本的格式很值得參考，文案本身也示範了如何直接表現產品的效益，值得學習。

作者：艾美‧布萊
產品：嘉蘭汀雞肉（30秒）

	畫　面	聲　音
1	中景到特寫：放在大淺盤上、金棕色的嘉蘭汀雞肉。	播音員（畫外音）：在你眼前的是一盤香嫩多汁的嘉蘭汀雞肉。這可不是普通的雞肉，因為我們已經先去骨了。

2	中景：有個男性正在將雞肉切片。大約四分之一至三分之一的雞肉已經切好放在淺盤上。	你可以輕輕鬆鬆切下去……
3	特寫：一排雞肉料理陳列在取餐檯上。	從白醬雞肉義大利麵到雞肉沙拉，任何美味雞肉料理都能快速又輕鬆地完成，無需費工去骨。
4	中景：面帶微笑的一家人享用雞肉佳餚。	嘉蘭汀雞肉的價格雖然比一般雞肉高一點，
5	特寫：淺盤上擺著全部切好的雞肉。	但沒有一點浪費，100%都是肉，皆可享用。
6	特寫：包裝好的雞肉，秀出嘉蘭汀的品牌字樣及商標。	如果你並不喜歡在雞肉裡挑骨頭，試試嘉蘭汀雞肉。肉品專賣店和超商都買得到。

這支廣告有幾處我很喜歡：

1. 這支廣告很簡單 —— 觀眾容易吸收，而且製作成本不高。

2. 畫面呈現產品的樣貌、實際示範用法（去骨雞肉能輕鬆切）、廣告角色表現出喜愛產品的樣子、還有產品的包裝 —— 全部都在30秒內搞定。

3. 旁白告訴觀眾這項產品的特點（去骨）、產品的效益（好切、不浪費、快速又輕鬆），並告訴你如何應用這項產品（陳列很多道雞肉佳餚）。

4. 結尾（如果你不喜歡在雞肉裡挑骨頭）是個聰明的文字遊戲，讓人會心一笑。而且也告訴你去哪裡購買這項產品。

再來看看另一則出自同一位作者、同樣很有效的30秒廣告：

作者：艾美・布萊
產品：「妳的」女性啤酒（30秒）

	畫　面	聲　音
1	中景：一對穿著入時的男女坐在高級餐廳裡。男子伸手拿桌上的啤酒。女子開玩笑地打了他的手。	女子：嘿，那是「妳的」！
2	中景：男子的臉。他看著她，困惑地笑了。	男子：如果是我的，為什麼不能拿？
3	特寫：女子的手指著瓶子上的標籤。	女子：因為「妳的」啤酒專屬於女性。
4	中景：女子倒出啤酒。	音效：啤酒倒入杯子的聲音。 播音員：「妳的」啤酒泡沫多、口感清爽，而且比一般啤酒熱量更低。
5	中景：女子倒完啤酒，拿起杯子	播音員：還有，10盎司容量正好倒滿一杯啤酒杯……剛剛好滿足你的渴望，不多也不少。
6	中景：男子伸手要拿酒杯。	男子：為什麼我不能喝「妳的」啤酒？
7	中景：女子微笑著把杯子拿走。	女子：因為這是我的……

8　特寫：「妳的」啤酒襯著黑色的背景。	播音員（畫外音）：「妳的」啤酒……第一瓶專屬於女性的啤酒。

　　這支廣告屬於生活風格類型，並融入了產品效益。「妳的」啤酒屬於在高級餐廳用餐、打扮入時，並且有迷人、紳士的伴侶同行的女性。你可以想像女星卡麥蓉‧狄亞（Cameron Diaz）和男星迪倫‧麥狄蒙（Dylan McDermott）扮演這對上流社會的拍檔。我喜歡這支廣告的其他理由如下：

1. 這支廣告有趣、幽默又俏皮，而且所有的趣味都和產品有關！

2. 這項產品的定位鮮明有力：「第一瓶專屬於女性的啤酒」。

3. 這支廣告也特別強調吸引女性的產品特色：口感清爽、低熱量、每瓶容量不多。

4. 產品名稱也重複5次，產品的標籤也出現2次。

如何撰寫電台廣告？

　　電台廣告有別於電視和平面廣告，差別有三。第一，電台廣告可以由專業配音演員先錄製好，配上音樂和音效；或者由電台主持人廣播時直接唸出來。

　　第二，購買電台廣告時間的價格通常比電視廣告來得低。第三，聽眾大多是一邊開車一邊聽到你的廣告，因此比較難寫下電話號碼或網址。

　　電台廣告的重點是文字和聲音。這兩者要能在聽眾心中創造出產品的樣貌。

　　假設你要在廣播電台宣傳「露西嬸嬸的可口藍莓派」，但電台廣告無法在視覺上呈現一家人享用藍莓派的模樣，所以你得利用聲音描繪藍莓

派被切片、叉子插進派皮、大家大快朵頤、心滿意足發出「嗯～」的聲音、讚美女主人手藝了得的情景。

假設藍莓派在當地超市販賣，裝在醒目的藍色錫箔容器裡。因為你無法在廣播上讓聽眾看到產品包裝，你得讓播音員描述：「要找美味的藍莓派，請到你家附近的超市和烘焙坊，找藍色錫箔容器的派就對了！」

現在越來越多獨立電台會替廣告代理商和客戶製作電台廣告，漸漸形成了一門微型產業。很多廣告代理商的文案寫手和創意總監看不起廣播電台（或許是因為相較電視廣告，電台廣告的獲利少得可憐），因此樂意將電台廣告外包他人。

不過，電台廣告也有其潮流和明星。史坦‧弗雷伯格（Stan Freberg）曾替美國中式罐頭食品品牌重慶（Chun King）及其他風趣的電台廣告擔任播音員，風靡一時。之後則有迪克‧歐金（Dick Orkin）和伯特‧博蒂斯（Bert Berdis）稱霸電台廣告。接著，喜劇泰斗約翰‧克里斯（John Cleese）因為卡拉德包瑟（Callard & Bowser）牌糖果及法國可倫堡生啤酒（Kronenbour）變成當紅人物。傑瑞‧史菲德（Jerry Seinfeld）也長期替美國運通（American Express）的電台廣告配音。

文案寫手大衛‧坎皮提（David Campiti）曾在《作家文摘》中寫過一篇文章，提供幾個文案訣竅給電台廣告新手：

- 鎖定銷售員的「關鍵情報」，也就是銷售員和顧客溝通後獲得的「內幕消息」。

- 消費者的回饋能透露關鍵賣點。舉例來說，有位文案寫手訪問了農人，想知道他推銷郵購老鼠藥的電台廣告為什麼賣不好。結果他發現農人覺得被鼠患困擾很難為情，不想讓郵差或鄰居看到他們收到老鼠藥的包裹。這位文案寫手之後便在電台廣告加了一句話，表示老鼠藥是以無任何字樣的棕色包裝寄送，結果銷售量因此驟增。

- 在廣告中說明產品的效益，告訴聽眾你客戶的產品能替他們做什麼。

- 內容要簡明扼要，善用短句。

- 重複關鍵的資訊。至少要重複店名2次，廣告最後再提一兩次網址。電話號碼至少要重複2次，超過60秒的電台廣告則要重複更多次。鼓勵線上或簡訊回覆是最近的發展趨勢。

- 了解自己撰寫的主題，要深入研究產品。

- 知道電台廣告製作人能運用的資源有哪些。學會使用製作電台廣告的設備。了解製作單位有哪些音樂及音效可用、錄音設備的品質和功能，以及廣告配音員的能力。

以下介紹2則我很喜歡的電台廣告，以及喜歡的原因。首先是美國聖路易市石材工業協會（Masonry Institute of St. Louis）的60秒廣告：

> 男子：呃，今天我們的來賓是三隻小豬，這樣稱呼對嗎……？
>
> 小豬們：沒錯，老哥，講得對。
>
> 男子：好，那麼……請告訴我，自從你們決定用磚塊蓋房子，還會不會擔心，呃……
>
> 小豬一：那個又大又壞又恐怖的？
>
> 男子：對。
>
> 小豬二：不會，他再也沒接近我們了。
>
> 男子：太好了。
>
> 小豬三：他知道怎麼吹也沒用啦！
>
> 男子：是啊。除了解決豬身安全問題，一定有其他原因讓你們選擇磚頭吧？
>
> 小豬一：聽著，如果這年頭搞一間房子要花8萬多美元，你總希望房子撐久一點吧？
>
> 小豬二：當然。
>
> 小豬三：沒錯！
>
> 男子：嗯，磚頭確實比較耐久。
>
> 小豬一：而且幾乎不太需要保養。

男子：的確。

小豬二：不只把大野狼擋在門外，還防火、防冰雹⋯⋯

小豬三：還防鋁牆板的推銷員。

男子：原來如此。我注意到你們還有個堅固的磚造壁爐。

小豬一：是啊。

男子：很漂亮呢。

小豬二：我們認為這是個不錯的點綴。

小豬三：特別是有女孩子來拜訪的時候。

男子：而且我敢說也很安全吧。

小豬一：壁爐是很安全，他們就難說了。（男子和小豬們一起笑了）

男子：關於磚造建築，還有什麼我們該知道的嗎？

小豬一：就算有也別問我們。

男子：喔？

小豬二：應該問石材工業協會的人。

男子：石材工業協會？

小豬三：他們會很樂意寄給你詳細資訊。

男子：刻在磚頭上？ **

小豬一：不，是寫在紙上。

男子：什麼？！

小豬一：磚頭沒辦法放進信封裡啊⋯⋯

（音樂）

播音員：想知道更多有關磚造建築的資訊，請撥打專線555-550-5888，聖路易市石材工業協會。555-550-5888。

** 譯者註：原文是 On brick. 這一詞有雙關，訪問者原本的意思是「關於磚頭的資訊」，但這句也有「寫／刻在磚頭上」的意思，小豬誤會了訪問者的意思，才會有接下來的對話。但中文無法呈現此雙關。

這支廣告引起我的注意、並且讓我持續想聽下去,因為節奏明快,而且真的很好笑。三隻小豬和訪問者之間的打趣說笑讓整支廣告相當活潑。而且這段對話也在短短60秒內,提供了很多產品資訊。我們因此可以知道:

1. 磚塊抵抗得了外在環境的侵害,能防風、冰雹、暴風雨。
2. 磚塊經久耐用,而且幾乎不太需要保養。
3. 磚塊防火。
4. 如果你的房子是磚造建築,你就不需要鋁牆板。
5. 你可以用磚塊打造一座安全又漂亮的火爐。
6. 任何人都可以向聖路易市石材工業協會索取磚造建築的免費資訊。

第二則吸引我的是加州乳品協會(California Milk Advisory Board)的60秒廣告,由迪克・歐金和伯特・博蒂斯聯手製作獻聲:

牛奶經理:您好。

席尼:加州乳品協會嗎?

經理:是的。

席尼:我可以針對你們的廣告歌提供點建議嗎?

經理:「任何時候都是喝牛奶的好時候」這首嗎?

席尼:沒錯。這首歌好聽也好記,但你們或許該改成「除了鬥牛,任何時候都是喝牛奶的好時候」。

經理:(笑)我聽成「除了鬥牛,任何時候都是喝牛奶的好時候」。

席尼:我就是這麼說的。

經理:什麼……?

席尼:請容我自我介紹,我叫席尼・費瑟,是個職業鬥牛士。

經理:是。

席尼:我很喜歡你們的牛奶。

經理:了解。

席尼:我隨時都在喝。它喝起來冰涼又清爽……

經理：席尼，請繼續說。

席尼：但要一隻手拿牛奶，另一隻手揮紅布實在……

經理：席尼，你該不會一邊喝牛奶，一邊……？

席尼：光是今天，就用掉6盒。

經理：6盒牛奶？

席尼：6盒褲子。

經理：褲子？

席尼：是啊，轉身奔跑時，牛就衝過來了……

經理：席尼，你為什麼不之後再喝呢？

席尼：在醫院喝嗎？

經理：不、不是，我是說鬥牛完以後，喝起來多美味，還可以配點心、或坐著看電視時喝。

席尼：喔，沒辦法。

經理：沒辦法看電視？

席尼：不是，是沒辦法坐。

經理：噢—

席尼：是啊，轉身奔跑時，牛就衝過來了。

經理：好的，我都明白了。

廣告歌：沒錯！任何時候……都是喝牛奶的好時候！

席尼：除了鬥牛的時候。

經理：席尼，掛了吧。

席尼：掛紅布？

經理：掛電話。

席尼：噢，好。（音樂淡出）

播音員：以上電話內容出自加州乳品協會。

這也是一支節奏明快、風趣幽默的廣告，夾帶了有說服力的訊息。請注意，廣告中都使用短句，創造出明快的節奏。

如何撰寫非廣播影音的文案？

文案寫手的作品中，電台和電視廣告的能見度最高，因為我們每天都能聽到、看到。不過每年都有上千份文案腳本在撰寫、製作後，我們無緣聽見或看見。

這一類文案稱作「非廣播影音」（nonbroadcast audiovisual / nonbroadcast AV）。公司製作了這些影音宣傳品後，用在精挑細選的少數客群身上。這類文宣品不會透過電視或電台播送，而是在會議、商展、座談會，銷售員向消費者一對一推銷時派上用場。現在也會以影音形式上傳到YouTube 和其他網站上。

很多媒介都能呈現非廣播影音的宣傳內容，包括：

- PowerPoint等簡報
- 線上影片
- DVD
- 視訊文字
- 軟體

以上這些呈現方式能應用在很多方面：

- 員工溝通
- 商展展示
- 座談會和研討會
- 招募活動
- 社區服務
- 公關活動
- 輔助銷售
- 顧客回函服務（例如，寄DVD給回應廣告的潛在客戶）
- 為高階主管進行說明會
- 訓練課程
- 產品介紹
- 產品示範

- 個案經歷
- 會議、聚會
- 公司銷售員、業務代表的銷售輔助工作
- 零售地點的定點展示
- 年報、銷售說明等其他宣傳文件的摘要
- 歷史事件的記錄

簡報及影片的腳本格式都和電視廣告一樣，影像寫在左邊、聲音寫在右邊。

不過非廣播影音的宣傳品沒有30或60秒的時間限制，可以自行決定長度。簡報和影片最適合的長度為8到10分鐘。最好不要超過20分鐘，否則你的觀眾就會開始神遊。

非廣播影音比電視廣告來得省錢。1分鐘的電視廣告大概要花4萬美金或更多，但10分鐘的非廣播影音影片成本可壓到500至1000美元。

以下提供幾個撰寫非廣播影音文案的訣竅：

- 文字是要寫給耳朵聽的，不只是給眼睛看的。腳本上的文字要能大聲、自然地說出來。

- 用來說的文字應該要寫得簡潔、條理清晰、飽含生動的意象。

- 文案要清楚明瞭。觀眾沒有餘裕再回頭檢視內容，所以你的文案必須讓觀眾一聽就懂。

- 做功課。盡力找出所有跟主題、產品、用途、和觀眾相關的資訊，仔細研究。

- 文案應該要重複好幾次關鍵的賣點。

- 開頭至關重要，必須緊抓住觀眾的注意力。

- 文案要生動、精確、富有感染力。善用主動動詞與饒富趣味的字詞。

- 一次提供一點資訊，別用大量內容轟炸觀眾。而且資訊要精挑細選。一段宣傳的影音不必來龍去脈通通都交代，而是要讓觀眾還想知道更多。

- 善用文字創造意象，彌補螢幕實際影像的不足。

- 盡可能簡單扼要，避免使用複雜的句子。

如何撰寫簡報文案？

好，如果你現在要準備一場演說，而且必須要有PowerPoint簡報。要怎麼做才能讓演說的效果更好？

首先，不用整場演講都用到簡報。慎選使用時機，而非整場都用。

如果有重要的影像要給觀眾看，就秀出來。說明完影像後，接著呈現一張藍色或黑色的空白簡報，然後繼續往下講。

第二，如果視覺圖像的溝通效果比文字好，才使用圖像。如果你演說時談到品質，在簡報上呈現「品質」兩個字對你的論述幫助不大；但如果你想解釋非洲食蟻獸的樣貌，直接秀出圖片勝過千言萬語。

第三，別在簡報上塞滿圖文。每張簡報的主要圖片不要超過1張，而且內容簡單明瞭。盡量避免使用複雜的圖像，例如拉了一堆線的流程圖。

第四，不妨考慮採用其他媒介輔助或甚至取代簡報。我在教電話行銷時，我會用上電話鈴聲和道具電話和受訓學員互動，這是電腦簡報達不到的效果。

第五，準備簡報時，要考慮到如果設備出問題，沒有簡報你還是可以進行。看著講者找不到對的簡報而驚慌失措，實在無比尷尬。視覺輔助工具應該是為你的表現加分，而非不可或缺的要件。

平面設計顧問羅傑‧派克（Roger C. Parker）針對準備PowerPoint簡

報，提供了以下建議：

- 整體視覺要簡單明瞭。避免使用圖庫的素材裝飾，這些圖案通常看起來像卡通圖片。只有在能輔助說明時，才使用圖像。

- 簡報上只寫關鍵字詞，而不是完整的句子。視覺輔助工具提供的是架構，不是講稿。簡報上只用關鍵字，讓你能用好讀的大字體呈現。

- 避免採用複雜的背景。不知道該使用什麼樣的背景時，就用白底黑字呈現吧。

- 為你的簡報增添個人色彩。每張簡報加上自己的標誌、演講主題和日期。

除了羅傑所說的訣竅，根據我多年來製作PowerPoint簡報的經驗，我也補充以下建議：

- 別讓表格、圖表、圖片，看起來太小、太亂或太繁複。簡報要讓所有出席者都看得清楚，就連坐在後面的人也是。

- 如果你必須用清單列表或圖像呈現很多資訊或數據，請記得文字簡報的5×5原則：每張簡報不超過5個項目符號，每個項目符號裡的內容不超過5個英文字。

- 文字和圖片穿插著用（舉例來說，如果你要推銷玉米種籽，不妨秀出農人播種以及之後長成高大飽滿玉米的照片）。理想上，一張簡報只放1張圖，或最多不要超過3張。

Chapter 11

網路文案：
打造具備完整銷售漏斗的
網站，線上勸敗一把抓

大約20年前，我的文案作品100%都是出現在印刷品上，根本不會出現在網路上。現在變成30%成為印刷文字，70%登在網路上。

這意味著什麼呢？現在文案寫手的案源一大部分來自網路。你有些委託案主要是為了增加現有網站的流量；其他則著重擴充內容，不是替現有網站增加新網頁，就是打造全新的網站。

這樣做，線上行銷超有效！

從事電子商務的公司有很多不同的商業模式。

經證實，有個線上行銷手法對很多種商業模式都有效：發電子郵件給已經認識你的人行銷，效果最佳。

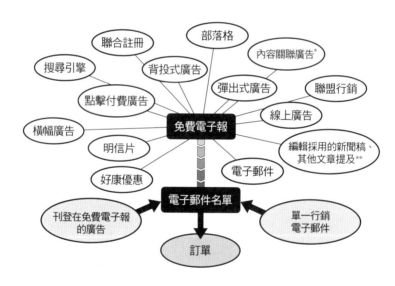

圖 11.1：線上行銷的集會模式

---

* 譯者註：內容關聯廣告（contextual advertising）是指消費者使用搜尋引擎找資料時，針對搜尋的字詞，廣告業者提供相關的關鍵字廣告。

** 譯者註：編輯採用的新聞稿、其他文章提及（editorial mention）不是靠付費曝光，和業配文（廣編稿）不同。其他文章提及指的是他人撰寫文章、評論時，引用到你的內容。

因此，許多成功的線上行銷專家會建立「自家人檔案」或「電子郵件名單」（也就是潛在顧客的名單和電子郵件地址），接著透過電子郵件向這些對象推銷。建立名單的流程如圖11.1，稱作「有機模式」（Organic Model）或「Agora 模式」（Agora Model）[***]。

　首先，行銷人先替公司建立一個網站，將公司定位成某個利基或產業的權威。而這個網站就是廣告主線上行銷活動的「經營基地」。

　這個網站應該要包含一個首頁，首頁最上方要有個橫幅（請參考圖11.2）；此外，網站也要有公司簡介的頁面，以及連結到一系列網頁的選單，每個網頁都有產品和服務的簡介（每個產品或服務的介紹也有超連結，點進去後有更詳細的資訊）。

　首頁上也應該要有一個或一個以上呼籲消費者採取行動（call to action，簡稱CTA）的機制。圖11.2網站首頁示意圖裡的CTA為訂閱免費電子報的填寫欄位，以C框表示。另外，也建議設置另一個CTA機制，提供有興趣的買家能詢問產品或服務的相關資訊。

圖 11.2：文案寫手規劃網站首頁的粗略排版設計。

[***]　譯者註：這個模式是多年前由美國行銷公司 Agora Publishing Inc.（現為 The Agora Companies）建立，因此以公司名替這個模式命名。

除此之外，你也應該建立「文章頁面」，在此發表和專業領域相關的文章，讓瀏覽網站的人能免費閱讀、下載。

為何不該採用動態輪替式橫幅？

輪替式橫幅是由一系列的文字簡報或圖像組成，在網站頂端不斷輪流顯示。

動態輪替式橫幅為全自動播放且切換速度快，通常有4至8個宣傳訊息，可以是圖片、影片或文字。

雖然現在輪替式橫幅大行其道，但還是不建議你使用，因為：

1. 只有1%至2%的網站瀏覽者會點擊輪替式橫幅。

2. 大部分的網站瀏覽者都認為橫幅的內容都是廣告宣傳，因此經常直接忽略輪替式橫幅。86%的人甚至不記得曾讀過上面的內容。

3. 橫幅圖片檔案都很大，很容易降低網站載入速度。就算是1秒鐘的延遲，都會造成7%的網站瀏覽者放棄瀏覽網站。

4. 輪替式橫幅在行動裝置上呈現效果不太好。

5. 網站瀏覽者得耐心等待，才能看到全部的橫幅。而且橫幅切換速度太快，他們根本沒有時間讀每張橫幅的內容。

你可以針對自己的專業領域，撰寫篇幅較短的特別報導或白皮書，提供造訪網站的人索取。他們能免費下載，但必須先註冊、提供電子郵件地址（以及任何其他你想取得的資訊）作為交換。

你也可以考慮每月或每週發送電子報。網站瀏覽者只要註冊、填寫電子郵件地址，就能免費訂閱。你也可以考慮讓瀏覽者勾選以下選項：「我同意貴公司及貴公司精選的其他公司，將我可能感興趣的產品、服務、新聞和優惠訊息，以電子郵件寄給我。」

你的網站上有越多「內容」（有用的資訊）越好。這樣能吸引更多人瀏覽，他們會花更多時間在你的網站上停留，甚至跟他人提及你的網站。

圖11.1呈現「集會模式」的流程，也就是要先想辦法增加網站的流量，進而讓網站瀏覽者訂閱電子報或登記索取免費報告。一旦他們登記索取或訂閱，你就取得了他們的電子郵件地址，接著便可以不花額外成本、隨時透過電子郵件向他們推銷。

這些潛在顧客組成的「自家名單」，往往就是你大部分線上的待開發客戶、銷售及獲利的來源。因此，你的目標就是要建立龐大且符合條件的潛在顧客名單，而且盡可能越快速、越省錢地做到。

至於要如何增加網站流量，還有很多線上行銷方式可試試，包括發放免費宣傳品、電子郵件行銷、橫幅廣告、聯合註冊（co-registrations）、聯盟行銷（affiliate marketing）、搜尋引擎最佳化、直效行銷郵件、電子報宣傳等（請參考圖11.1）。

要能成功衝高流量，關鍵在於用小規模、低成本的方式，多方嘗試各種策略。隨時捨棄不管用的，投注更多心力在有效的方法上。

常見的網路文案類型

關於網路文案，我們經常不確定有哪些講究，或某些術語代表什麼意思，以及文案應該要多長。

舉例來說，「微型網站」（microsite）到底是什麼意思？篇幅應該要多長？什麼時候應該採用這種網站？

以下介紹我最常接到的網路文案委託，以及這類文案的定義及範疇：

● **微型網站**也稱作長篇文案登陸頁面（long-copy landing page），這類網站用來直接推銷某項產品，像是電子書、維他命、新聞快訊、健腹器材或研討會。文案長度相當於4至8頁的銷售信。

● **名單擷取頁**（name squeeze page）則是形式簡單的短篇文案登陸頁面，能下訂產品、索取優惠。通常用於白皮書、軟體操作示範，和其他諮詢回覆，文案長度和雜誌廣告差不多，通常會再短一點，包含標題、

幾段產品描述，以及線上回覆表單。****

- **交易頁面**（transaction page）類似於短篇文案登陸頁面，但產品敘述更少。這類頁面就只是一份線上表單，能讓瀏覽者下單或索取更多資訊。

- **長篇文案電子郵件**（long-copy e-mail）用來將收件人引導至短篇文案登陸頁面或交易頁面。文案字數大概和兩三頁的銷售信一樣。（電子郵件文案會在下一章介紹。）

- **前導電子郵件**（teaser email）的篇幅不長，用來引導收件人到微型網站或長篇文案登陸頁面，在那裡訂購產品。長度相當於半頁的銷售信。

- **開發名單電子郵件**（lead-generation e-mail）和前導電子郵件很像，不過是用來引導收件者到登陸頁面或交易頁面，在那裡索取免費白皮書或其他資訊。

- **線上轉換購買意願的系列電子郵件**（online e-mail conversion series）指的是透過自動發信系統，寄出一系列後續追蹤的電子郵件，為的是將顧客的詢問轉換成銷售。

- **文字型線上廣告**（online text ad）通常是50到100字的分類廣告，刊登在電子報上，引導讀者瀏覽微型網站或登陸頁面。

- **橫幅廣告**（banner ad）則是網站上HTML語法的廣告。點擊廣告的話，就會連到登陸頁面或其他網頁。

- **彈出式廣告（彈跳視窗）**是個廣告視窗，瀏覽者做出特定行為（通常是沒有訂購就要離開網站）後會跳出來。這類廣告通常會提供特別優惠，往往是免費的；不過作為交換，瀏覽者須提供電子郵件地址才能索取。

**** 譯者註：這類網頁主要希望瀏覽者提供電子郵件，換取相關優惠或贈品。

如何撰寫電商網站？

電子商務網站（e-commerce Web site）銷售很多不同品項，相當於網路上的產品型錄。亞馬遜、阿里巴巴（Alibaba）、標靶百貨（Target）、沃爾瑪（Walmart）及 Blue Nile 都是電商網站。

很多成功的電商網站具備以下特點：
- 擁有龐大資料庫，可搜尋產品照片及描述。
- 提供購物車，讓你能線上購物。

目前最大的電商網站為亞馬遜（Amazon. com），原本只賣書，但拓展到其他產品的銷售，像是影片、工具、電器。

另一個成功的電商網站為線上鑽石珠寶商Blue Nile（www.bluenile.com），示範了如何打造吸引人的網站，線上銷售產品。Blue Nile的首頁裡有鑽石珠寶的圖片及產品描述，瀏覽者點選圖片或文字就能連到詳細介紹這些產品的頁面。他們的網頁設計簡單，只有基本元素，卻恰當又好用。換作是我，也會這麼做。

首頁底部還有幾個額外加分的連結，提供消費者免費的「指南與知識」（定期會變換內容），包括：

- 選擇鑽石
- 了解「4C」*****影片
- Astor by Blue Nile™ ******
- 貴金屬
- 寶石指南
- 誕生石指南
- 珍珠指南
- 訂婚戒指
- 結婚戒指
- 尋找您的戒指尺寸

***** 譯者註：指鑽石的切割（cut）、成色（color）、淨度（clarity）及克拉重量（carat weight）。
****** 譯者註：這是 Blue Nile 限量的獨家系列。

Blue Nile網站的任務再清楚不過──協助消費者線上選購鑽石或其他珠寶首飾。整個網站的設計都盡可能讓交易輕鬆簡單地進行。

首頁大部分的連結都會導向特定產品，所以你能得知哪些鑽石、珠寶可以購買。此外，實用但又不會眼花撩亂的資訊與建議更讓網站加分，像是如何選購鑽石、產品搜尋，以及互動式珠寶設計。

在Blue Nile的網站上購物有趣又輕鬆，你能輕鬆找到你要的產品，購物車也使用方便，而且你也找得到相關連結，能深入了解產品細節和消費資訊，不論是戒指的特寫照片，或戒台如何嵌住鑽石的示意圖。整體而言，Blue Nile是個很好的例子，展現出實用有效的文案和設計，是如何打造出方便使用又能成功獲利的網站。

一頁式網站的缺點

現在，企業網站的製作掀起了「一頁式網站」的風潮。以往設計網站的作法，通常都會替網站裡的每個主題建立獨立的頁面（例如，顧客證詞、客戶名單、公司簡介、產品介紹），藉由點擊選單裡的主題，就能連到各個頁面。但一頁式網站不一樣，所有主題都放在長長的首頁裡，你得往下滑才能讀每個主題的內容。

一頁式網站通常也會有選單，如果點擊選單內某個主題後，不會引導到獨立的網頁，而是直接帶你到首頁中呈現該主題資訊之處，省下你往下捲動的麻煩。

一頁式網站現在非常熱門，可說是當紅炸子雞。但我其實並不喜歡這類網站，並建議大部分的公司不要採用這樣的設計。理由有四：

- 首先，搜尋引擎最佳化顧問公司Link-Assistant.com等公司皆表示，一頁式網站會影響搜尋引擎的排名。網站只有一頁的話，你通常無法透過搜尋引擎自然生成的搜尋結果，帶來很多流量。因為你的內容不夠多，無法對應到很多關鍵字和主題的搜尋需求。

- 根據荷蘭保險公司NN集團（NN Group）的調查，76%的受訪者表示，瀏覽某個網站時，最看重能否輕鬆找到他們想要的內容。傳統的多頁式網站則讓造訪者能簡單又快速地找到需要的資訊。

- 只有10%的受訪者表示，他們最看重網頁的設計。而一頁式網站

的誕生，就是因為酷炫的外觀，而不是因為好用或為了提高搜尋引擎的排名。

• 使用者偏好一次一小部分地接收資訊，而不是一次被塞很多內容。傳統的多頁式網站分成好幾個部分，剛好符合使用者偏好。相較之下，一頁式網站則違背了使用者偏好，在篇幅長的單一頁面裡呈現所有內容，搜尋、閱讀起來都很費事。

利用「ClickFunnels」模式撰寫網站文案

「銷售漏斗」（sales funnel，請參考圖11.3）是讓消費者從陌生人變成顧客的一連串步驟，讓消費者主動索取更多產品或服務的資訊，或直接下單。

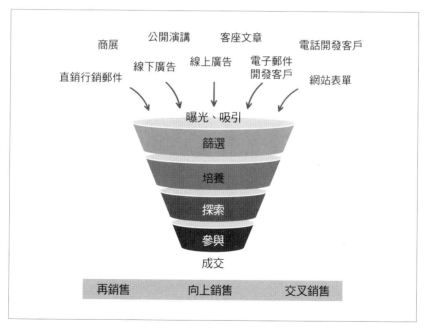

圖11.3：典型的線上銷售漏斗示意圖，呈現如何將點擊轉化成顧客與銷售。

ClickFunnels則是個建置線上銷售漏斗的平台，能協助你建立包含完整銷售漏斗的單一網頁或網站。想了解這些網站如何建立，請參考www.clickfunnels.com上的說明。

一個ClickFunnels的網站以縱向形式呈現。頁面最上方的區塊相當於銷售漏斗的頂端，之後中間的區塊依序為銷售漏斗接下來的步驟，最後則是行動呼籲（CTA）。以ClickFunnels建立的一般網站來說，CTA就是呼籲消費這購買產品。

從頂端到底部，ClickFunnels網站的不同區塊通常是以第4章提到的「勸敗5步驟」組合而成。稍微複習一下，勸敗5步驟依序為：（一）吸引注意，（二）指出問題、需求或看重的事，（三）滿足需求，同時將產品定位為問題或需求的解方，（四）證明產品的功效如同廣告所說，且比競爭對手的產品好，（五）要求實際行動，呼籲下單購買。

每個步驟也對應到銷售漏斗的不同階段。由於空間有限，ClickFunnels網站的文案相對簡短，也很常以項目符號列表的形式呈現。

勸敗5步驟裡的「證明」步驟可能會四散在銷售漏斗中，每個階段只提到一個佐證資料。舉例來說，一個區塊只提到顧客證詞。下個區塊則呈現產品描述，也就是產品如何運作、怎麼製作而成、使用的原料為何。再後面的區塊可能強調產品獲得的獎項或媒體報導。之後，你可以在某個區塊提供更多證明產品優越性的科學數據，例如臨床實驗或試驗結果。

儘管和前面討論的一頁式網站有相似之處，但在ClickFunnels建立的網頁是專門用來銷售，唯一的目的就是獲得待開發客戶或訂單。相較之下，一頁式網站並不是銷售網站，而是一個完整的公司官網。

更多撰寫網站文案的訣竅

自從我在1998年4月架設了自己的網站：www.bly.com後，收到一大堆不請自來的電子郵件、傳真和電話。來訊者從一般網友到網路專業人士

都有，他們提供各式各樣的建議想讓我的網站變得更好。不過很遺憾，超過九成的建議都不切實際，真的照做的話，可能只是浪費我的時間和金錢。

為什麼會這樣呢？並非這些網友對視覺設計或內容的建議完全沒道理，或網頁專業人士提不出好點子。他們的建議其實都很不錯。

但問題在於，所有的建議都沒考慮到網站的經營目的。舉例來說，有個網頁顧問打電話來跟我說：「你的網頁流量沒達到應該有的那麼多。我可以幫你衝高流量。」他承諾提供相關建議，讓我的網站點閱率超越紐約洋基隊的官網。我委婉地向他解釋，我完全不想增加網站的點閱率，對他推銷的顧問服務沒有興趣。

他聽了大感困惑，或許你也是。誰不想替自己的網站增加點擊率呢？其實，很多人不想。想要提出實質建議、改善某個網站之前，你得先明白經營網站的人或公司是做什麼樣的生意，以及他們希望這個網站達到什麼樣的營運目標。

以我的網站為例。我是自由接案的文案寫手，專長領域為直效行銷。我服務的對象是高端客戶，例如直效行銷業者、《財富》雜誌選出的五百大企業，以及大型科技公司，而且收費也隨著客戶不同而有所調整。

上述特質讓我和許多有網站的創業家在兩方面有所不同。

第一，99.99%的網友都不是我的潛在顧客。我嚴格挑選客戶，而且很少和小公司、新創企業、小型家族生意、個人工作室，以及夢想成為創業家的人合作，尤其是那些只想在網路上搜尋到免費行銷資訊和建議的人。

第二，由於我手上的案子已經快接不完，我的辦公室（有2位助理）無法浪費時間回應合作機會不高的待開發客戶。回應一般網友的詢問很花時間和精力，而這些時間和精力應該要投注在許多現有的客戶上。

既然如此，我為什麼要建設網站呢？這是最關鍵的問題，但給我建議的人裡，幾乎沒人問我這個問題。

我的網站主要是為了立即回覆潛在顧客的詢問。

這是什麼意思？網路問世前，每當有成交意願高的潛在顧客打電話來，我們會寄給他一份資料，描述我的服務內容。這代表得花很多錢快遞資料。就算使用最速件寄出，潛在顧客通常都要等上24小時才能拿到資料。

有了網站以後，這些成本和等待都可以省了。如果潛在顧客希望拿到資料，我還是可以寄，不過我會先向對方說明，網站上提供所有需要的資訊，能讓他們決定是否要和我合作。

至於網站裡該有哪些資訊呢？在《羅傑・派克的網站內容與設計指南》（Roger C. Parker's Guide to Web Content and Design，暫譯）一書中，我的朋友派克表示，網站的內容應該要具備以下兩項元素：

1. 你的潛在顧客決定是否購買所需要的資訊。
2. 說服你的潛在顧客購買的資訊。

我的網站包含這兩項。「需要知道」的資訊則包括：

- 我的服務內容簡介（在首頁）。
- 我的線上文案作品集。
- 每個主要服務的專屬頁面（文案撰寫、諮詢顧問、文案審稿）。
- 我的資歷（在「關於鮑伯・布萊」頁面）。
- 客戶名單。

至於說服潛在顧客的資訊，也就是讓他們覺得我就是文案寫手的不二人選，則包含：

- 滿意客戶證詞。
- 委託案例介紹，彰顯我的成就與能力。
- 我出版過的行銷書籍介紹。
- 我寫過的行銷文章列表。
- 廠商推薦名單，表示我有人脈能幫客戶達到他們的目標。

如你所見，我的網站完全以潛在客戶的需求來設計，而不是偶然瀏覽到網站的人。但這表示我不希望你造訪我的網站嗎？當然不是。

相反的，我很歡迎你來我的網站逛逛。你可能會喜歡閱讀並下載我發表的免費文章。如果你從網站上購買我的書（雖然你不是直接從我這裡買，我的著作頁面有連到亞馬遜的連結。只要是從我的網站連到亞馬遜購書，我就能拿到每本15%的佣金），我也會很高興。

如果你的創業規模小，但需要專業行銷協助呢？只要點選「廠商推薦名單」，接著，從網站設計到提供郵寄名單，你都可以從中找到能幫上忙的人。不過我要請你幫個忙。打電話給他們時，麻煩告知對方你是鮑伯‧布萊推薦來的。他們也很忙，所以如果知道你是經人推薦找上門的，他們會更樂意為你服務。

不請自來的網站改善建議還有另一個問題：建議者幾乎沒概念或完全不知道你的指標，也就是你衡量網站表現的依據，以及你現在掌握到的數據。這就像室內設計師甚至還沒看過房子，就直接建議客戶該怎麼妝點自己的家一樣。很荒謬，不是嗎？

如何撰寫「搜尋引擎最佳化」文案？

由於越來越多人使用Google搜尋引擎，文案又多一個新類型：「搜尋引擎最佳化」（search engine optimization，SEO）文案。

撰寫文案時，你不僅要考慮讀者對文案的反應，你也得思考你的用字能否吸引搜尋引擎找到你的網站，而且能否提高搜尋結果的排名。

相較於登陸頁面或一頁式網站，以集合許多頁面來呈現內容的傳統網站在 Google 搜尋引擎的排名會比較高。傳統網站通常會有專屬頁面，一一介紹公司提供的產品和服務。每個網頁依據和網頁主題相關的關鍵字，在搜尋引擎進行排名。

舉例來說，如果有個運動器材製造商的官網裡，有個頁面在宣傳健腹

器材，你覺得健腹器材的潛在顧客會搜尋哪些關鍵字，好找到這項產品呢？可能會有腹肌、健腹機、健腹器材，和六塊肌等等。

現在有很多網路工具能幫你找出和網頁內容最相關的關鍵字，包括Soovle、Jaaxy、Ahrefs Keywords Explorer、SECockpit，和Google Search Console。

你的網站裡，每個頁面都應該挑選兩三個關鍵字，讓網頁進行搜尋引擎最佳化。不妨利用網頁標題最重要的關鍵字，最好是標題的第一個字，接著在文案內文裡精選出其他關鍵字。你也可以將關鍵字設定超連結，連到你網站上的其他頁面，那些網頁裡包含和主題相關的其他內容。

替關鍵字設定中繼標籤（meta tag，或「中繼標記」）也能幫你提升搜尋引擎的排名。中繼標籤不會呈現在網頁瀏覽者看到的網站文案中，而是內嵌在每個頁面的HTML程式碼裡。

有人以 Google 搜尋你網站的關鍵字時，中繼標籤能協助搜尋引擎找到你的頁面。最重要的2個中繼標籤為描述標籤（meta description，也稱「網頁描述」、「中繼描述」）和標題標籤（title tag，也稱「標題標記」）。描述標籤協助 Google 搜尋引擎找到網頁。

輸入關鍵字搜尋後，描述標籤的內容通常呈現在搜尋引擎結果頁（Search Engine Results Page，SERP）上，概述網頁的內容，長度不超過158個字元，且關鍵字應該會出現在描述標籤的開頭。

標題標籤則是網頁的HTML標題，長度不超過60個字元，而且關鍵字同樣也應該出現在標題的開頭。標題標籤在HTML的語法為：<title>標題</title>。

你可能會想，不然就把關鍵字硬塞到網頁文案和中繼標籤裡，越多越好，以提高搜尋引擎的排名。但這樣堆砌關鍵字也會有反效果。可能導致你的網頁被搜尋引擎的演算法忽略，有時候還可能被處罰。更糟的是，對網站訪客來說，填塞關鍵字會讓網頁內容讀起來很怪、很拗口。

太常在網頁或中繼標籤裡使用關鍵字，比完全不用更糟。關鍵字在網

頁裡出現的頻率和網路蜘蛛能否找到你的網頁，兩者一點關係也沒有。如果網路蜘蛛能找到你的網頁，也不是靠重複很多次關鍵字而找到。

如果關鍵字越能反應使用者搜尋的內容，網頁的搜尋引擎排名就會越好。建議你使用描述性的關鍵字詞，而不是單一字詞，例如，「波士頓美容牙醫」就比「牙醫」一詞更適合。

請將關鍵字詞自然融入文案中，行文要流暢而不生硬才好。舉例來說，別寫「現代科技」，改成「現代美容牙醫科技」。

Chapter 12

登陸頁面：
提升轉換率是唯一目標

登陸頁面是具備專門用途的網頁，能讓網站訪客主動聯絡你。這類網頁設計來取得網站訪客的資料，像是電子郵件地址或姓名。

至於「轉換」意味著讓網站訪客的點擊轉變成銷售漏斗中的下一步。你可以利用登陸頁面達到很多目標，包括讓網頁訪客：

- 主動填寫資料，加入你的電子郵件名單。
- 訂閱你的電子報。
- 下載白皮書或其他內容。
- 填寫線上表單。
- 線上購買產品，以PayPal或信用卡付款。

文案裡的「行動呼籲」機制（也就是前一章提到的CTA）告訴網站訪客採取特定的行動（例如，報名參加網路論壇），並說明該怎麼做（例如，填寫、提交網路論壇的報名表單，就能報名）。

現在到處充斥著各種小道消息，告訴大家怎麼寫部落格、進行病毒式行銷、操作社群媒體或善用其他新手法，好吸引大家關注你的網頁、衝高網站流量。但這些增加的流量都無法幫你賺到錢，除非你能將這些訪客轉換成待開發客戶或顧客。

說到轉換，就要用到登陸頁面。登陸頁面的成效是由轉換率評估。更具體來說，就是點擊進入頁面的人當中，有多少人確實採取了你希望他們採取的行動？如果有100人點擊進入你的頁面，其中有5人購買了你的產品，這個頁面的轉換率就是5%。

PR Daily是個提供公關、行銷新聞與資訊的網站，其中某篇文章寫道，有10到15個登陸頁面的企業，能增加55%的待開發客戶；至於擁有超過40個登陸頁面的企業，和只有5個以下登陸頁面的企業相比，前者產生的待開發客戶數量是後者的20倍。[1]

增加登陸頁面轉換率的10個訣竅

轉換率可能低至1%，也可能高達50%以上，端看你是直接從登陸頁面

兜售產品，還是請網站訪客下載免費白皮書，或是以登陸頁面宣傳線上論壇、展示會。以下是 10 個撰寫登陸頁面文案的關鍵訣竅，能將轉換率提升到最大值：

1. **及早建立威信。**一般人對廣告都抱持懷疑的態度，而且因為大量垃圾郵件和不老實的業者，大家更不容易相信網路上讀到的資訊。因此，你的登陸頁面文案必須馬上消除訪客的疑慮。其中一個方法是確保在訪客看到的第一個畫面上，呈現能建立威信的元素。如果公司很有名，你可以在頁面頂端的橫幅放上公司商標和名稱；至於知名大學、協會或其他組織則可以在頁面左上方放上組織的徽章。在橫幅正下方、文案標題上方之處，或在橫幅裡，你也可以先秀出兩三句強而有力的證詞。文案標題前加上一行字簡述公司的使命或資歷，以副標題呈現也行。

2. **努力取得非買家的電子郵件地址。**針對點擊瀏覽你的登陸頁面、但沒下單的訪客，有很多機制能取得對方的電子郵件地址。

你可以利用彈跳視窗，表明只要提供電子郵件地址，就能獲得免費報告或線上課程，彈跳視窗可以安排在訪客一進入登陸頁面時顯示，或等訪客要離開登陸頁面卻沒下單或詢問時出現。不管是哪一種，這麼做最糟的情況是彈跳視窗都被快顯封鎖程式阻擋而無法顯示。

你也可以採用「浮動視窗」（floater），這類視窗會從側邊或頂端滑入畫面。而且和彈出式視窗不同，浮動視窗是網站 HTML 程式碼的一部份，所以不會被快顯封鎖程式阻擋。

3. **用上很多滿意顧客證詞。**顧客推薦能建立可信度、化解疑慮，發表在網站上的個案經歷和白皮書也有同樣的效果。如果你有安排現場活動邀請消費者參加，可以詢問他們是否願意協助錄製影片，簡單推薦一下產品。

要這麼做的話，請找專業錄影師拍攝，取得消費者簽名的錄製同意書，並在官網上發表這段推薦影片。建議你將影片設定成需要網站訪客點擊播放才聽得到受訪者的推薦內容，而不是一進入頁面就自動播放。

如果打算以文字呈現證詞，滿意顧客可能會建議你直接寫下你希望他

們說的內容，給他們確認就好。這種情況下，建議你禮貌地詢問對方，請他們以自己的話表達對產品的看法，而不是由你代勞。他們自己說的內容，可能更具體、更可信，也更詳細。你的版本可能帶有吹捧誇大的痕跡。

4. **用上很多項目符號。**以簡短好讀的項目列表強調重要的特色和功效。我常在每一項內容的前半寫出特色，接著加上破折號再寫出功效（例如，速卸黏劑 —— 車身圖樣能平滑服貼又不會黏在一起）。

網路買家總希望一筆錢花下去收穫很多。因此，如果你直接從登陸頁面銷售產品，請務必以完整的項目清單，呈現所有重要的產品特色和功效。

如果你是透過提供白皮書獲得待開發客戶的資料，就不需要洋洋灑灑列出這些內容。不過，還是建議利用項目符號的形式，描述白皮書的內容、內容提供的效益。如此一來就能提升下載的轉換率。

5. **利用標題激起好奇心。**登陸頁面的文案標題應該要能激起網站訪客的好奇心、給予重大承諾，或抓住對方的注意力，讓他們忍不住繼續往下讀。舉例來說，如果你要銷售不動產投資經紀人的訓練課程，不妨在登陸頁面的標題裡給予重大承諾：「今天就成為不動產投資經紀人 ——在少數圈內人才知道的最賺錢不動產領域，每年賺進10萬美元！」

6. **行文口語親切。**大部分企業網站都缺乏感情又單調乏味，只呈現「資訊」。但登陸頁面就像一個人寫給另一個人的信，所以行文也要呈現這種感覺。就算你的產品非常專門、充滿技術性，而且銷售對象也是專業人士，請記得他們也是人，讓他們感到無聊至極並不會幫你賣出產品。

7. **在標題和文案首段融入情感元素。**靠講道理勸敗的確行得通，但如果能和潛在顧客產生情感連結，銷售力更強 —— 尤其當你準確判讀潛在顧客對產品的感受，或他們對產品能解決的問題作何感想時，更是如此。

如果打算要透過登陸頁面蒐集待開發客戶名單，另一個有效的方法就是在標題和文案首段強調免費優惠。舉例來說，美國承軸製造商 Kaydon 的登陸頁面就秀出自家型錄，圖片上方配上粗體標題，寫著：「免費索

取陶瓷承軸產品指南」。

8. 解決讀者的問題。 在你用情感豐富的文案渲染讀者的問題、突顯吸引力十足的免費優惠之後，你應該要說明你的產品或免費資訊能怎麼幫他們解決問題。

舉例來說，你可以這麼寫：「現在有更好、更簡單、更有效的方法擺平搖晃的餐桌，不再惹惱客人、破壞用餐經驗的救星 —— Table Shox，全世界最小的防晃吸震器」。

要將登陸頁面的轉換率提升至最大值，你必須說服網站訪客，解決問題的最快途徑就是照著登陸頁面的指示採取行動，而不是繼續瀏覽你的網站，儘管你可能很想讓他們這麼做。

這也是為什麼登陸頁面不該有任何網站導覽的功能，只能讓讀者選擇要不要回應。登陸頁面上不會出現列出多個點擊按鈕的選單，也不會有超連結連到其他有趣的頁面；讓網站訪客分心的機制都不會存在。

9. 文案要提供最即時、當下的內容。 網路文案越能結合時事新聞，獲得的回應率就越高。銷售理財、投資資訊尤其如此，產品所屬領域的法規如果更動頻繁，也是同樣的狀況。建議你定期更新登陸頁面的文案，讓內容能反應當下的經濟與商業狀況、挑戰和趨勢。這麼做就是在告訴網站訪客，你的公司完全掌握業界當下的脈動。

10. 針對採取行動的訪客，強調退款保證或完全免費。 如果你讓消費者直接從登陸頁面訂購產品，請確保登陸頁面上載明退款保證。

如果你是為了蒐集待開發客戶名單，請強調你提供的優待 —— 可能是白皮書、線上示範或網路論壇等 —— 完全免費。表明對方不用購買任何東西。

其他寫出有效登陸頁面的指導原則[2]：

- 在登陸頁面的標題裡以強大、有說服力的效益吸引目標客群。
- 登陸頁面的文案是以誰的口吻寫成，應該要讓讀者清楚辨識出來，也要讓讀者知道對方資歷豐富，是這方面的專家。

- 請利用登陸頁面的銷售信說個引人入勝的故事，好讓網站訪客樂意下單。
- 以具體細節證明所有銷售主張（例如，資料、數據、圖表、顧客證詞）。
- 登陸頁面的版面要簡潔清爽，讓人容易閱讀。
- 「行動呼籲」的按鈕應該要是登陸頁面上最主要的回應機制，讓訪客點擊後能連結到購物車，或其他交易頁面（例如，下載免費電子書的表單）。
- 行動呼籲的按鈕要夠大、文字要粗體，並以彩色呈現。你也可以在銷售信的文案裡，將關鍵字詞設定超連結，讀者點擊關鍵字詞，就會連到訂購或下載頁面。這類超連結的字詞通常都是以畫底線的藍字呈現。
- 除了行動呼籲按鈕和超連結關鍵字詞，你不妨也加上免費電話客服專線。
- 文案內容、引用的資料都必須正確無誤，而且是最新的資訊。很多網站訪客會因為過時的內容失去對你的信任。
- 圖表能讓銷售文案更容易閱讀。
- 不過，請避免使用讓文案不好閱讀的圖表，不管你的網站設計師有多喜歡（例如，字體和背景螢幕之間缺乏色彩對比）。

增加登陸頁面流量的7種方法

一、搜尋引擎

Google是全世界最大的搜尋引擎，每天為使用者執行兩億五千萬次的網路搜尋。廣告主可以根據關鍵字，以每次點擊付費的方式，向Google搜尋引擎購買廣告。

這麼做的成本，每次點擊少則0.1美元、多則超過1美元，端看你想買的關鍵字有多熱門。如果每次點擊是0.3美元，而且那天有100人透過Google搜尋了你購買的關鍵字，並點進你的網站瀏覽，那麼Google就會向你收取30美元。Google能讓你設定每天花費的上限，所以能隨著任何預算調整花費。

二、聯盟行銷

不妨找一些和你經營相同市場的網站，讓自家產品出現在對方的網站及電子郵件裡。這些讓自家產品露出的網頁、網路廣告及電子郵件推薦短文要附上你的官網連結，好讓消費者考慮後能到官網下單。跟你合作的對象能抽15%到50%的銷售額作為佣金。至於如何尋找合作對象，或成為其他廣告主的合作對象，請參考 www.affiliatesdirectory.com。

亞馬遜的聯盟行銷規模位居全球之冠。你能在自己的網站上宣傳和自己的主題相關、你的網站訪客有興趣的書籍；如果網站訪客點擊書籍連結，就會自動轉至亞馬遜的網站上，能直接線上購買那本書。這麼做不僅能服務到你的訪客，也能賺一筆佣金。

三、聯合註冊

網路使用者造訪某個網站後，會出現提供多項優惠的彈跳視窗，大多是免費訂閱電子報的優惠。這類詢問使用者是否願意收到第三方電子報的行銷方式，就是聯合註冊。將你的電子報或其他優惠安排在這類聯合註冊的機制中，你就能用低於傳統電子郵件行銷的成本，取得新的待開發客戶名單。

有很多公司能為你媒合這類聯合註冊，像是美國行銷公司Tiburon Media Group（http://www.tiburonmedia.com/coreg），以及 Opt Intelligence（http://www.opt-intelligence.com/）。

四、橫幅廣告

橫幅廣告的確有效果，但你應該要謹慎使用，而且不要有過高的期待。橫幅廣告通常用來輔助其他增加流量的方法，偶爾才是計算網站造訪次數的主要管道。有例外狀況嗎？當然有。

五、電子郵件行銷

為了取得新的待開發客戶名單，而購買現成的名單寄發電子郵件廣告，其實成本高昂。舉例來說，你花200美元買了一份包含1000個電子

郵件的名單。寄信後，有2%的人點進你的網站，其中的10%最後訂閱了你的電子報。你等於只獲得2位新訂戶，每個訂戶的成本是100美元。經營 B2C（企業對消費者）模式的廣告主如果謹慎測試電子郵件行銷，成功機率比較高；因為和B2B模式的電子郵件名單相比，消費者的名單要價其實比較合理。

六、線上廣告

　　購買電子郵件名單的成本約為每千人100至400美元；相較之下，在電子報上刊登廣告是比較省錢的作法，每千人大約只要花20到40美元。電子報的出刊單位會指定廣告的形式和長度，通常是100字內容加上一個網址連結。你的廣告在電子報出現的位置越上方（越早出現），消費者的回應率就越高。

七、病毒式行銷

　　這類行銷最簡單的形式就是在電子郵件廣告中加上一句話：「歡迎將這封信轉寄給你的朋友，好讓他們也能享受我的們優惠。」這麼做要能奏效，那麼你希望收件者轉發的郵件必須包含特別優惠，不管是免費好康（通常是免費資訊），或產品折扣。

Chapter 13

電子郵件行銷文案：
沒寄達收信匣，
再好的文案都白搭

身為文案寫手，你會接觸到的電子郵件文案有兩種。第一種是「單一電子郵件」，寄發給通訊群組，用來宣傳單一產品或優惠。第二種則是「電子報」，也就是線上新聞快訊，為了行銷而撰寫、發送。要能寄發電子郵件行銷，典型的策略是先讓消費者免費訂閱你的線上新聞快訊，藉此建立潛在顧客的電子郵件名單。一旦你取得名單，就能寄給他們刊登自家產品廣告的電子報，以及宣傳產品的單一電子郵件。

掌握15個訣竅，寫出有效的電子郵件行銷文案

　　電子郵件的文案非常關鍵，決定了收件者是否點開你的行銷訊息來讀，還是不再多看直接丟進垃圾桶。以下提供的15個技巧都經過實際運用證實有效，能讓最多收件者打開你的電子郵件，並進入你的網站瀏覽或執行其他回應機制：

　　1. 在電子郵件開頭加上兩行內容，分別載名「寄件人」和「主旨」。「主旨」行要寫得像廣告函信封的前導文案一般，簡短、引人注意、激起好奇心，讓收件人忍不住繼續往下讀。但千萬別太直接躁進，這麼做會讓收件人失去興趣。舉例來說，「重返新觀念論壇！」就是個不錯的郵件主旨。

　　2. 如果你的收件者來自「自家人名單」，也就是自己建立的名單，電子郵件的「寄件人」行就可以讓對方知道你是誰。如果發送名單是買來的，「寄件人」行或許可以寫上提供名單的公司。當收件人是已經同意接受行銷郵件的讀者，寫明寄件人是提供名單的公司效果特別好，因為該公司和收件人之間關係良好。

　　3. 有些數位行銷人認為「寄件人」行可有可無，但也有人認為至關重要。網路文案寫手艾文・列維森（Ivan Levison）表示：「我在『寄件人』這一行用上『團隊』這個字。這樣聽起來好像產品背後有一群聰明、有活力、充滿熱忱的人。」

　　舉例來說，如果你買了一份名單，要寄給名單上的電腦專業人士一封電子郵件，推銷一套新軟體。你的「寄件人」和「主旨」行可以這麼

寫：「寄件人：Adobe PageMill 網頁編輯器團隊／主旨：Adobe PageMill 3.0限時優惠！」

以下提供幾種「寄件人」的寫法：

寄 件 人	使 用 時 機
提供名單的公司	• 提供名單的公司要求時 • 收件人具有共同興趣或利益時 • 寄件內容為電子報時 • 提供名單的公司是熱門的優質網站時 • 收件人是經常拜訪網站的訪客時
你的公司	• 你的公司是知名企業或品牌時 • 你的公司是行銷界龍頭時 • 收件人可能認為自己是你的顧客（例如，微軟）時
你自己	• 郵件內容為個人訊息時 • 收件人對你的公司不熟悉時
團隊（例如Adobe團隊）	• 強調合作成果時

4. 雖然在傳統的直效行銷中，「免費」一詞經證實能有效增加讀者回應，而且和付費的網路資源相比，一般人也比較偏好使用免費資源，但還是有些網路行銷人會避免電子郵件主旨欄使用「免費」一詞。

因為有些網路使用者會安裝垃圾郵件過濾器，用來刪除廣告信，而很多過濾器會將主旨帶有「免費」字樣的任何郵件視為廣告信。

根據美國行銷公司Mailchimp的調查，一般的電子郵件中，5封就有1封會被歸類到垃圾郵件夾中。然而，以我的經驗來說，就算有垃圾郵件過濾器，主題欄有「免費」一詞一般都能提高回應率。

5. 文案一開始，就要以出色的標題或開頭傳遞訊息。你應該一開頭就

把最大的產品效益秀出來。不妨假裝你在寫傳統廣告函信封上的前導文案，或銷售信的標題。來看看一個好例子：

寄件人：理查‧史坦頓的股市預測

主旨：6個驚人的金融市場預測

親愛的（輸入名字），

美國經濟將面臨什麼問題？

股市分析師理查‧史坦頓發表了一篇最新的特別報告，警告6大金融威脅即將在半年至一年內浮現。點擊以下連結，索取免費報告書：（提供網址）

理查表示：「我個人認為，這是我見過最動盪不穩定的市場情況，加上即將臨來的經濟衰退、對氣候變遷的擔憂，現在收益最高的為太陽能、風能和其他可再生能源的股票。」

理查的觀察和預測中，……

6. 在電子郵件第一段裡，先概述你要傳達的訊息。你應該直接提出優惠、提供立即回應的機制，例如點擊會導向某個網頁的網址。這麼做能吸引注意力短暫的潛在顧客。

7. 接著第二段開始呈現詳細的文案，說明產品的特色、效益、相關證據和其他買家做決定時需要知道的資訊。這麼做能吸引需要更多細節的潛在顧客，畢竟短短一段內容不足以講清楚。

8. 你應該在電子郵件結尾處再重複一次優惠和回應機制，就像傳統的直效行銷郵件一樣。但優惠和回應機制也應該出現在電子郵件的開頭。如此一來，沒空細讀內容、只稍微瞥幾眼的大忙人也能掌握電子郵件的重點。

9. 過去的經驗證明，如果你在電子郵件裡放了多個回應連結，讀者大多會點選第一、二個連結。因此，你最好將電子郵件裡的點選連結限縮

在3個以內。例外情況就屬電子報和新聞快訊了。由於兩者的內容會分成五六個欄位，每個欄位有不同的主體，因此各有各的連結。

10. 充分預留電子郵件的頁邊空白。你不會希望句子在不恰當之處折行或中斷。建議你每一行的字數限縮在55到60個字元之間。如果你覺得某一行可能會太長，不妨先設定好每行的長度。網路文案寫手喬・維泰利（Joe Vitale）將頁邊設定為20及80個字元，一行字則設定為60個字元，確保整行文字都呈現在螢幕上，沒有奇怪的中斷。

11. 謹慎使用全部大寫的英文字母。你當然可以全部大寫，但要小心使用。全部大寫的英文字比較不好讀，而且在電子郵件的世界裡，全部大寫會顯得你在大吼大叫。

12. 一般來說，電子郵件的內容越短越好。電子郵件是個特殊的行銷環境，不適用傳統郵購行銷「講越多、賣越多」的通則。電子郵件讀者通常都快速過濾一大堆訊息，不太會在一封信上停留太久。

13. 不管篇幅長度多少，記得快速交待重點。畢竟需要更多資訊的人都能點擊連結，到你的登陸頁面查看。而電子郵件裡重要的產品效益及交易內容要一開始就看得到，或至少放在很前面之處。

14. 電子郵件的調性應該要友善、熱於助人，提供資訊、具有教育性質，而不是一味宣傳或強迫推銷。喬・維泰利曾說：「資訊是網路世界裡的黃金。」想以傳統炒作、吹捧式的銷售信向電子郵件讀者銷售是不管用的。網路使用者要的是資訊，而且需要很多資訊。你得在浮誇的銷售信加點真材實料，才能在網路世界見效。

請避免描述自己的服務或產品「最好」或「高品質」，這些都是空洞、無意義的字詞。你應該要具體說明。你的服務、產品是怎樣的「最好」？「高品質」明確指得是什麼意思？除了你這麼說，誰也這麼認為？另外，就算資訊是黃金，讀者也不想看無趣的內容。讀者就跟我們一樣，都想知道所讀的內容和自身的關聯與重要程度。就提供他們想要的內容吧。

15. 你的電子郵件應該載明，收件者可主動取消訂閱或退出收信名單，

以免有些收件者覺得被垃圾郵件轟炸而怒火中燒。請表明你尊重他們的隱私，並讓他們能輕鬆取消訂閱或不再繼續收到廣告信。他們只要點選「回覆」，並在主旨欄寫上「取消訂閱」或「退出收信名單」即可。你可以這麼說：「我們尊重您的隱私與使用網路的時間，並保證不會濫用電子郵件。如果您不希望再收到這類電子郵件，請回覆這封信，並在主旨欄上打上『取消訂閱』字樣即可。」

突破網路服務供應商及垃圾郵件過濾器

大家似乎都同意，電子郵件行銷是目前最有效、最強大的網路行銷手法。畢竟電子郵件很好用，能提供立即、可測量的結果，而且能帶來比較高的投資報酬。

然而，電子郵件也有美中不足之處。電子郵件行銷要能成功，必須妥善應對持續變化的郵件過濾器、攔阻垃圾郵件技術，以及防火牆軟體產業，因此需要足夠的經驗、專業與知識。據說，5封電子郵件裡，就有超過1封郵件無法成功送達，這樣的情況大幅降低了回應率和廣告成效。

建立有興趣的顧客名單，每週或每月寄給他們一封吸引人、資訊豐富的電子郵件，並在過程中向他們推銷服務或產品，只做到這些還不夠。你還必須知道要怎麼讓郵件成功送達，並且確保收件人真的讀了這些訊息。換句話說，寫出優秀的電子郵件文案只是過程中的一個環節而已。如果收件人從來沒收到你的信，文案寫得再好都是白費工夫。

由於企業及網路服務供應商（Internet Service Provider，簡稱ISP）的過濾軟體、擋信機制、使用者頻繁更換電子郵件地址，取得同意才發信的行銷人員還是經常無法成功寄發郵件，無法寄給那些已經建立關係的顧客及訂閱者。

「可寄達性」是電子郵件行銷的關鍵，就是要能將訊息成功寄到收件人的信箱裡。我們不是在談可讀性，不是那些增加點閱率的因素，而是純粹讓你的電子郵件出現在目標收件人的收件匣中。

簡而言之，你要怎麼做，才能確保對方收到你的電子郵件呢？首先，我們有個前提：只有在收件人同意收到你的訊息時，讓信件「被收到」這項工作才能進行。如果你的電子郵件行銷策略是以這個前提為基礎，那麼要讓對方確實收到郵件的難度就會大幅降低。因為取得了收件者的寄信同意，就算ISP、郵件過濾程式、擋信機制等攔截了你的訊息，收件人還是有辦法將你的信解除封鎖。

取得發信同意的信件無法成功寄達的因素如下：

● **ISP阻擋來信。**這是ISP最常見的擋信方式。很多ISP，尤其是大型供應商，會將特定的網際網路通訊協定（IP）位址列入黑名單，阻擋任何來自這些IP位址的信件。這類擋信的最大原因，通常是由於顧客頻繁投訴特定IP位址寄來垃圾郵件。ISP封鎖IP位址時，並不會事先通知，因為他們天天都得處理成千上萬件這類客訴。

● **ISP阻擋發信。**你的ISP阻止你寄信至另一個ISP。這種情況很少見，畢竟ISP大多只會攔截來信，不過還是偶爾會發生。

● **分散式內容篩選器。**有些反垃圾郵件公司協助ISP及企業網路使用者攔截大量湧入、不請自來的郵件。這些攔阻系統運用複雜的內容分析程序，檢視訊息內容並製作垃圾郵件特徵碼。藉由比對特徵碼，偵測、攔阻垃圾信件。

● **公共名單。**這類黑名單和白名單是由志願者維護，大家都可使用。使用者通常是沒有專門電子郵件管理員、小型的ISP和企業。這類名單的判斷標準可能很可靠，但也可能很武斷，端看清單擁有者的偏好；而使用這些名單的企業，也會選擇最符合自家政策的名單。同意收到某些來源寄發的電子郵件，這些來源組成的名單就是白名單（許可名單）。黑白單則相反，列出惡意、不值得信任或不安全的來源，認為使用者不應該收到這些來源寄的電子郵件。

● **ISP的內容篩選器。**和分散式內容篩選器大同小異，ISP通常會自行開發，或改寫他人的內容篩選器。內容篩選器能揪出各種可疑的郵件，甚至還能學習垃圾郵件的新模式，例如在文字當中插入英文句號通常就會觸發攔截機制。

- **使用者名單**。像美國線上（AOL）、MSN、Yahoo! 奇摩及 Outlook 等 ISP 已更新自家電子郵件應用程式，讓使用者能編輯自己的黑名單與白名單，無論是個別電郵地址或網域。此外，還有一類的驗證系統會更進一步要求非白名單上的寄件人先回覆驗證碼或其他驗證資訊，才會寄送對方的信件。

- **電子郵件退回**。有兩種情況。一種是電子郵件暫時無法寄到對方的信箱，稍後可以再試一次。這可能是因為對方的信箱滿了，或對方的伺服器沒有回應。另一種則是永久性退件。通常是因為電郵地址錯誤，或遠端伺服器封鎖了你的伺服器。

你當然會希望將永久退回的次數減至最少，因為這些沒能寄達的訊息意味著失聯和沒「賺頭」。有幾個方式能提高成功寄達率，首要方式就是取得收件人的合作，畢竟你希望他們能將你的電子郵件地址納入「接受」名單之列。

如何躋身收件人通訊錄或白名單之列？

為了將你的電子郵件成功寄達收件人的收信匣，而不是被歸類到垃圾郵件匣或扔進垃圾桶，鼓勵收件人將你的地址加入通訊錄或個人白名單這個步驟益發重要。越來越多企業或一般電子郵件使用者都會用上垃圾郵件過濾器，或將電子郵件程式升級，進而具備垃圾郵件過濾、製作白名單的功能。

你得提醒消費者將你的郵件地址加入他們的通訊錄或白名單裡。不妨在你的電子郵件最上方加上一句話，例如以下 3 種有效提醒的說法：

為確保我們的電子郵件能寄達您的收件匣，請將此電郵地址 delightfulmessages@ourcompany.com 加入您的通訊錄，或更改垃圾郵件篩選設定。

為確保您能定期收到我們的電子郵件，請將我們的電郵地址（youwantthis@thiscompany.net）加入您的通訊錄。謝謝！

為確保電子報能順利寄達，請將ournewsletters@mycompany.com加入您的電子郵件通訊錄。

你可能會考慮在電子郵件訊息中設個專欄，或專門寄一封信進一步向收件人解釋如何更改垃圾郵件篩選設定。若是如此，建議你先了解幾個主要的電子郵件應用程式和ISP的操作流程，再據此寫一封電子郵件，逐一說明設定步驟。我有不少客戶提供電話客服，向收件者提供詳細的操作說明。

觸發垃圾郵件過濾功能

ISP和電子郵件伺服器程式用來辨識不請自來、不妥郵件的方法經常改變，因此有必要隨時注意新的技術。不過，還是有一些基本要素能多加注意。

請注意電子郵件文案裡的詞彙、字母的運用。舉例來說，如果你的電子郵件內容包含「廣告」、「立刻下訂」、「免費」等字眼，微軟Outlook Express的郵件篩選器就會直接將你的信寄到垃圾桶中。不過這份關鍵字清單一直在變動，你應該要定期更新自己的忌用字眼清單。不妨造訪以下連結，這個網頁列出了Outlook會篩選的字詞：https://blog.sendblaster.com/2010/02/25/microsoft-outlook-spam-words-to-avoid-in-your-emails/。

此外，最好建立一套檢查電子郵件的程序，確保電子郵件萬無一失。檢查內容應該要包括HTML語法驗證。常用的HTML編輯軟體已包含有效的驗證工具，能在編輯過程中挑出任何語法錯誤。

關於HTML語法的完整說明，可以參考全球資訊網協會（World Wide Web Consortium，簡稱 W3C）的網站 http://www.w3.org/MarkUp/。你也可以在電子郵件應用程式加裝HTML驗證功能，或使用來自第三方的HTML驗證器，例如W3C的驗證服務（W3C Markup Validation Service，https://validator.w3.org/）。

以下提供10種方式，幫助你提高電子郵件訊息被收件人的ISP接受的

機率，同時避免諸多發送問題。

1. **建立反向網域名稱系統（reverse DNS，簡稱反向DNS）。** 請確保發信方的IP具備有效的反向DNS項目，反向DNS能將IP位址解析成網域名稱。這麼做能確保收信方的電子郵件伺服器在檢查你的IP位址時，你能通過偵測垃圾郵件發送者的諸多基本關卡之一。

2. **建立寄件者政策架構。** 寄件者政策架構（Sender Policy Framework，簡稱 SPF）是個能驗證寄件者身份的額外措施。SPF利用DNS紀錄，檢查發信的電子郵件伺服器和 IP 位址是否經過授權、確實能從某個網域發信。建立 SPF 很簡單，網管人員應該能在5分鐘之內搞定。SPF 替你寄發的電子郵件多增加一層認證，並且保護你不受網路釣魚（phishing）的攻擊。有些 ISP，像美國線上等，甚至要求你要有 SPF 才能納入他們的白名單裡。

3. **每次連線只發一封信。** 連線到某個電子郵件伺服器時，每次連線最好只寄出一封信。有些電子郵件系統還是會盡可能集中最多訊息，透過一次連線寄出，這就好像一次把500個電郵地址丟到密件副本欄位裡一樣。ISP不喜歡這種技術，因為有些垃圾郵件寄發者想搶在信件被攔阻之前盡量發信，就會採用這種方式。

4. **限制發信頻率。** 儘管理想的發信量依收件人名單而有所不同，不過最好將發信量限制在每小時10萬封訊息左右。別忘了，寄完信後，你也可能會收到退信訊息，所以發信的速度不應該影響到你處理退信的能力。

5. **接收退信。** 有些電子郵件系統，尤其是比較早期的電子郵件系統，會拒絕接收退信訊息。這些「被拒收的退信訊息」傳送到收信方的ISP時，有可能會導致對方針對你的電子郵件信箱發出警示訊號。最惹惱ISP的就是他們寄了一則回覆，通知你收信方的電郵地址不存在，但這則通知也被退信，而且你還持續寄信。

6. **驗證HTML內容。** 大量寄發垃圾郵件的手法中，最糟糕的伎倆之一就是使用無效、破碎、惡意的HTML程式碼。如果你在電子郵件中使用了HTML語法，務必確定你的語法完全正確，而且符合稍早提過的W3C指導原則。

7. **避免使用腳本語言（script，也稱作手稿語言）寫成的程式碼。**電子郵件瀏覽器中，腳本語言的程式碼造成的安全問題逐年增加，使得大部份腳本語言的程式碼被排除在訊息之外。有些電子郵件系統甚至一偵測出郵件帶有腳本語言的程式碼，就乾脆拒收郵件。為了盡可能提高寄達率，你應該避免在郵件中使用腳本語言寫成的程式碼，改將收件人導引到你的網站。在你的網站上，想怎麼用都操之在你。

8. **了解郵件內容過濾技術的基本知識。**不懂過濾技術並不是郵件無法寄達的藉口。請你仔細閱讀退信訊息，追蹤哪些郵件的退信率較高、哪些郵件的開信率低，並從中找出問題的原因，加以解決。

9. **針對ISP及網域，監看寄達率及退信率。**每次發信後，你都應該針對 ISP 及網域，製作追蹤報告。從中找出特定網域的不尋常退信、取消訂閱、垃圾信件投訴以及郵件開啟率。

10. **監看垃圾郵件投訴。**就連網路行銷操作一流的頂尖行銷人，都會收到垃圾郵件投訴。你應該監看每次發信後收到的垃圾郵件投訴量，並建立一個標準值。接著，找出垃圾郵件投訴量超過標準值的郵件、檢視可能造成問題的原因。是因為主旨欄寫壞了？還是因為短時間內寄出太多訊息？別忘了，太多垃圾郵件投訴可能導致你被ISP暫時、甚至永久封鎖。

你能利用以下資源監看垃圾郵件投訴：
SpamCop：http://www.spamcop.net/fom-serve/cache/94.html
Abuse.net：http://www.abuse.net/addnew.html

診斷寄送問題的根本原因，能幫你預防同樣的狀況再發生。你得時不時監看信件的寄達率，因為發送規則每天都在改變！別低估這項工作所需的人力與財力，畢竟寄達率決定整體電子郵件行銷的效益（有時候也會影響公司的形象）。切記，想達到100% 寄達率，你必須：

- **監看：**利用種子名單*監看系統追蹤各大ISP的寄達率。主動偵測問

---

* 譯者註：種子名單（seedlist）指得是來自不同 ISP 的測試電郵地址。寄發行銷郵件時也同時寄至這些測試信箱，並監看這些測試信箱的收信狀況。

題，別被動依賴退件訊息提供你所需的資訊。究竟哪些電子郵件從來沒寄達，哪些直接被放進垃圾信件匣或垃圾桶——沒有監看系統，你永遠不會知道。

● **分析**：如果寄達率沒有100%，你就該趕快找出原因。你應該仔細檢查個別電子郵件，以及電子郵件程式本身。寄件失敗有很多原因，及早發現原因，未來寄件就能更順暢。

● **解決**：不妨和ISP的技術人員建立良好關係，他們和自家技術人員都是排除障礙的寶貴資源。打好關係應該要是優先經營的項目。

● **優化**：善用各方資源解決寄送問題。舉例來說，微調文案內容、寄件名單或伺服器設定都有可能大大改變寄達率。

大量發信前，請務必確保你有在追蹤寄信狀況、測試 ISP 的封鎖及過濾功能，並在出況狀時迅速反應、解決。雖然整個過程很複雜，但卻是創造、維持真正成功的電子郵件行銷的不二法門。

電子郵件文案的理想篇幅

我常被問：「電子郵件行銷的文案怎樣最好？篇幅要長一點比較好，還是短一點？」

針對文案篇幅的長短，直效行銷人員比一般行銷人員更難決定要怎麼辦。理由如下：大家普遍認為，網路文案越短越好。網路行銷專家跟我們說，網路世界的步調遠比龜速寄送的紙本郵件世界快得多，而且人的專注時間也短得多，所以網路使用者一看到長篇訊息，就會直接點滑鼠快閃了。因此，他們也在無數的電子報上極力呼籲：「簡短就對了！」

就算是非網路行銷專業的一般廣告人，大多也認為文案篇幅越短越好。他們製作的平面廣告通常都有超大圖片，配上寥寥幾字。因此，他們也能輕易接受那些網路行銷大師的主張，認為「大家都不喜歡看很多字」。

然而，傳統直效行銷人員卻無法毫不遲疑地接受這套說法。不管是推銷新聞快訊、座談會、雜誌、讀書會、保險、影音產品、保養品，傳統直效行銷人員通常都靠長篇直效行銷郵件的包裹和郵簡兜售產品。他們會遲疑，通常因為這樣：

　　「以紙本廣告推銷時，我得用長篇文案來說服讀者下單，不然根本無法得到訂單。短篇文案已經測試過好多次了，誰不想要少花點油墨紙張成本呢？但短篇文案就是對我們的產品不管用。現在我的網路行銷顧問說，電子郵件文案應該短短幾段就好。但是，如果紙本廣告短短幾段無法說服讀者購買，為什麼同樣做法網路反倒行得通呢？」

　　他們的疑慮確實有道理。不會因為消費者改成網路購買，說服他們的過程就因此改變。如果消費者需要具體資訊才能做出購買決定，不管是從紙本郵件或網站下單，消費者都需要這些資訊。

　　但傳統直效行銷人員也覺得，網路行銷大師講得也不是完全沒道理。他們感覺得到，如果原本4頁的紙本銷售信改以長篇電子郵件寄送的話，根本不管用，因為收件人可能還沒看完就點滑鼠跑了。

　　關於文案篇幅長短，我想我能提供一些合理實用的指導原則。首先，我們得先量化何謂「長」、何謂「短」。

　　網路行銷大師說到電子郵件文案要「短」時，他們大概指的是3或4段內容。所以他們說長篇文案行不通時，「長」的意思就是內容有好幾段以上。

　　如果我說「長篇文案有效」，我的「長篇」是和一般電子郵件長度相比，而不是跟一般紙本的直效行銷郵件篇幅比較。「長篇」電子郵件可能會佔幾個畫面螢幕，長度比較接近1頁、而不是4頁的銷售信；這樣的篇幅以直效行銷郵件的標準來說算短的，所以更別說離8頁直效行銷郵件還有一大段距離。

　　再來，我們也需要量化一下，究竟網路文案比書面文案短多少？應該將整個文案逐字放到網路上嗎？還是要縮短成一半的長度？甚至更短？

凱西‧漢寧（Kathy Henning）寫過不少和網路傳播有關的文章，她表示：「一般來說，網路文本的篇幅最好是紙本內容的一半，甚至更短。」這不是一個精確的公式，但不失為一個好的測量基準。

第三，也是最重要的一點，別忘了電子郵件行銷文案不只有電子郵件本身的內容，其實可以分成兩部分。

第一部分是實際電子郵件的內容，但電子郵件內容會提供連結，連到某個網站或伺服器。當你點擊連結，就會跳轉到某個網頁，進而看到剩下另一部份的訊息，以及線上訂購的機制。

傳統直效行銷郵件中，訊息的分佈很不平均。一般來說，98%的文案都在銷售信和手冊裡，剩下的2%則放在訂購單上。電子郵件行銷的配置則比較多變化。

下一頁的圖表呈現電子郵件行銷的模式，也就是如果將整份文案分別安排在電子郵件內容和回應頁面中，兩者之間各種配置方式。總共有 4 種選擇，如圖13.1所示。

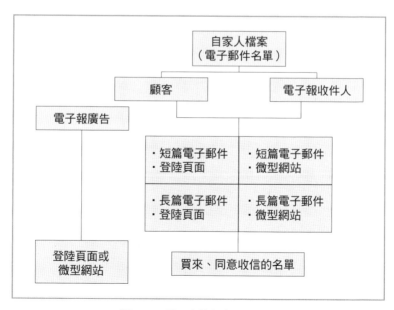

圖13.1：電子郵件文案長度指南

1. 短篇電子郵件＋登陸頁面（左上方象限）——為了蒐集待開發客戶資料，很多行銷人會採用短篇電子郵件（3或4段文字），加上登陸頁面的連結。這類登陸頁面以網頁表單的形式呈現，通常有個標題、幾段說明優惠方案的文字，以及讓收件者填寫、提交個人資訊的機制。這種模式的文案篇幅和風格很像傳統用來蒐集待開發客戶資料的直效行銷郵件；後者通常是1頁銷售信，搭配顧客回函卡。

2. 長篇電子郵件＋登陸頁面（左下方象限）——和前個模式類似，差在以網路行銷標準來看，電子郵件為「長篇」。方便起見，我將電子郵件的「短篇」定義為任何印出來不到半頁的篇幅。也就是說，任何印出來超過1頁的就屬於「長篇」電子郵件。這種模式的電子郵件長度和風格接近1至2頁的銷售信。

3. 長篇電子郵件＋微型網站（右下方象限）——這種模式包含長篇電子郵件和長篇登陸頁面。微型網站指的是客製化網址，特別設計來提供產品資訊及優惠。有別於通常只以1個螢幕畫面呈現的登陸頁面，微型網站的文案更長，需要好幾個螢幕畫面才能完整呈現。可以分成好幾個網頁，或全部放在一個網頁裡，讓讀者自行往下拉（可參考：www.surefirecustomerservicetechniques.com）。這種長篇電子郵件搭配微型網站的模式，可以放入大量文案內容，很適合將雜誌化型錄等長篇文案內容放到網站上。

4. 短篇電子郵件＋微型網站（右上方象限）——這種模式將短篇電子郵件放在前面，長篇微型網站放在後頭。針對有些產品或優惠需要長篇文案說明，但文案寄件對象可能是不太看長篇電子郵件的潛在顧客，這種模式就非常適合。

說到底，電子郵件的字數不用和文學鉅著《戰爭與和平》一樣多就能見效。只要有策略地將文案安排在打頭陣的電子郵件和搭配的回應頁面中，你就能確實傳達訊息，而且不會嚇跑時間有限的收件者。

如何撰寫「線上轉換購買意願」的系列電子郵件？

透過網路轉換潛在顧客的購買意願這樣的模式，已被證明能用來建立潛在顧客郵寄名單、同時在網路上有效行銷產品。以下是這個模式如何運作的簡化說明：

1. 製作免費內容。
2. 透過網路將免費內容提供給其他人。
3. 這些人索取內容後，你接著同樣透過網路，向他們兜售付費的產品和服務。

現在讓我們拆解每個步驟，從製作免費內容開始談起。這是最簡單的一步，只要重新包裝現有的內容即可。內容不一定要很多，改寫既有的文章也行、專門製作特別報告也很好，直接拿直效行銷郵件提供的現成報告也可以。

這份免費提供的內容一般以「免費特別報告」的形式呈現，通常做成PDF檔供人下載。有些行銷人偏好將報告製作成多頁HTML文件，放在網路上。

第二步則是藉由提供免費線上內容，蒐集潛在顧客的電子郵件地址。有很多方法能吸引潛在顧客造訪你的網頁、下載免費內容。方法之一就是寄電子郵件給潛在顧客，郵件內容強調提供「免費特別報告」。如果要索取免費報告，收件者只要點擊郵件裡的網址。

如果你是以可下載的PDF檔案形式提供，收件者會連到一個內容簡短的頁面。只要輸入電子郵件地址，就能下載或列印這份PDF檔案。

如果你是以連續幾頁的HTML網頁形式提供內容，收件者同樣會連到一個內容簡短的網頁。只要輸入電子郵件地址，點選「送出」，就會連到一個微型網站的首頁，上面以HTML文件的形式呈現這份報告。

在這份HTML語法的報告裡，你可以多放幾個連結，引導讀者到付費產品的登陸頁面或交易頁面。很多讀者在閱讀你的免費報告時，會點選這些連結、購買你的付費產品。

不管以哪種形式提供免費內容，讀者都必須提供自己的電子郵件地址才能讀得到，這正是網路轉換手法的關鍵步驟。

還有其他方法能蒐集待開發客戶資料，接著以網路轉換的行銷手法吸引顧客。有些行銷人利用廣告明信片大獲成功，有些則利用橫幅廣告或電子報裡的網路廣告有所斬獲。

最後，你得將這些待開發客戶轉換成下單付錢的消費者。到目前為止，已經有兩個進展。第一，我們已經獲得潛在顧客的電子郵件地址，所以能在幾乎不花錢的情況下，隨時向他們行銷。第二，我們知道潛在顧客對我們的內容有興趣，因為他們至少主動索取了相關的免費文章或報告。

儘管我們不知道他們是否會購買相關產品，但他們稱得上是潛在顧客，畢竟他們（1）對主題感興趣，而且（2）回應了網路行銷的活動。

接下來要做的就是寄給他們一系列電子郵件，也就是「線上轉換購買意願」的系列電子郵件，為了將對方從免費內容的索取者轉換成付費產品的買家。

經驗顯示，3到7封信最能線上轉換購買意願。

有些行銷人希望這一系列郵件中，每一封都能做成買賣。也就是說，他們在每封信裡都附上連結，能讓讀者點擊後購買產品。

有些行銷人則喜歡前一兩封信先建立好感，宣傳先前提供的資訊具備的價值，並鼓勵收件者實際閱讀那份免費文件，有時候甚至提供更多免費內容。這類郵件稱為「自由接觸」郵件，因為只是聯絡讀者，並沒有要求他們購買產品。

接下來寄發的電子郵件才開始要求讀者下單，稱為「轉換購意願」郵件。以連續7封系列郵件為例，頭一兩封可能是自由接觸郵件，剩下的則是轉換購買意願郵件。

讀者點擊電子郵件裡的連結後，會連到登陸頁面或交易頁面。登陸頁

面裡會提供不少產品和優惠的描述，有效地向讀者推銷產品的價值；交易頁面的產品說明則很少，基本上就是一份線上訂購表單。

有些行銷人會讓郵件裡的連結連到登陸頁面，認為有越多銷售文案，銷售量就越多。有些行銷人則認為，如果轉換購買意願的電子郵件內容已經很長、有夠多文案，那就沒必要在登陸頁面重複一樣的內容，所以選擇直接讓讀者連到內容精簡的交易頁面。

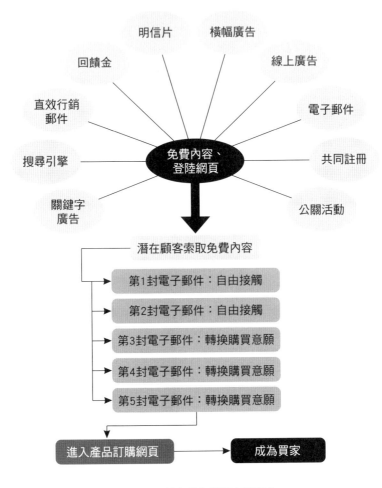

圖13.2：線上轉換購買意願模式

利用網路轉換購買意願最好的辦法就是提供30天免費試用。如果能設計成收件人的信用卡在30天試用期過後才扣款，這是最佳做法，因為這才是真正的免費試用。

相反的，如果收件人一下訂信用卡就扣款，這並不是真正的免費試用，而是零風險的30天試用。收件人還是要付錢，只是可以在30天內取消訂單，獲得退費。

不妨針對轉換購買意願的系列郵件進行各種測試，例如測試發信時機、發信次數、結合自由接觸和轉換購買意願郵件的作法。一般發信的過程如下：

第1天：寄出第1封電子郵件，性質為自由接觸。感謝潛在顧客索取免費內容，並強調免費內容的價值。

第2天：發出第2封電子郵件，性質為自由接觸。鼓勵潛在顧客閱讀免費內容，再次強調這份內容的價值，指出其中特別有用的概念、訣竅或策略。

第4天：寄出第3封電子郵件，性質為轉換購買意願。告訴潛在顧客能免費試用產品30天，向他們推銷產品產品、突顯產品的價值。

第7天：寄出第4封電子郵件。提醒潛在顧客，他們還是能免費試用產品，藉此解決他們的問題。

第14天：寄出第5封電子郵件。告訴潛在顧客免費試用的優惠方案即將到期，再次推銷你的產品，並催促他們立即採取行動。告訴他們再晚就來不及了。

撰寫線上轉換購買意願的系列電子郵件，就和你寫其他線上或紙本文案差不多。可以使用同樣的文案、內容和組織方式：在文案開頭吸引讀者注意、讓讀者產生興趣、創造讀者對產品的渴望，最後呼籲讀者下單。

只有一個關鍵差異：在轉換購買意願的電子郵件中，請務必在開頭強調，因為他們主動向你索取免費報告或文章，所以後續收到你的信。這

麼做有2個好處。

第一，他們可能因此多少覺得有義務讀你的信，畢竟你確實提供他們免費內容。第二，如果他們喜歡你提供的免費內容，對同類訊息的接受度就會自動提高。

你應該嘗試線上轉換購買意願這個方法嗎？每個希望透過網路行銷產品和服務的行銷人，只要試試看這個手法，大概多少都能從中受惠。

只靠買名單、要求名單上的收件者購買產品根本不管用，網路使用者通常不向陌生人做生意。但如果先寄通知他們，可以免費索取文章或報告，他們比較可能接受你——畢竟是免費好康，沒什麼好損失的。

如果你鎖定了正確的讀者群，製作高品質的免費內容，那就會有夠多的讀者想收到更多同類的內容，並樂意30天免費試用相關產品。

如果你的產品品質精良，很大一部份的讀者就不會退貨、要求退費了。如此一來，你便成功將免費內容索取者轉換成付費買家了——這也就是線上轉換購買意願手法的目標。

如何撰寫行銷電子報？

電子郵件名單是線上行銷的珍貴資產。對很多行銷人來說，要建立同意收信的電郵名單，最快的方法就是先邀請收件人免費訂閱線上新聞快訊，也稱作「電子報」。

免費電子報相當於一家企業網路版的新聞快訊，只是以數位檔案的形式發送，而不是紙本印刷、以郵寄發送。電子報省下的時間、金錢非常可觀——發送電子報幾乎不用花錢，而且只要滑鼠一按，數千名潛在顧客、消費者幾乎就能立刻收到。

建立龐大的電子報訂閱名單後，你接著就能透過網路隨時寄發宣傳內容給這些收件者，進而大幅提升獲利。而且你還省下了龐大的印刷、郵寄費用。

你可以利用很多線上行銷工具吸引潛在顧客造訪你的網站、免費訂閱電子報，交換條件則是他們的電子郵件地址。你也可以要求他們提供姓名，這樣之後寄信時就能加上姓名，讓信件看起來更個人化。

這些增加網站流量的方法包括橫幅廣告、在電子報裡刊登廣告接觸同類型的讀者，或是電子郵件行銷、點擊付費廣告，以及讓訂閱電子報的網站在搜尋引擎的排名變高。每個訂戶的取得成本在1美元到5美元之間，端看你使用的方法，以及鎖定的市場。

一般來說，訂閱人數越多、鎖定的訂戶群越明確，線上行銷能帶來的獲利就越多。畢竟以點擊率1%來說，1000名電子報訂戶只會替你的登陸頁面帶來10位訪客；但如果你有100萬名訂戶，就會有1000名訪客。

然而，你的電子報要成為有效的線上行銷工具，訂閱人不只需要註冊訂閱，他們還必須點開你的電子報來看。如果他們沒點開當下這一期電子報來看，裡面任何一則廣告或優惠就不可能得到他們的回應。而且如果他們沒有持續讀電子報，最後就會取消訂閱，你也失去了這位線上的潛在顧客。

以我的經驗來說，那些點閱率最高的電子報都提供有用資訊、訣竅，並以短小篇幅呈現；而且越實用、越能實踐的資訊越好。

你的電子報不是用來發表經營哲學或解釋複雜技術的地方，你可以引導訂閱者到提及這些內容的網頁，或下載相關的白皮書、特別報告等。電子報的讀者喜歡閱讀實用的文章，從中得知如何做好一件事，而且是從幾段精簡的內容中得知這些訣竅。

新聞也適合當作電子報的內容，但只有新聞的話，效果沒有實用建議來得好。運用新聞材料最好的方法就是搭配訣竅或建議。舉例來說，如果你是財經刊物發行商，電子報提及原油相關新聞，那麼你不妨同時告訴讀者該買哪支石油股，才能從波動的油價中獲利。

你不需要為了在電子報中提供建議，刻意加入新聞元素。但如果你提供的建議剛好能與時事新聞連結，不妨就這麼做；過去的經驗顯示，這麼做可能讓你的讀者和回應增加一倍。

話雖這麼說，你永遠不知道哪篇文章會擄獲讀者的心，答案通常出乎你意外之外。舉例來說，一家專門提供安全資訊給人資主管的公司裡，有位經理會定期發行電子報，內容談職場安全及其他人資議題。他表示，所有文章中，點閱率最高的是「電腦族減輕眼睛疲勞的10個妙方」。

　　這篇文章的迴響，竟然比其他特別設計給人資主管的內容，都要熱烈得多。實在太匪夷所思了！

　　以下素材我覺得很適合當作電子報的內容，裡面很多想法來自我同事依莉斯・班寧（Ilise Benun）的網站（www.artofselfpromotion.com）：

1. 想像自己是個輸送管，你的任務是將有用的資訊傳遞給那些可以運用的人。

2. 密切注意工作上或與顧客互動時遇到的疑惑、困難和想法。

3. 把你的經驗或教訓濃縮成一個實用建議，好讓你能透過電子郵件、傳統郵件或輕鬆平常的對話，和他人分享。

4. 把問題或情境當作提供建議的開場白。把建議盡量精簡到只留下核心概念。

5. 提供解決之道。建議要有可行性，所以請確保你能提供幾個實際執行的步驟。讀者特別喜歡那些可以馬上運用的資訊，例如前面提到電腦族消除眼睛疲勞的10個妙方。

6. 描述運用這些建議後，會產生什麼效果或好處，好鼓勵讀者採取行動。如果有能任何工具能讓讀者實際衡量這則建議的效用，請附上這些工具的網站連結給讀者。

7. 提供那些讀者毫不費力就能採用的訣竅，例如現成的文句、樣板範本、清單、表格等等。

8. 列出讀者能獲得更多資訊的網站或其他資源。

9. 將最好的建議擺在最前面，以免讀者沒看完全部內容，有時候就算

寫得再短，對讀者來說都還是太多。

請注意，大部分電子報有兩類讀者：（1）訂閱電子報，但尚未成為消費者的潛在顧客；以及（2）已經買過產品，因此列在顧客名單上而收到電子報的人。

考量到成本、管理的便利，大部分企業只會發行一種電子報，同時服務這兩種讀者。但要讓電子報產生行銷效果，你必須記得這兩種讀者有不同的需求和觀點。

第一種電子報訂戶還沒向你買過產品，而且甚至可能不知道你的產品或你是誰。

針對這類讀者，你的目標是（1）利用免費的電子報讓他們開心，並（2）引導他們進入下個階段——購買你的產品或服務。

要達成這兩個目標，你必須：

- 讓電子報具備扎實的內容。沒有什麼比實用、可行的建議或訣竅更適合當作電子報的內容了。

- 每期電子報裡，放一則50到100字自家產品的廣告，提供30天的免費試用，並記得放上連結，引導讀者到登陸頁面索取優惠。

- 在每期電子報之間，至少寄一封電子郵件給訂戶，以極具說服力的理由，說明為何要接受你30天的免費試用方案。舉例來說，你可以利用免費好康當作誘因，只要試用就能獲得贈品或免費內容（例如一份特別報告）。如果你提供的是免費內容，那麼應該讓他們在登陸頁面下訂產品後，就能以PDF檔的形式獲得這份報告。

第二種電子報訂戶則是顧客，他們已經買過你的產品了。針對這一類讀者，你的電子報可以這麼做：

- 提供新消息、更新資訊、推薦，以及針對產品使用的新想法、新應用。

- 強調產品升級、新配件推出，或讀者感興趣的其他產品相關情報。

- 提供其他產品和服務的特別優惠。

可以在電子報中放入實用建議和訣竅以外的內容嗎？當然可以。我的電子報（可在www.bly.com訂閱）就包含很多不同類型的文章，像是書評、名言引述、新聞，以及新產品發表公告。

不過，還是聽聽我的建議。你在製作下期電子報的內容時，請記得，沒有什麼內容比實用建議更能吸引讀者的注意、激發他們的興趣了。

Chapter 14

網路廣告：
善用各類型廣告，
達到多元行銷目標

對很多中小型企業來說，網路廣告是直接回應式銷售（direct response sales）*的工具。也就是網路使用者看到他們的廣告時，點擊廣告就連到某個網站或登陸頁面，接著能在此購買他們的產品。

這種銷售模式以橫幅廣告執行的話，會產生一個問題。那就是這個模式是仰賴打斷使用者行為得以成立。看到橫幅廣告的人大概正在瀏覽某個他想看的頁面，因為點擊橫幅廣告而中斷原本在做的事情。

因此，儘管橫幅廣告仍是有效的直接回應式行銷工具，但或許更適合用來建立品牌或形象。由於橫幅廣告觸及範圍廣、曝光頻率高，用來增加品牌知名度很管用；不過可惜的是很難評估成效。品牌推廣需要長期經營，一段時間後才能看到成果。

和電視廣告一樣，觀眾看到橫幅廣告時不一定會馬上採取行動，等到要買的時候才會想起你的品牌。不過有別於電視廣告，看到橫幅廣告的網路使用者還是有辦法馬上採取行動。

現在刊登橫幅廣告的成本已經沒那麼高昂，而且還能同時建立產品知名度、得到消費者的立即回應；因此，只要你明白建立知名度也是功能之一，橫幅廣告可說是很划算的行銷手法。

橫幅廣告的大小

談到橫幅廣告的大小，講的可以是兩件不同的事情：檔案佔用的儲存空間（以下稱「檔案大小」），或是長寬尺寸（以下稱「尺寸」）。檔案大小以位元組為單位計算。由於寬頻網路普及，檔案大小的重要性不比從前。不過最好還是將橫幅廣告的檔案大小維持在25 KB以下。

至於橫幅廣告的尺寸，並沒有一定規格，只要刊登的網頁接受就行。美國互動廣告協會（Interactive Advertising Bureau，簡稱 IAB）制定了 20

---

* 譯者註：direct marketing 是「直效行銷」，表示直接和消費者或潛在顧客溝通的行銷模式。direct response sales則是「直接回應式行銷／銷售」，特別強調希望消費者立即行動的行銷方式，例如直接回應式電視、電台廣告都會希望讀者立刻撥打訂購專線；通常是直效行銷會採用的一種手法。direct response 也譯作「直效回應」。

種標準尺寸（請參考以下表格）。IAB是個非營利廣告公會，制定這些準則以減少廣告尺寸的數量、簡化廣告製作流程。

廣告尺寸以像素（pixel）為單位，像素就是組成影片或電腦圖像的最基本單位。

矩形廣告與彈出式廣告

中矩形廣告	300 × 250
正方形彈出式廣告	250 × 250
直立矩形廣告	240 × 400
大矩形廣告	336 × 280
矩形廣告	180 × 150
3:1 矩形廣告	300 × 100
背投式廣告	720 × 300

橫幅廣告與按鈕式廣告[**]

全橫幅廣告	468 × 60
半橫幅廣告	234 × 60
微型按鈕廣告	88 × 31
按鈕廣告1	120 × 90
按鈕廣告2	120 × 60
直立橫幅廣告	120 × 240
方形橫幅廣告	125 × 125
超級橫幅廣告	728 × 90

[**] 譯者註：按鈕（式）廣告（button）是比橫幅廣告小的圖型廣告。

摩天大廣告（直立橫幅廣告）

寬幅摩天大廣告	160×600
摩天大廣告	120×600
半頁廣告	300×600

長久以來，468×200 尺寸的橫幅最常見，但由於廣告競爭日益激烈，網頁經營者開始提供更多版面刊登廣告。

一般來說，廣告越大，越容易讓人記得、點擊率也越高，但這不並表示尺寸小的廣告就不管用；廣告刊登的位置、本身的內容與設計，以及與網頁的關聯程度都扮演重要的角色。美國行銷公司Advertising.com曾調查過橫幅廣告的點擊率和轉換率，發現中矩形廣告（300×250）的點擊率最高，寬幅摩天大廣告（160×600）位居第二。

廣告版位

廣告刊登的位置和廣告的尺寸幾乎一樣重要。以形象廣告來說，頁面頂端的位置最好，因為網頁瀏覽者一定會看到，也容易記得，但不一定會點擊；相較之下，放在頁面其他地方或側邊的廣告可能因為更鎖定受眾，因此更容易被點擊。

出現在網頁捲動軸旁的廣告點擊率也很高，可能是因為使用者的游標本來就在那附近。

橫幅廣告的設計與內容

這幾年下來，橫幅廣告大幅發展、演變。由於頻寬變大、科技更進步，動畫和圖片的品質越趨精緻。現在，橫幅廣告和其他網路廣告也能具備互動功能，游標移到廣告上，廣告的樣式就會改變；不再像以前只

有單純的連結引導到新的網頁。操作手法也有優劣，以下概述哪些手法的效果最好。

文字：橫幅廣告上的文字必須非常少，也因此這麼少的文字得製造出大效果。撰寫文案時，有幾個技巧可以用上。你可以表示點擊你的廣告就能得到好處，例如寫「衝高流量」。你也可以拋出一個問題，答案放在你的網站上。利用「限時」等字眼製造急迫感也是好方法，並且請善用「免費」這個詞。呼籲網頁瀏覽者採取行動時，可以使用「點擊此處」或「更多資訊」都能增加點閱次數。

你的廣告也應該和投放的網頁有關，越相關，效果越好。文字訊息務必簡短，大家不會想花時間看很多字，文字簡短的橫幅廣告點擊率較高。

顏色和圖像：你的廣告如果能和刊登的網頁互相襯托是最理想的情況。不過一則廣告通常會出現在很多不同的網站上，要替每個網站或網頁設計出相應的廣告通常不切實際。研究顯示，橫幅廣告如果是藍、黃、綠色等鮮豔的色彩，點擊率較高。廣告的圖像應該要很吸睛，但也不要太超過。如果為了建立品牌知名度，不妨用上公司的商標。

動畫和互動設計：這兩者在橫幅廣告等展示型廣告中，具備3個重要的功能。第一，動態廣告能引人注意，讓你的廣告比較不容易被忽視。第二，如果添加互動設計吸引瀏覽者，例如移動游標的話廣告樣式就產生變化，或出現下拉式表單，都能增加點擊率。第三，這類廣告較容易讓人印象深刻，就算沒讓使用者點擊，也有助於打造形象。

搜尋引擎的點擊付費式廣告

要採用點擊付費式廣告來行銷，首先你要決定願意花上多少錢，以及你的目的。你想要蒐集待開發客戶名單以便後續推銷，還是需要創造流量，近而馬上產生銷售？

搞清楚每次點擊值多少錢，確定你願意支付的金額上限 —— 這就是你的每次點擊成本（cost per click，簡稱CPC）。如果你賣得產品淨利率低，你的 CPC 就得很低。

反之，如果賣得是淨利率高的產品，你就負擔得起較高的CPC。同樣的道理，如果是用來蒐集待開發客戶資料，你之後可以再三將產品賣給同一個人，那麼就算第一次交易沒有回本，你還是負擔得起較高的CPC，因為消費者會回購。

　　以一個簡單的例子來說明。如果20次點擊才會有一次交易，且每次點擊花你1美元，那麼每個訂單等於花你20美元。你產品的利潤有超過20美元嗎？如果沒有，你就得想辦法降低點擊成本，不然就得提高轉換率或產品價位。

　　有些人採用點擊付費式廣告不是為了賣產品，而是為了蒐集名單；那麼你可以負擔的每次點擊成本就要根據名單上每個名字的平均價值來估算。舉例來說，如果每年的網路銷售額有20萬美元、名單上有2萬筆個人資料，那麼名單上每個名字一年平均值10美元。

　　要找到最適合產品的關鍵字，你首先要好好腦力激盪一番。沒有人比你更了解你的產品。仔細想想，如果有人想找你的產品，他會在搜尋引擎裡輸入什麼樣的關鍵字？

　　記得，關鍵字要具體明確，別用那些通用名稱、概述。盡可能找到確切的字詞來形容你的產品。如果你是珠寶商，比起「珠寶」這種通用名稱，用「純金迴圈耳環」當關鍵字比較好。

　　另一類能獲得高轉換率的關鍵詞，則是將你的產品或服務塑造成某個事物的替代選項。舉例來說，你就可以用「鑽石」當關鍵字替方鋯石打廣告。接著，你的廣告要解釋，為什麼你的產品比搜尋引擎使用者輸入的關鍵字還要好。

　　另外，善加利用假期或特殊節慶的流量，把假期或特殊節慶當作你的關鍵字；你的產品很適合當禮物時，特別適合這麼做。「某某節日／假期」、「生日」、「婚禮」和「畢業」都是很好的搜尋字眼。你可能會想出「母親節禮物」、「訂婚戒指」或「週年紀念禮物」等諸如此類的字詞。

　　想出最直接的關鍵詞之後，你接著要想沒那麼直接、明顯的搜尋字

詞。你可能會想到「結婚誓詞」，因為對誓詞感興趣的人可能會需要婚戒或伴娘的禮物。盡可能發揮創意發想關鍵字。選定以後，務必要將選定的關鍵字放進廣告標題或文案中，例如「最完美的母親節禮物」。

時事、當紅人物、熱門話題也都可以成為合適的關鍵字，只要你想得出辦法讓產品和這些主題搭上線。不過，你要確保這些關鍵字能和你的登陸頁面、優惠方案兜得起來；做不到的話，你只有流量增加，但轉換率不高。

選定關鍵字後，建議你使用Google的關鍵字規劃工具（Keyword Planner），檢視多種搜尋方式得出的搜尋量、了解這些關鍵字的競爭是否激烈。最好的狀況就是搜尋量很多，但競價的人少。

不過有競爭也未必是壞事。如果有競爭對手，你就知道你的產品有市場，大家會想搜尋、購買，不然沒有人會想買廣告行銷。這個工具也會提示相似的關鍵字，挑出你覺得最適合的幾個。

還有很多其他的關鍵字工具，能幫你找到最划算、最有成效的關鍵字。有些工具免費，有些則要收取一點費用。

你已經找出你最重要的關鍵字了，現在要針對這幾組關鍵字，動筆寫出幾份廣告文案。接著介紹如何組織你的廣告文案：

標題：第一行就是廣告標題，請務必在標題裡用上關鍵字。

標題最多可到2行、每行最多30個字元。這並不多，而且大部分空間都要拿來放關鍵字。請確保你的標題夠吸引人。

- 問問題：「選好訂婚戒指了嗎？」
- 表明產品的優越性：「全世界最完美的訂婚戒指！」
- 訴諸人的基本情緒（愛、貪婪、恐懼）：「能讓她更愛你的鑽戒」

廣告內文：以敘述性文字組成，最多80個字元。

廣告顯示網址：廣告最後一行要放上你的網址，Google也會自動擷取，確保正確無誤。擊付費式廣告最糟的情況就是每次點擊成本高、帶

來大量流量但卻沒有轉換成銷售或待開發客戶。要防止這種狀況，不妨在廣告裡加上篩選的字詞。舉例來說，假設你賣的是飛蠅釣指南，要價19.99 美元。你就可以在廣告裡標出價格，藉此讓那些只想找免費資訊、不打算付錢的人打退堂鼓。

可能的話，不妨將關鍵字放到網址中，就算你得額外下功夫弄一個。最好的辦法是替每個登陸頁面買一個專用的網域名稱。

在電子報裡登廣告

所有類型的電子報廣告都有用。這部分將介紹3種不同類型的電子報廣告，以及這三種要如何使用。

單發廣告（solo ad）：電子報將你的文案寄給訂戶，也就是說，整封電子郵件裡只有你的文案，沒有其他電子報一般會有的內容。

贊助廣告（sponsorship ad）：電子報能刊登很多贊助廣告，刊登價格通常由版位決定。「頁首廣告」刊登在電子郵件頁面的一開始，通常價格最高。

接著，任何刊登在電子報首篇文章後的廣告都稱作「頁中廣告」。一期電子報裡能刊登很多則頁中贊助廣告。如果廣告旁的電子報文章和廣告行銷的產品有關，這類的頁中贊助廣告效果最好。舉例來說，如果廣告賣得是草籽，放在講草坪維護的文章旁最合適。

「頁尾廣告」則是電子報內文裡最後的廣告，出現在電子報一般文章之後、分類廣告之前。這類廣告一般來說價格最便宜。

文字廣告（text ad）：文字廣告的長度通常介於3到5行，一行60到65 個字元。以讀者數眾多的電子報來說，這類廣告相當便宜，每則大約5 到25美元。

有些電子報能讓你免費刊登廣告，交換條件是把你加入他們的郵寄名單中，這是他們增加名單的方法之一。由於沒花你半毛錢（不過代價是

你的時間和雜亂的信箱），登廣告後有任何回應都是好事。

另外，別忘了電子報通常都會歸檔，你會有個永久存在的連結導引至你的網站。就算消費者沒有造訪你的網站，搜尋引擎的蜘蛛程式還是會找到你的網站。

至於廣告要怎麼設計，大多由刊登的電子報性質及你的廣告類型決定。請確認電子報刊登廣告的詳細規定。很多電子報嚴格規定只能放文字，不能有圖像，如此一來佔用的頻寬小，能輕鬆通過垃圾郵件過濾器。你不妨也問問電子報出刊單位，怎麼做最有效；畢竟，他們最了解他們的讀者了。

如果是單發廣告，你的內容應該要和那份電子報類似。確保你的廣告看起來像那份電子報裡常見的資訊。也就是說，請讓單發廣告的內容具備新聞性、提供扎實訊息，而不是一味炒作宣傳。單發廣告讓你有機會提供消費者必要、有用的訊息，並且有餘裕多加闡述自家產品的效益。

吸引人的出色標題當然不可少，標題的任務就是要抓住讀者的注意力，讓他們繼續往下讀廣告內文。在標題加入潛在顧客關心的事物，不失為吸睛的好方法，所以盡可能把關鍵字加入標題中。來看看一則單發廣告的例子（這則廣告是在911事件、伊拉克戰爭前刊登）：

炸彈落在巴格達，錢就掉進你口袋！

就算小布希從來沒有向伊拉克宣戰，鮮為人知的國防承包商已經坐等回收100%的利潤；如果真的開戰了，那就是賺進500%的利潤了。免費研究報告詳細揭露這樁國防兒戲，以及4支成功躲避華爾街雷達偵測的「隱形股票」。最棒的是，市場情緒轉趨悲觀時，我們的「隱形股票」仍確保你持有現金。這是現在最安全賺錢的方法。我們已經獲利58%、108%，甚至241%……持續進帳，並且用這個方法就能輕鬆打敗標準普爾500指數。→了解更多。

刊登贊助廣告和分類廣告的話，你就沒有超大空間可以發揮，也無法獨占讀者的注意力。這類廣告得控制在6行以內，每行不能超過70個字元；因此，你的廣告必須格外有力。

最後，要寫出有效的電子報廣告，請記得那些所有廣告都適用的原則：強而有力的標題、說出消費者的需求、表明你的產品能滿足這項需求，最後強烈呼籲消費者採取行動。

臉書廣告

臉書用戶現在已經超過20億；至於設計給專業人士交流的領英，活躍的使用者大概有6億3千萬人。要把心力放在人群聚集的地方，那麼其他社群網站都有發展的潛力，像是 Reddit、Tumblr、Instagram、Pinterest 和推特（Twitter）。

Facebook廣告指南（Facebook Advertising Guide，請參考：https://www.facebook.com/business/ads-guide）詳細描述了3種廣告格式：影片、圖像、精選集。如果要開始在臉書投放廣告，圖像廣告會是很合理的起點，因此接下來將特別著墨這個廣告類型。因為線上影片廣告也很熱門，我之後會介紹影片廣告。

一般來說，點擊付費式廣告平均每次點擊的成本為1.25美元。如果你打算採用這種方式，你很快就會發現格式很多元。現在來看看單一圖像廣告的規格。這裡講的是出現在臉書頁面右欄的單一圖像廣告，而不是顯示在動態消息裡的單一圖像廣告。以下的廣告規格為2019年3月的資料：

圖像規格

- 建議圖像尺寸為1200×628像素。
- 最小寬度及高度為600像素。
- 建議長寬比介於9:16至16:9，不過包含連結的單一圖像長寬比最大可為1.91:1。

- 建議檔案類型為JPG及PNG。
- 圖像裡的文字比例若超過20%，廣告無法刊登的機率會增加。
- 檔案尺寸：1200×628像素。
- 圖像長寬比：1.9：1（長寬比通常以兩組數字中間加個冒號表示，例如19：9）。
- 臉書建議圖像中不要有文字或文字越少越好。

廣告的限制

- 文字：125個字元。
- 標題：25個字元。
- 連結說明：30個字元。

如何撰寫臉書圖像廣告？

怎麼讓臉書圖像廣告起作用？兩件事：鮮豔、吸睛的圖像，以及很有說服力、令人信服的文案內容。不過，臉書的廣告專家指出，圖像肩負的責任比較大。研究顯示，圖像非常重要，重要到決定了一則廣告大約75%到90%的表現。他們表示，測試10到15張圖像（文案內容都一樣，只有圖像不同）是個聰明的作法。

臉書並沒那麼看重文案，不過文案寫手當然明白文案的重要性，還是要夠重視文字內容。下面的例子是一則鎖定臉書廣告主的文案。想像一下：一位煩惱、挫敗的寫手坐在空白的電腦螢幕前。廣告內容第一行寫道：

讓我告訴你寫臉書廣告有多容易！你會明白所有該知道的技巧、秘訣和陷阱。行銷菜鳥的一大福音！

→索取撰寫臉書廣告的清單

下載這份清單，所有對於撰寫出色臉書廣告的困惑，通通一掃而空！

成功的臉書廣告更要緊的是抓住瀏覽者的注意力，而且不只讓他們想回應廣告，也要讓他們想點「讚」並在臉書上分享。由於主要是由圖像吸引他們的注意，建議你將關鍵訊息放在圖像裡。然而，臉書限制圖像裡的文字不可佔據圖像20%的空間。這裡說的「文字」包含蓋過圖像的文案，以及文字為主的商標，甚至連影片縮圖裡的文字都算。

有放圖片的臉書廣告曝光時的尺寸通常都不大，因此文案必須精簡到最少。

美國網路行銷公司WordStream提出了一個撰寫臉書廣告的簡單公式，我認為他們說得極好。廣告必須要告訴讀者3件基本資訊：

- 你提供什麼樣的東西？
- 這樣東西對讀者有哪些好處？
- 讀者接下來要做什麼？

廣告測試工具AdEspresso也針對撰寫臉書廣告的標題，提供8項實用指南：

1. 善用數字。很多文案寫作研究都得出相同的結論：以數字開頭的標題效果通常都特別好。

2. 製造急迫感。

3. 行文精確清楚。

4. 標題要簡短。

5. 強調效益。

6. 在標題中放入行動呼籲。

7. 利用標題提問。

8. 運用強而有力的字詞。

至於每一項的具體說明，前幾章已討論過，請參考第1、2、3、4章。

臉書影片廣告

2018年11月，社群媒體管理服務公司Hootsuite調查發現，71%的臉書用戶那一年在臉書上看的網路影片比以前多，而且預測60%的用戶在2019年會看更多社群影片。另一個耐人尋味的調查結果：臉書使用者看影片時，看廣告的時間增加5倍。另外，臉書用戶看影片的時間是瀏覽臉書靜態貼文的5倍。

臉書影片廣告規格如下：

* 格式：MOV 或 MP4。
* 影片長寬比：16:9。
* 影片解析度：至少720p。
* 檔案大小：以2.3 GB為上限。
* 影片長度：臉書上限120分鐘，Instagram上限60秒。
* 影片縮圖：尺寸為1200×675像素，長寬比16:9。
* 說明：2200個字元為限。

針對如何製作引人入勝的影片，臉書給了幾項簡單的建議：

* 製作臉書影片廣告時，要將手機使用者放在心上。
* 為了適合用手機觀看，採用直向或正方形的影片格式。
* 要迅速吸引觀眾的目光。手機使用者手腳很快，因此影片必須馬上讓他們感興趣。
* 影片中儘早展示你的產品或品牌。
* 製作就算設成靜音也好看的影片。很多人在公共場合時，基於禮貌會關閉手機音效。

其他擅長製作出色臉書影片廣告的行銷人也提供以下幾點建議：

* 在影片中加入文字。
* 製作沒有聲音也看得懂的影像。
* 影片要附上字幕。

- 最有效的文案長度：臉書廣告標題為 4 個英文字、連結說明為 15 個英文字。以下來看個例子：

＊ **快速製作電子書**
＊（縮圖）

看我 2 秒內做出一本電子書！
就從你的部落格、Word 檔、Google 帳號開始，製作精美電子書、報告、圈粉內容、白皮書……

臉書影片 vs. YouTube：哪個比較好？

最近的調查顯示，47%的消費者表示，他們現在幾乎都在臉書上看影片；41%的人則通常在 YouTube 上看影片。在臉書上看影片的人中，71%表示他們看的影片廣告都和自己有關聯。另一個對企業品牌更重要的調查結果顯示，觀看企業臉書影片臉書用戶中，大約60%到70%的人接著會造訪該公司的官網。

其他臉書廣告格式

除了圖像和影片廣告，臉書還有其他廣告格式，包括輕影片（slideshow）、輪播（Carousel）及全螢幕互動（Canvas）廣告[***]。你能在單一輪播廣告內結合其他廣告形式，輪播廣告可展示多達10張圖卡，每張圖卡分別能置入圖像、投影片或影片。每張圖卡甚至能分別設定連結，連到不同的登陸頁面。

輕影片廣告則利用最多10張圖像，製成循環播放的影片。此外，臉書也讓你製作全螢幕互動式廣告。每一種廣告格式都有各自的規格，不妨諮詢臉書的廣告中心（Facebook Advertising Center，https://www.facebook.com/business），了解詳細規格。

[***] 譯者註：全螢幕互動廣告（Canvas）已改名為「即時體驗」廣告（Instant Experience）。

加強推廣貼文 vs. 增加貼文互動

「加強推廣貼文」是你在臉書上可運用的最基本行銷手法，是將一部份廣告預算分配給粉絲專頁已發佈的貼文。只要點擊貼文右上方的按鈕，你就能選擇要將貼文推廣給「對你粉絲專頁按讚的用戶和他們的朋友」或「透過目標設定功能選擇的人」；你也能設定加強推廣的預算。

「增加貼文互動」則是屬於臉書登廣告的服務之一[****]，這項功能確保你想宣傳的貼文出現在更多用戶的動態消息中。「加強推廣貼文」是否有效，眾說紛紜、尚無定論。有些人表示「增加貼文互動」是比較好的做法，能讓你的貼文出現在用戶的動態消息中，而且不管是鎖定的對象、價格預算或競價等，能選擇的設定比較多。

臉書廣告要花多少錢？

你的廣告成本由幾個因素決定：一年之中刊登的時節、一天之中刊登的時段，廣告鎖定的群體性別和廣告版位。臉書廣告可能花不到1美元，也可能超過5美元，端看廣告的品質和競爭程度等因素。不過幸運的是，你可以從10到20美元的預算開始投放臉書廣告。

LinkedIn 廣告

LinkedIn廣告團隊表示，LinkedIn是給全球專業人士交流的社群網站，現在會員超過6億人。針對企業對企業開發潛在顧客，以及建立人脈找工作，領英自認為全球首選的社群平台（雖然indeed.com才是全球第一的求職網站）。

話說回來，現在來看看領英提供的廣告投放選項：常見的文字廣告，之後會回來說明，還有動態廣告、展示廣告、贊助InMail（Sponsored

---

**** 譯者註：必須使用臉書的廣告管理員（Ads Manager）平台才有這項功能。這項功能不限於已發佈的貼文，可以只出廣告，且廣告不會在粉絲專頁的動態裡出現。

InMail，也稱「贊助訊息」）和贊助內容（Sponsored Content）。我們很清楚文字廣告是什麼，所以直接來看看其他比較沒那麼熟悉的廣告格式。

- **動態廣告**：出現在網站右欄、針對每個會員動態更改的個人化廣告，也就是根據會員的個人檔案資訊，像公司名稱或職稱等，替每位會員顯示自訂的廣告。目前有 3 種形式：焦點廣告（spotlight ad，又稱「聚光燈廣告」、「聚焦廣告」）、關注者廣告（follower ad）以及招聘廣告（job posting ad，又稱「職缺廣告」，不在討論範圍內故略去不提）。

    1. **焦點廣告**：可以利用焦點廣告和目標受眾分享領導思維、最佳做法、企業遠見和有價值的內容。會員點擊你的廣告後，就會連到你的網站或登陸頁面，你就能在此記錄使用者在這些頁面上的行為，藉此蒐集待開發客戶名單、增加訂戶與流量。也可以利用焦點廣告進行購買意願轉換、建立品牌知名度。

    2. **關注者廣告**：這個形式能讓廣告主宣傳自家的 LinkedIn 專頁，引導會員點擊關注。廣告主如果想建立品牌知名度、利用 LinkedIn 專頁增加互動，或將 LinkedIn 會員變成自家企業的關注者，推薦使用這個形式。這類廣告上會出現會員個人檔案的照片，旁邊則是你公司的商標，而且文案裡會寫出會員的名字和你公司的名稱。

- **展示廣告**：或稱為橫幅廣告，包含圖像和文字內容的廣告[*****]。

- **贊助 InMail**：可以利用 InMail 訊息直接聯繫尚未建立關係的會員。如果你使用的是標準型（免費）帳戶，必須先升級成進階帳戶才能使用這項功能。根據你領英帳戶的類型，會獲得相對應的 InMail 點數。這類廣告透過寄送個人化的私人訊息，讓你蒐集更多待開發客戶名單，並和目標客群互動。一則贊助 InMail 的訊息包含客製化的問候語、行動呼籲按鈕、內文、橫幅圖像，而且能在內文中加入連結。

- **贊助內容**：這類廣告分成兩種形式，分「贊助內容」與「直接贊助內容」。

[*****] 譯者註：現在已不提供此服務。

1. **贊助內容**：LinkedIn專頁管理員可將自家專頁上的動態消息設定成贊助內容。這則贊助內容會投放到尚未關注你專頁的LinkedIn用戶的動態消息上，藉此加強推廣。

2. **直接贊助內容**：這類贊助內容不會出現在LinkedIn專頁或專頁的展示專區（Showcase Page）上。這類贊助內容讓廣告主能投放廣告，同時又不會使自家專頁或展示專區變得訊息紛雜、頁面混亂，而且也不用先在專頁上發表動態消息。

LinkedIn的展示專區是企業領英專頁的延伸頁面，讓企業宣傳特定產品，或向特定客群行銷。LinkedIn的用戶可以只關注企業的展示專區，而不關注該企業的領英專頁或其他展示專區。

由於LinkedIn提供很多種廣告方案，建議你查詢LinkedIn的行銷解決方　案（LinkedIn Marketing Solution，https://www.linkedin.com/help/lms/topics/8154/8155/ad-specs-guidelines）裡的廣告規格說明。至於投放廣告的成本，端看你選的廣告格式，計費方式可能為每次點擊付費，或每千次曝光成本（cost-per-impressions，簡稱CPM）；贊助InMail則是每封傳遞（cost-per-send，簡稱CPS）方式計費。

如何撰寫LinkedIn的文字廣告

LinkedIn的文字廣告和臉書以文字為主的廣告差不多。發揮創意之餘，你也要注意字元數與廣告尺寸的限制。目前的廣告規格如下：

- 廣告尺寸很多元，包括300×250、17×700、160×600、72×90，以及496×80像素。
- 如果使用圖像，尺寸為50×50像素。
- 標題：25個字元為限（包含空格）。
- 內文：75個字元為限（包括空格）。

下面來看一個以文字為主的領英廣告。這則廣告很小，搭配了一張圖，呈現一位神情滿足的專業女性，文案寫道：

樂於學習的 VIP？

訓練你的團隊具備出色談話技巧，能和高階決策者交涉。

免費網路論壇

　接下來這則文字廣告有點不一樣。這則廣告載明了文案討論的網址（而不是將網址內嵌在廣告裡），而且直接提到品牌名稱。

填滿你的銷售漏斗

利用 HubSpot 的免費指南，從領英挖掘待開發客戶。

至 HubSpot 索取：http://www.namethislandingpage.com。

Chapter 15

社群媒體：
搞懂各個平台的生態，
製作專屬貼文
讓能見度大增

社群媒體使用須知

同時運用多個社群媒體行銷時，你應該針對不同平台撰寫不同內容。也就是說，你在臉書的貼文和推特或領英上的發文並不同，就算這些發文的主題相同。要在任何社群平台寫出好的內容，請掌握以下原則：

1. 行文精簡：避免贅字。社群媒體的貼文應該要剪短、直接，一開始就呈現有趣的標題或開頭。
2. 根據社群平台的性質，在兩、三句或兩、三段的篇幅內，吸引讀者注意並提供豐富有趣的資訊。
3. 利用「你同意嗎？」或「你覺得如何？」等句子鼓勵讀者在貼文底下留言。

建立企業官方帳號

要在社群平台行銷產品或服務，請務必使用企業的官方帳號，別用個人帳號。為了建立品牌形象、為了讓讀者瀏覽你的內容時只想到你的企業品牌，這麼做比較專業。除非你的名字就是品牌本身，不然透過個人帳號宣傳企業品牌會讓你看起來不專業又外行。

最近我看到有人在社群平台上發了一篇500字的貼文，替自家企業打廣告；點開來看的話，整篇貼文佔據了整個頁面。每一段都有五六個句子，很難快速看完。

請把長篇內容留給部落格。社群媒體上的讀者大多偏好閱讀短篇內容，並在快速讀完以後直接點「讚」。

此外，在官方社群平台頁面上，請記得載明以下資訊：

1. 企業名稱和商標。
2. 聯絡方式，例如電子郵件地址或電話號碼。
3. 企業簡介、提供什麼樣的服務。

善加利用漏斗狀的集中手法

同一則內容發表在不同社群平台上時，請分別冠上不同的標題。每個標題還是得和內容的主題相關。如果你在官網寫了篇部落格，你可以在社群平台貼文的最後加上部落格連結，藉此引導每個社群媒體平台的讀者到官網上讀部落格。下面的例子示範了因應不同社群平台變換貼文內容和標題，引導讀者到同樣的部落格內容上。

臉書貼文標題：更快、更好地製作出色的Google廣告！

想多了解如何製作Google廣告，一定要讀我們最新發表的部落格！這篇文章一步步教你如何建立廣告，並學會挑選對的廣告關鍵字。快來看看！
https://bestSEOpractices.com/blog/google-ads-creation

推特貼文的標題：快速設計你的Google廣告！

快來看看我們的最新文章，教你快速建立Google廣告，讓你被看見！點擊以下連結了解更多！
https://bestSEOpractices.com/blog/google-ads-creation

LinkedIn貼文的標題：5分鐘建立Google廣告，邁向成功！

看我們的解說，了解如何飛快設計Google廣告。我們也會教你挑選關鍵字的最強辦法，在搜尋結果裡獲得關注。
https://bestSEOpractices.com/blog/google-ads-creation

至於如何避免內容重複，更多資訊請參考Google的說明：
https://support.google.com/webmasters/answer/66359?hl=en

你每個社群媒體帳號的行銷策略都是整體多管道行銷的一部分，都是為了讓你的產品或服務在網路世界各處獲得關注。要達成這個目標，你得寫出簡短、有趣、提供資訊的貼文，就像前述例子一般抓住讀者的注意力，好引導他們繼續往下造訪你的部落格或登陸頁面。一旦他們讀了你的部落格，就有可能訂閱你的電子報、同意收到你的電子郵件。

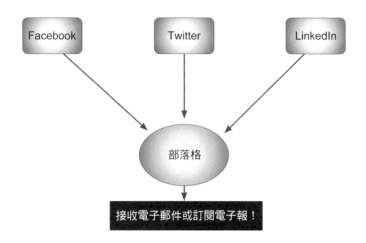

圖15.1 呈現了漏斗狀的集中手法，
利用社群媒體和部落格，替你的主動訂閱、註冊頁面導入流量。

撰寫社群媒體貼文的訣竅

　　你可以利用社群平台的貼文表達意見、分享內容，和他人對話。幾乎可以想說什麼就說什麼、想秀什麼就秀什麼，不過還是有例外，但並不多。目前具備留言回應功能的社群媒體平台包括 YouTube、LinkedIn、推特、臉書，當然部落格也包含在內。你的臉書貼文最有可能被你的臉書朋友看到，不過其他臉書使用者也有可能會瀏覽到。你推特上的推文則是發布給推特粉絲看的；領英的貼文、文章則僅限於領英人脈瀏覽。

　　以下是提供幾項社群媒體文案的撰寫指南：

　　● 確定撰寫目標。你想要表達意見或抒發感受？為時下重要議題發聲？分享資訊、建議、訣竅，或操作指南？提供優惠好康，例如開放下載免費的電子書？開啟或參與有趣的對話串？宣傳你的企業和品牌？或者只是為了好玩？清楚知道你為什麼要在社群平台上發文，如果想不出個理由，那何必寫呢？

　　● 社群平台的貼文盡量寫得吸引人又風趣，而且寫得好像你正在和每

個讀者一對一交談一般。

- 另外，務必謹慎使用忸怩作態的言詞，還有請特別小心使用髒話。有些人駕馭得了，但如果你是行銷圈菜鳥，可能會覺得這個風格設定很棘手，不好發揮。大家會希望多了解你，但如果一天到晚被髒話轟炸，有些讀者會覺得被冒犯，進而在社群媒體上抱怨這些貼文。大部分的臉書用戶無法接受髒話。

- 拿捏時機和情況，參與討論串、回應你貼文底下的留言。社群媒體是雙向互動的平台，可以促成交流、互動，也能建立關係。

- 如果在臉書上做生意，請避免充滿爭議性的話題，例如任何和政治、宗教、種族或性別議題有關、有爭議的內容。如果你在臉書上分享和時事、人物相關的有害消息，或發表污辱人、猥褻的偏頗言論，你的帳號可能會被臉書停用。

- 建議你在每則貼文的最後鼓勵、徵求讀者的回饋、留言。很有效的句子包括：「你怎麼看？」

「你有什麼想法？」

「你同意嗎？」

「你覺得如何──很好、尚可、不好或很糟？」

透過定期發文，維持粉絲黏著度

不妨排定日程表，定期發文，例如固定每週二、五發文。你甚至可以進一步規劃特定主題，讓讀者固定那幾天可以期待看到這個主題的貼文。務必讓你的貼文內容有趣吸睛，並聚焦在你的粉絲想看的主題。

舉例來說，你可以固定在週一和週四發佈搜尋引擎最佳化策略的原創貼文；至於週三和週五，你的貼文講的則是多管道行銷策略。記得在每則貼文的最後，問問讀者的想法。每則貼文也可以附上連結，連到公司的部落格網站，讓讀者閱讀和貼文相關的部落格文章。

還記得「網路禮儀」嗎？我們現在也需要一本手冊講「臉書的網路禮儀」，教大家在臉書上互動時如何表現得體。

- 守則1：不要因為你不同意某人的言論，就直接說他很蠢，甚至連暗示都不行。

- 守則2：每當有人貼了某個資料的連結，當作支持他論點的佐證，不要只回擊說這份資料是假的或錯的來否定對方的論點。為什麼別這麼做呢？因為你不可能完全確定，這只是你的看法。你該做的是表明你的看法，並提出佐證支持你的說法和觀點。針對從可靠來源獲得的文章、網站、研究或其他證據，如果你只表示這些都是胡扯，而沒有事實或邏輯支撐，那麼你才是胡扯的一方。

- 守則3：如果對方抱持的某個想法當初並非以邏輯推理方式形成，你就不可能透過邏輯、理性論述讓對方改觀。所以根本不要試著和他們討論，不然就是白費力氣，浪費你一堆時間和精力。

- 守則4：別把看法說得好像是不容置疑的事實。「菲力牛排比豬肝醬料理好吃」是看法；而「鮑伯·布萊喜歡豬肝醬料理勝過菲力牛排」則是事實。

- 守則5：就如美國科幻作家哈蘭·艾里森（Harlan Ellison）所說，你其實沒有資格針對任何事情發表意見，你只夠格針對你熟知的事情發達看法。一般人通常只對少數領域所知甚詳，但你會看到很多人在臉書上爭吵，對各種事情發表意見。請別這麼做。美國偵探小說家羅伯·派克（Robert B. Parker）表示，要知道你自己到底在講什麼，唯一的辦法就是只講你知道的事情。

經營臉書

根據數據統計公司Statista的調查，2019年第一季時，全球臉書的有效用戶已達23億8千萬人。這項統計裡的有效用戶包括最後30天內至少登

入臉書一次的使用者。

社群管理平台Sprout Social的報告顯示，放眼全球，印度的臉書使用者最多，達3億人，超過美國的2億1千萬用戶。如果想了解你的目標客群在哪裡，不妨到這兩個網站查看更多用戶的背景資料，例如社群平台使用情況、年齡和性別等。

• 企業粉絲專頁 vs. 個人檔案

你可能已經有臉書個人帳號，以此和家人朋友聯繫。不過要更專業地行銷你的企業、生意，請務必將你的個人生活和工作業務分開。

請透過個人帳號替你的企業、品牌開設粉絲專頁。

粉絲專頁的首頁能讓你發文、載明企業名稱、顯示商標。首頁也有選項供你推廣粉絲專頁、建立活動。

• 放上專業圖像與資訊

請在粉絲專頁裡放上高品質的圖像，像是品牌標誌及管理員的照片，或是簡介公司沿革、說明產品服務時搭配的圖片等等。此外，也要記得載明聯絡方式。臉書都會引導你完成每個設定。填寫完所有資訊後，你就能開始發文了。

• 排定貼文發佈時間

至少一週要發2次文，開始增加粉絲、讀者。臉書很會提醒你要發文，好讓你的粉絲專頁持續受到矚目。如果你有預算，不妨使用臉書廣告（Facebook Ads），能幫你帶來對你的服務或產品感興趣的讀者。你只要設定好目標讀者的資料，剩下的工作就交給臉書。和完全不打廣告相比，這麼做的話，粉絲增加的速度會快一點。

針對社群平台貼文的理想篇幅，SproutSocial 有提供字元數的建議，也就是包括空格和標點符號。如果你不想花時間一個一個數，不妨將你的文案貼到下面這個免費的社群媒體字元計數工具裡：https://sproutsocial.com/insights/social-media-character-counter/。

• 組織你的臉書貼文

1. 以吸睛的標題開頭,標題長度大概只有5個英文字左右。

2. 最多只寫2、3段內容,每段只有1、2句話,整篇貼文大概總計80個字元。

3. 內容簡潔、有趣,並且總是和標題有關。

4. 搭配一張和貼文主題相關的圖像、照片或影片。

5. 附上和貼文主題相關的部落格連結,或訂閱電子報、電子郵件的註冊頁面。(選擇性使用)

我臉書的貼文大多是為了希望刺激讀者思考,同時鼓勵讀者回應,不管回應是好是壞都歡迎。如果你是一人公司,老闆兼員工,你可以撰寫有趣的貼文吸引讀者注意。此外,在臉書經營粉絲專頁,記得發文時不只表達自己的意見,也要鼓勵讀者回應他們的觀點。來看看幾個例子。

Robert Bly
May 9 ·

Next time you kick yourself for making a mistake -- e.g., a typo on your resume, being late for an appointment, burning the roast -- be aware that more than 200 times a year, U.S surgeons operate on either the wrong patient or the wrong body part. A surgeon who once operated on my father's leg removed, in a different patient years later, the wrong part of that person's brain. (Source: Harper's Magazine.)

 55   25 Comments 2 Shares

羅伯特·布萊

5月9日

下次你因為沒發現履歷上的錯字、沒準時赴約、烤焦吐司等差錯自責時,請想想美國外科醫生一年開錯刀超過200次,不是搞錯手術病患就是搞錯開刀部位。曾幫我爸的腿開刀的外科醫生,幾年後幫另一位病患動腦部手術,結果搞錯大腦部位。(出處:雜誌《哈潑時尚》)

25則留言2次分享

Robert Bly
May 8 · 🌐

According to an article in Industrial Equipment News (5/7/19), the lowest paid garment workers in the world are in Ethiopia. They earn $26 a month, while the minimum living wage in Ethiopia is about $110 a month. In comparison, Chinese garment workers make about $340 a month. Major clothing brands, among them H&M and the Gap, employee tens of thousands of Ethiopian garment workers, most of whom cannot support a family or even get by to the end of the month on $26. The world seems broken to me, with this being just one of dozens of examples.

👍😮😢 58   29 Comments 5 Shares

羅伯特‧布萊

5月8日

根據《工業設備新聞》媒體的文章（2019/5/7），全球成衣工人薪資最低的國家為衣索比亞，每個月只賺26美元，但衣索比亞每個月維生的最低薪資大約為110美元。相較之下，中國成衣工人一個月大概賺340美元。全球主要成衣品牌，包括H&M和Gap，在衣索比亞雇用了好幾萬名成衣工人，這些工人每個月只賺 26 美元，大多無法養活一家人，甚至無法撐過月底。這個世界對我來說已經支離破碎了，這只是其中一個明證。

29則留言5次分享

以下這一則獲得很多情緒強烈的回應。

Robert Bly
April 29 · 🌐

As busy as you are, take time to visit your elderly relatives regularly. Many in nursing homes are bored and lonely, and a simple visit from family members brightens their day and reminds them they are still loved.

👍💙 119   22 Comments 7 Shares

羅伯特・布萊

4月29日

就算你很忙，還是要記得撥出時間、定期拜訪年邁的親戚。他們很多住在養老院，生活無聊又寂寞。家人親戚的探視能點亮他們的一天，提醒他們，自己還是被愛著的。

22則留言7次分享

經營LinkedIn

LinkedIn的重點就是結交專業商務人士、建立商務關係。如果你想要吸引或認識某個類型的專業商務人士，聯繫他們之前，最好先了解一下他們的領域專業。容我再次重申做功課的重要性。你能透過事先的研究調查，得到最初接觸對方時需要的資訊，並能講得出他們領域的「語言」。

LinkedIn不是讓你和家人朋友閒聊的地方。你不會在這裡遇到小孩子，所以如果你要向家長和小孩推銷玩具，LinkedIn這個平台可能對你不管用。

不過透過LinkedIn，你可以找到能幫你行銷產品的專業人士，或能幫你強化官網、廣告宣傳的搜尋引擎最佳化專家。

• 建立專業的個人檔案

你能在LinkedIn製作專業的個人檔案。後面我以自己的LinkedIn個人檔案頁面為例，向你介紹一種我和很多人覺得有效的編排方式。以下是我的個人檔案編排重點：

1. 在名字的下方，以一句話概述我是誰、我的工作為何。請注意，這句話不只是在描述我自己而已，更重要的是講出我能帶給客戶什麼。

2. 不像一般會在個人檔案放上大頭照，我反而放了我的著作封面照。不只是因為幾乎沒人這麼做而格外顯眼，這麼做更將我型塑成文案撰寫

領域公認的專家，有利於打造我的個人品牌。

3. 稍微將頁面往下拉來到「我熱愛寫文案」這段，這裡交代我對自己的專業及工作目標的熱情，而且表明我的職責、目標是為了替客戶增加銷售，而不是獲得創意獎項。

4. 我的能力及工作類型以項目符號清單表示，每個項目也全部大寫呈現，看起來更突出。

5. 每個項目都附上精簡的一句話描述，因此整份清單不會太長，看起來很清爽，而且方便快速瀏覽。

6. 我不花篇幅說明每個項目的內容，而是以具體數字提供工作成效。數字能提高閱讀率，而成效是潛在客戶最關心的事。

7. 雖然我的名字旁有個「傳送訊息」的按鈕，我還是在清單列表最後附上電話號碼，邀請讀者來電。放上電話的圖示有助於吸引讀者的目光，注意到這條行動呼籲的內容。

• 撰寫 LinkedIn 貼文

LinkedIn 用戶喜歡看圖像，但可愛動物的照片和影片在這個平台並不管用。你最好都使用專業圖像，如果你有藝術才能，也可以自行製作吸睛、有趣的圖像。當然，每則貼文搭配的任何圖片都要和貼文內容相關。以下是撰寫 LinkedIn 貼文的訣竅：

1. 標題要聚焦貼文的主題。

2. 內文不妨寫幾句能抓住讀者興趣的話，大約 50 到 100 個字元（含空格）。

3. 貼文的配圖使用品牌標誌或和主題相關的圖像。

4. 貼文最後加上一條連結，好讓讀者能連到你的登陸頁面或部落格，進而能深入了解貼文所說的主題，並在那裡放上行動呼籲的文案。來看看幾個例子，以我業界朋友的貼文為例，你會發現這些貼文都很簡短，但效果也很好。

Bob Bly · 3rd

Direct response copywriter recognized for writing copy that sets new sales records and improves your marketing ROI

Greater New York City Area · 500+ connections · Contact info

Bob Bly

University of Rochester

About

Copywriting for me is thrilling ... and the thrill comes from writing a promotion that generates more leads, orders, and sales than any other promotion that's been tried for the product.

▶ OFFLINE COPYWRITING EXPERTISE ... I have been writing successful direct mail and print ads for nearly 4 decades; one package won a Gold Echo from the DMA and generated $5.7 million in sales.

▶ EMAIL MARKETING ... I test approximately a million e-mails a month -- so I see first-hand what's working in e-mail marketing today.

▶ SQUEEZE PAGES ... my squeeze pages rapidly build opt-in lists and get conversion rates as high as 72%.

▶ LANDING PAGES ... I know how to make landing pages and video sales letters convert clicks to sales for both hot and cold traffic; one produced a 32% conversion rate.

▶ WEB SITES ... I write home pages that communicate your company's unique selling proposition in a clear and compelling manner as well as calls to action (CTAs) that increase conversion rates.

▶ CONTENT MARKETING ... I can write your white paper, special reports, articles, blog posts, and other content to support your marketing campaigns.

Specialties Include:
>> Direct response copywriting.
>> E-mail marketing.
>> Landing pages.
>> Squeeze pages.
>> Web sites.
>> Direct mail.
>> Print and online advertising.
>> Business-to-business marketing.
>> Industrial marketing.
>> High-tech marketing.
>> Health products.
>> Financial products.
>> Information products.
>> Content marketing.

☎ For a free, no-obligation estimate on your next copywriting project, call Bob Bly at 973-263-0562.

鮑伯・布萊　3rd	
業界肯定的直效行銷文案寫手,能寫出打破銷售紀錄、提高行銷投資報酬率的廣告文案。	鮑伯・布萊 美國羅徹斯特大學
紐約大都會區・500+ 位聯絡人・聯絡資料	

關於

我熱愛寫文案,而這份熱愛源自於替產品寫出精彩的宣傳文字,這份文案比客戶之前使用的文案更能開發出更多潛在客戶、增加更多訂單與銷售。

▶線下文案寫作:我撰寫直效行銷郵件和平面廣告的經驗超過 40 年。其中一份文案獲得美國數據與行銷協會(DMA)的國際回聲金獎(DMA International ECHO Awards, Gold Echo),並創造出 570 萬美元的銷售額。

▶電子郵件行銷:我每個月會測試大約 100 萬封電子郵件,得以掌握第一手資訊,了解當下管用的電子郵件行銷手法。

▶名單擷取頁面:我設計的名單擷取頁面能快速蒐集到主動註冊、訂閱的名單,並創造出高達 72% 的轉換率。

▶登陸頁面:不管登陸頁面及行銷影片的流量是冷是熱,我知道如何將點擊轉換成銷售,並曾創造出 32% 的轉換率。

▶網站:我執筆的網站首頁能條理清楚、具說服力地呈現企業獨特的銷售主張,我操刀的行動呼籲文案也能確實增加轉換率。

▶內容行銷:我能寫白皮書、特別報告、文章、部落格,以及其他能輔助行銷活動的內容。

專精領域:
» 直接回應式銷售文案
» 電子郵件行銷
» 登陸頁面
» 名單擷取頁面
» 網站
» 直效行銷郵件
» 平面與網路廣告
» 企業對企業行銷
» 工業行銷
» 高科技產業行銷
» 健康產品
» 金融產品
» 資訊產品
» 內容行銷

針對你下個行銷文案企劃,想取得完全免費的評估,請來電 973-263-0562,鮑伯・布萊。

Heather Lloyd-Martin
SEO Copywriting Trainer for Travel | B2B | Marketing |
Publishing. Business Coach. Keynote Speaker. OG SEO
10mo · Edited

Feeling like you have to publish a lot of content "because Google wants it that way?"
Good news -- you can relax. Here's why:

How Often
Should You Publish
New Content?

How Often Should You Publish New Content? - SuccessWorks
seocopywriting.com

海瑟·洛伊德馬汀
旅遊、B2B、行銷、出版的 SEO 文案撰寫教練 企業教練、專題講者、OG SEO
（貼文）覺得自己必須發表很多內容，「因為 Google 就希望這樣」？現在有好消息 —— 你大可放輕鬆。原因如下：
（縮圖）你應該多久發表新內容？
（連結標題）你應該多久發表新內容？-SuccessWorks seocopywriting.com

Michael (Mike) Stelzner
CEO/Founder: Social Media Examiner & Social Media Marketing
World, host: Social Media Marketing podcast, author: Launch
1y · Edited

How to Create LinkedIn Video Ads https://lnkd.in/gc8DWx4

How to Create LinkedIn Video Ads : Social Media Examiner
https://www.socialmediaexaminer.com

麥可 · 史特茲納
CEO／創辦人：Social Media Examiner 與 Social Media Marketing World，主持人：Social Media Marketing podcast，作者：《贏在社群網戰》
（貼文）如何製作領英影片廣告？https://lnkd.in/gc8DWx4
（縮圖）如何製作領英影片廣告？
（連結標題）如何製作領英影片廣告？-Social Media Examiner https://www.socialmediaexaminer.com

Twitter

你可以把Twitter當作個人頁面或企業粉絲專頁，也可以兩者兼具。推特沒那麼正式，Twitter的貼文都必須以「短文」形式呈現，最多280個字元，連結也算在內。篇幅長短取決於你的內容，不過將字數減到越少越好，最好不要超過100個字元。大概2句長的精簡內容比較好讀。

• Twitter標籤

在關鍵字或字詞前面加上 # 符號，就會形成Twitter標籤。Twitter標籤有助於任何搜尋這組字詞的用戶找到你的貼文，以及其他內含這組Twitter標籤的貼文。這個功能基本上就是用來分類你的推文。

舉例來說，如果有人對生酮飲食感興趣，想了解更多資訊，那麼「#生酮飲食」的標籤就能幫他們找到你的推文。

Twitter標籤越具體、明確，就能吸引到越多你想要找的潛在顧客。因此，如果你賣的是生酮飲食資訊，比起「#減重」或「#飲食」的標籤，「#生酮飲食」的標籤會替你帶來更多符合目標客群條件的推特用戶。

Twitter標籤不是推文，而是推文的標記，告訴Twitter用戶這則推文的主題。因此，如果你想讓推文觸及到喜歡或討厭美國總統唐納·川普（Donald Trump）的人，請下「#川普」的標籤。

使用標籤之前，先搜尋一下同主題的類似用詞，了解哪個用詞最熱門，好讓你的貼文比較容易在那個主題下被找到。

總結：如何使用社群媒體平台

每當你在某個社群平台上創建頁面時，不妨花點時間檢視那個平台上的貼文如何呈現，尤其是熱門貼文的表現方式。掌握那個平台的「調性」，好讓你能順利融入，但又能透過貼文成功引起關注。

如果經營社群媒體是多管道行銷策略的一部份，用來宣傳你的事業，那麼除了事業相關的貼文，也可以發表和事業無關的私人內容。

　　就像前面提過的，事業相關的貼文可以提供讀者資料數據、關注內容的連結、操作說明、訣竅、新消息，或客群感興趣的潮流或趨勢。這些內容能展現出你是專家，傳遞有價值的資訊。

　　私人內容則能反映網路世界重視「透明度」的現象。大家想更了解你：知道你和你的家人是什麼樣的人，了解你的興趣嗜好、從事的活動、到哪裡旅遊等等。

　　如果你打算利用社群媒體行銷你的事業，我建議你別碰充滿爭議性的話題，例如宗教、性和政治。

　　為什麼？因為可能有損你的聲譽，進而流失粉絲與潛在顧客。舉例來說，如果你在社群媒體上表示，你認宗教不是件好事，而且你不信上帝或耶穌；這麼做對身為虔誠基督徒的潛在顧客會有什麼影響呢？發表這類言論可能會冒犯、觸怒很多你的朋友、粉絲和人脈。

　　別忘了作家薩爾曼‧魯西迪（Salman Rushdie）1988 年出版了《魔鬼詩篇》（The Satanic Verses）後發生了什麼事，不僅引起軒然大波，甚至使他的生命收到威脅*。雖然不太可能因為一則推特貼文就導致這麼嚴重的後果，但現在甚至連一則留言都能讓人勃然大怒、重創你的名氣。還有，別忘了，一旦任何事物放到網路上，就很容易引人注目，也極難從網路上移除。

　　除了前述提到的社群媒體，還有很多其他的平台，像是 Pinterest、Instagram、Snapchat、Flickr、Nextdoor（主要用來連結鄰近社區的人）、Foursquare、Myspace、Tumblr 等等。最後提一下，很多社群平台都有推出手機應用程式，讓用戶一整天都能以手機使用社群平台。

　　每次在任何社群媒體平台發文時，請務必確認貼文在手機應用程式

---

* 譯者註：當時《魔鬼詩篇》因「侮辱伊斯蘭先知」的罪名遭前伊朗領袖勒令追殺，賞金不僅不斷提高，各國《魔鬼詩篇》出版者或譯者也有多人遇刺身亡。

裡呈現的效果。如果哪裡看起來怪怪的，就要趕快改善。修改後要再檢查，直到你完全滿意才分享你的貼文。

其他資源

以下提供幾個免版稅或無版權的圖庫資源：（使用圖片前，請務必詳閱使用條款、確認平台相關規定）

• Unsplash.com	• Reshot.com
• Pexels.com	• Foodiesfeed.com（食物圖片）
• Pixabay.com	• Picjumbo.com
• StockSnap.io	• Lifeofpix.com

Canva.com（設計平台，提供照片、圖像、插畫、圖示，以及其他創作會用到的素材。）

你可以在Canva上調整圖片大小，以便符合任何社群媒體平台的版面。裡面也因應各個社群媒體的圖片尺寸，提供現成圖片模板，不妨好好利用。

字元、空格計數工具

sproutsocial.com/insights/social-media-character-counter/

Chapter 16

影片文案：
決勝負的不是影片長短
而是內容

影片正逐漸接管市場和這個世界。根據思科（Cisco）網路科技公司的研究，影片在2019年將佔線上流量的80%；而且消費者看過宣傳影片後，購買意願會增加85%。從1979年起，我就持續撰寫影片腳本，因此這章向大家分享撰寫影片文案的最佳做法。

影片的類型

從美國超級盃中場播放的60秒廣告，到1小時的銷售影片，都要寫影片腳本。以下介紹幾個影片類型及其腳本：

• 60秒電視廣告

這類影片也會剪成30秒或15秒比較短的版本，在電視節目的廣告時間和其他廣告一起播放。這類影片的內容森羅萬象，你看得到賣啤酒、飲料、食品的廣告，也會發現宣傳餐廳、汽車、房屋保險、居家修繕工具等廣告在電視上播放。

• 說明影片

這類影片一般為1到2分鐘長，說明某個企業提供的服務、新產品如何運作，或你為何需要新個服務。影片中會有一個人出現在畫面中負責解說，或整部影片只有旁白。舉例來說，有個軟體公司推出了一款適合牙醫診所使用的軟體平台，能將牙醫業務整合在一個平台上管理。在他們的說明影片中，第一個畫面由公司老闆開場，說明牙醫診所遇到的問題。針對這個問題，老闆接著提供解決辦法，也就是這套軟體，觀眾此時也能從影片畫面上看到這套軟體。影片接著呈現軟體運作時的狀態，畫面上也列出這個軟體可以製作哪些報表、記錄。

• 訪談影片

這類影片的腳本有好幾種製作方式。採訪者會先替訪談的每個部分撰寫大綱腳本，有助於規劃攝影機運動，例如在適當的時機讓鏡頭從一號攝影機轉到二號攝影機。試想一下新聞節目裡的訪談畫面，總統候選人接受採訪時的狀況。

接著，會有一系列引導式問題詢問受訪者，這些問題會事先提供，好讓受訪者構想如何回應。受訪者也能先寫好這些回應，因此所有內容都照稿進行，在一定時間內完成，例如15分鐘。

讀稿機這時也能派上用場，置於攝影機後方、和攝影機同高。如此一來，受訪者既能知道自己要講什麼，也能對著觀眾（鏡頭）及採訪者。

- **企業影片**

某家公司的總裁打算拍一支影片講公司去年的財務績效。因此，這支影片的腳本就要呈現去年財務報表的所有面向。影片一開始，總裁可能面對著鏡頭說話，不過之後鏡頭應該要拉近，秀出做成圖表的財務報表內容，讓觀眾保有觀看興致。

如果總裁在鏡頭前的表現特別好，整部片能以總裁為主，穿插相關的圖示、表格與圖表。

- **訓練影片**

很多企業會製作訓練影片，好讓新進員工跟上進度，知道如何使用某個軟體製作報表。訓練影片的內容也會包含說明最佳做法、公司文化、行為期待，以及作為解僱事由的違紀行為等等。

以上只是幾個你可能會寫到影片腳本的類型，現在有越來越多業者會替自家網站製作影片，增添更多個人色彩。影片在過去只有行銷預算高的企業才有辦法製作；現在製作影片簡單多了，也更平價。只要有才華，任何人都能寫腳本、拍影片。

- **線上影片**

目前放在網站首頁的線上影片一般都很短，長度為2到3分鐘。B2B的影片平均為4分鐘，且約有一半的觀眾會完整看完。至於放在網站第二層頁面的影片，尤其是說明產品及其應用的影片，長度通常在5至7分鐘之間，甚至更長。

腳本篇幅的話，以一分鐘講120個英文字來看，10分鐘的腳本會有

1200，相當於5頁由兩倍行高、12號的Times Roman字體寫成的文案。

撰寫影片腳本的最高原則為「一支影片，一個主題」。你的影片應該只講一件產品、一個概念或一個優惠方案。畢竟，你的時間有限，得趕在觀眾失去興趣、點擊離開前講完故事。

如何起頭？

現在來看看該如何策劃你的腳本，接著開始撰寫。以一個情境說明。假設你接受了廣告代理商的委託，替軟體公司撰寫廣告腳本，宣傳適用所有牙醫診所的新軟體平台。

合約裡應該載明你的客戶會提供所有撰寫腳本所需的資訊，包括任何已完成的分鏡腳本，這能引導你撰寫腳本。

創意簡報

客戶會給你一份創意簡報（creative brief），裡面概述了和影片主題相關的所有資訊，包括這支影片要怎麼拍攝、誰會出現在影片中，例如是否有請演員，或直接找這家軟體公司的員工上陣。這份資料有助於發想腳本內容。寫腳本之前，以下幾個問題你會想要搞清楚：

- 這家軟體公司想透過影片傳達什麼樣的訊息？（希望消費者購買產品或服務，還是註冊索取某個東西）
- 這項服務或產品能替顧客解決什麼問題？
- 這支影片會在室內或室外拍攝？
- 顧客要如何取得這項產品或服務？

發想腳本內容

假設這個新軟體平台叫作PantherWorks、這家軟體公司為Biedermort，而且會有演員出現在影片中負責說明。影片場景安排在真實的牙醫診所

內，不過影片不會提及這家診所的資訊。以診所內的行政作業區為背景，好符合影片要傳遞的訊息。針對這支影片，你會想採用分別列出聲音和畫面的腳本格式。此外，你也應該要知道這支影片的長度。

如果客戶還沒製作分鏡教本或大綱腳本，你也可以自己做，好讓腳本撰寫有個方向。我們稱作大綱腳本（outline script），雖然真正的腳本還沒寫。

請見以下範例：

場景	畫　面	聲　音
1	PantherWorks 軟體的標誌淡入畫面。	公司商標或軟體標誌出現在畫面上時，背景音樂響起。
2	畫面淡出，接著淡入的畫面呈現一位講者站在牙醫診所的行政作業區裡。有兩位助理坐在桌子前用電腦。	講者開始說話，表示 Biedermort 公司聽到各地牙醫都遇到相同的問題。接著表示這個問題已獲得解決。
3	鏡頭轉到電腦螢幕上，螢幕秀出軟體的起始畫面，並呈現能製作各類報表的地方。	講者介紹 PantherWorks 為何是個全方位整合的軟體平台，表示任何資訊能立刻從這個平台裡輕鬆調出來。
4	畫面變成好幾種報表都列印出來放在桌上，有日程表、物品清單，及月收入報表。	講者繼續往下說，只要簡單設定，還能客製化各類報表。
5	鏡頭回到牙醫診所的行政作業區，員工臉上掛著微笑，豎起大拇指稱讚這款產品。畫面底端同時秀出網址。	講者轉向鏡頭，呼籲觀眾打電話諮詢，或造訪畫面下方顯示的網站。

請永遠將觀眾看到、聽到的內容放在心上，設身處地同理觀眾，感受一下觀眾看著影片、聽到講者表示幫他們解決困擾時的感受。

如何撰寫影片腳本？

一旦有了架構，你可以先替每個場景寫下一句話，表明這個場景要涵蓋的訊息有哪些。這麼做能引導你撰寫腳本。

1. 不論你替哪類影片寫任何腳本，你都應該記得：清楚你的目標觀眾是誰（這裡的話就是牙醫和牙醫診所的行政助理）。

2. 總是設計一個吸引人又有力的開頭，讓每個用字都發揮效用。用一兩句話就把訊息說清楚。讓腳本保持在 2 頁內，而且每分鐘的語速是 100 到 120 個英文字。

3. 寫得精簡並確實達到目的。別耍花招噱頭，或使用浮誇奇怪的字詞。簡單最好。

4. 用「你」來稱呼觀眾，口吻要像在聊天。

5. 表明消費者遇到的問題是什麼，接著呈現這個問題怎麼被解決了，或問題即將透過什麼方式解決。

6. 呈現使用產品或服務後，生活如何變得更美好與／或方便。

7. 最後拋出行動呼籲，告訴觀眾如何迅速獲得這項產品或服務，或者如何註冊索取某項東西，例如電子郵件或諮詢。

寫完腳本以後

腳本完成後，請大聲唸出來。你也可以順便錄音，聽聽看唸起來的效果，現在利用智慧型手機錄音非常方便。不妨替每個段落計時，看看聲音搭配畫面的效果如何。腳本應該要具備自然的韻律和速度，不會太急促，也不會慢到讓你聽一聽就睡死。下面提供一則腳本範例，讓你看看成品長什麼樣子：

標題：搞定牙醫診所的行政作業，又快又好！
長度：4分鐘
產品：Biedermort公司的PantherWorks軟體平台

場景	畫　面	聲　音
1	淡入Biedermort公司的產品PantherWorks的標誌	（柔和的背景音樂貫穿整支影片） 嗨，我是Biedermort公司的詹姆斯·費勒。今天，我要讓你知道，如何又快又好地搞定牙醫診所的行政業務。 你的助理要花15分鐘才能彙整好下一位病患的所有資料嗎？那實在太久了。 浪費時間又浪費錢。你大可把這段時間花在病人身上。 但這不是你助理的錯，問題出在他們使用的工具。
2	產品標誌淡出，講者站在牙醫診所的畫面淡入。員工坐在電腦前。	過去2年，我們一直聽到牙醫和牙醫助理抱怨要讀取好多資料庫才能取得需要的資訊。 彙整病歷資料根本是場噩夢。 每天都要製作、整合療程紀錄、診療建議、臨床研究和診所報表，但原本的方法太花時間，行政效率低落。 因此，我們Biedermort公司著手解決這個問題，並開發出PantherWorks平台。這個平台運作快速、介面俐落，非常好操作，即將改變你的人生。

電腦螢幕顯示著 PantherWorks 軟體的選單頁面。	PantherWorks 讓你不用在數個老舊過時的資料庫之間疲於奔命。
	一旦更新、整合好你的資料和數據，就不用再進進出出好多資料庫，浪費一堆時間。
3	
	只要鍵盤敲幾下，就能從一個平台裡提取所有重要的資料和數據。
多份報告放在桌上：日程表、物品清單及月收入報表。	一旦你按下確認鍵，不用幾秒就能印出你要的報表。
	我們也特別為你客製化各類報表，你根本不用自己動手。
	有份新報表要每週製作嗎？跟我們說，讓我們為你量身定做、上傳到你的平台裡。
4	
	這套軟體操作簡單、快速，而且我們提供到府訓練服務，一訓練完，就能馬上使用這套軟體平台。
	你也能從我們的網站上觀看教學影片，永遠不會孤立無援。有任何問題，我們也會盡力為你解答。
員工面帶微笑，豎起大拇指……畫面淡出……畫面下方出現網址。	（講者和牙醫握手，接著轉向鏡頭）
	如果想了解 PantherWorks 的威力，請馬上撥打XXX-XXX-XXXX。我們會安排時間拜訪你的診所，當面諮詢。
5	
	想透過網路聯絡我們，取得更多資訊嗎？請造訪 Biedermort.com/signup/。
	我們等不及要協助你，讓你的牙醫執業改頭換面！立刻撥打XXX-XXX-XXXX，或造訪網站發個訊息給我們！

銷售影片

銷售影片（video sales letter）原本是以某種白底畫面呈現，畫面上會出現句子，搭配旁白唸出這個句子；通常一個畫面放一句或兩句話。

銷售影片的長度都挺長的，內容通常和醫療或金融產業有關。銷售影片其實什麼都可以講，但讓這類影片講太多、太久總是有風險，怕觀眾中途就失去觀看興致。

影片可以很短，不過用於直接回應式行銷的話，銷售影片一般長度為15到45分鐘或更長；腳本字數大約2000到7000字。

銷售影片和傳統靜態銷售信（放在登陸頁面的文案或紙本銷售信）相比，兩者最大的差別在於：潛在顧客可以反覆讀傳統的銷售信，必要時還能回去讀某些部分；而且他們通常也會這麼做。然而，潛在顧客只能一次把銷售影片看完，無法選擇要觀看的段落。

有了這個概念後，現在來看看幾項撰寫原則，有助於寫出有效的銷售影片腳本：

1. 開場就要抓住觀眾的注意力，講出打破常規的內容，讓觀眾感到驚訝，讓觀眾感到震撼。

2. 講個吸引人的故事，令觀眾著迷。行銷界的超級巨星邁可·麥斯特森（Michael Masterson）稱這個作法為「絲絨溜滑梯」。

3. 文案保持簡潔。「訊息密度」，也就是每頁的訊息數量，應該要比文字為主的文案少20%。

4. 使用短句，特別要多用短小的字詞。像我都不用超過9個字母的字。

5. 段落要簡短，一段通常只要幾句話。如此一來，影片的文字比較容易閱讀。

6. 如果你想強化或證明一項主張或事實，不妨在影片中加入圖表。就

算只播放幾秒鐘，圖表會讓觀眾覺得你的論點有充分的佐證。

7. 不妨在銷售影片的開頭，精簡交代產品能幫忙解決的問題是什麼，不過要馬上在一兩分鐘內說明解決之道。過太久才講解方就是在冒險，潛在顧客可能因為感到無聊而點開影片不看了。

8. 一句話別提到2組數字；真的沒辦法的話，至少其中一組數字要四捨五入。

9. 文案的口吻應該要積極、熱情，因為觀眾會聽到唸文案的聲音。不過語氣也應該聽起來可靠、具權威性。

每當我提到銷售影片，總有人有意見：「這些影片都太長了！我每次都點開沒看，誰會坐在那裡花30分鐘看啊？」

但其實很多人會這麼做。我怎麼知道？相關測試一再顯示，比起靜態的登陸頁面文案，銷售影片的轉換率比較高。

如果你只是因為自己不喜歡，還是反對銷售影片，那麼我引用王牌文案寫手彼得‧貝托（Peter Beutel）的話送給你：「別讓個人喜好來礙事。」

影片製作相關資源

The Voice Realm*

你可以將腳本上傳到這個稱作「旁白估算」（Voice Over Estimate）的計時器，看看你的腳本製成影片會有多長：https://www.thevoicerealm.com/count-script.php。

製作白板動畫影片

你可以利用以下這些軟體平台製作影片，這些平台提供預先安裝好

---

* 譯者註：The Voice Realm 是個聲音演員的媒合網站。

的字體、背景、物件像是桌子、椅子、時鐘等等。只要將這些元素放到頁面上，就能打造影片的場景，接著只要播放影片，這些平台就會幫你「畫」出來。

VideoScribe
https://www.videoscribe.co/en/Whiteboard-Animation

Renderforest
https://www.renderforest.com/whiteboard-animation

Animaker
https://www.animaker.com/blog/how-to-create-whiteboard-video/

Rawshorts
https://www.rawshorts.com/

Explee
https://explee.com/

影片剪輯軟體

如果你想從頭到尾製作自己的影片，不妨利用以下程式：

Windows 10 Video Editor program
Adobe Premiere Pro（可搭配 Creative Cloud 完整應用程式）
Apple Final Cut Pro X（蘋果電腦專用）
Adobe Premiere Elements（適合新手）

Chapter 17

內容行銷文案：
破除迷思，
創造可口的內容誘餌

內容行銷——藉由贈送免費資訊來建立品牌、增加行銷活動的回應率、轉換更多流量，並讓潛在顧客了解自家科技、方法、產品和服務——是目前行銷界最熱門的顯學之一。

其他越來越多人使用的行銷方法還包括線上影片、社群媒體、QR code、搜尋引擎最佳化、即時線上聊天，以及資訊圖表（infographic）。2017年8月，Apple公司表示將挹注10億美元，打造原創內容。[1]

1996年，由約翰‧歐龐達（John F. Oppedahl）在美國新聞編輯協會（American Society of News Editor）舉辦的新聞工作者圓桌論壇上，「內容行銷」（content marketing）這個詞應該是第一次被使用，意味著「內容行銷」一詞已存在超過20年了。

不過，其實這個概念更早以前就存在，只是取了這個新名稱。我自己就從事內容行銷將近40年，有些行銷人的時間更長。

我第一次從事內容行銷活動是在1980年。當時，我在美國工業製造公司科氏工程（Koch Engineering）擔任廣告經理，老闆是已故的大衛‧科赫（David Koch），他雖然當年以自由黨（Libertarian Party）副總統候選人的身份角逐美國總統大選，但還不太有名。他後來以「億萬富翁的科氏兄弟」（billionaire Koch brothers）的臭名變得家喻戶曉。

我們當時賣的產品包括各式各樣的「塔內構件」，其中一項構件為「塔盤」。塔盤是圓形金屬盤，表面有開口，置於煉油塔內，協助將原油蒸餾成煤油、汽油、加熱用燃油、航空燃油，及其他石油產品。

要能清楚說明如何組裝特定煉油塔的塔盤是件高度技術性的工作，而且煉油塔的工程師也需要知道如何正確操作。

為了協助、指導這些工程師，我們製作了一份設計手冊，稱為「塔盤說明書」，一本就花上好幾百美元印刷和裝訂。這本手冊採硬殼封面、螺旋裝訂，內含藍圖風格的大圖摺頁，呈現不同塔盤的配置。順帶一提，這本塔盤手冊並不是我的構想，也不是我做的；我進公司時這本手冊已經在使用。

這本塔盤手冊極度受歡迎，是公司詢問度第一的資料。整套運作模式如下。首先，我們免費提供有價值、合適的技術性手冊，藉此增加詢問度。接著，這本手冊幫潛在顧客搞懂他需要了解的構造，潛在顧客也照著我們的建議操作後，他自然會向我們訂購塔盤，而不是向我們的競爭對手買。再來，這本手冊替科氏工程建立口碑，是煉油界的權威。

那時，這套模式並不叫「內容行銷」，我們稱作「發送免費資訊」。做法一樣，但我們只是沒有取名字。

一百多年前就有人開始進行內容行銷了。為了測試平面廣告的回應率，廣告先驅克勞德‧霍普金斯（1866–1932）在很多平面廣告裡表示，會免費提供資訊豐富的小冊子。

此外，1916年美國金寶食品（Campbell Soup）就開始提供免費的食譜手冊，教大家料理時如何用上金寶罐頭湯品。[2]

在那個年代，這些免費內容就是簡單叫做「免費手冊」。後來到20世紀後半葉，行銷人稱這些內容為「誘餌內容」（bait piece），因為手冊或其他免費資訊有助於「勾住」待開發客戶，並將他們轉變成潛在顧客。

什麼是「誘餌內容」？

圖17.1：很多行銷人把免費提供的內容當作「誘餌」，藉此將待開發客戶轉變成潛在顧客，所以將免費手冊或其他免費內容取名為「誘餌內容」。現在則稱作「待開發客戶磁鐵」。

現在大家偏好將「免費內容」稱作「待開發客戶磁鐵」（lead magnet）[*]，認為提供有價值的免費資訊就像磁鐵一樣，能吸引大家注意你的廣告，讓他們回應廣告，並索取白皮書或其他免費內容。

針對內容行銷的效果，坊間有各式各樣的看法和測試結果。但容我簡單以兩點內容總結我的經驗談。

第一，我已經記不得，最後一次進行不提供免費內容的B2B、B2C行銷活動是什麼時候了。

對B2B來說，免費內容通常是讓潛在顧客有所回應的主要方式。對B2C來說，免費內容通常是一份特別報告，以贈品的形式送給購買產品的消費者。

第二，如果在B2B挖掘待開發客戶的活動中多提供免費內容，和不提供免費內容的相同行銷活動相比，一般來說詢問度會多一倍──通常多更多。

此外，根據美國行銷公司IPG Media Lab於2016年9月發表的一項報告，超過4000名《富比世》雜誌的讀者認為品牌內容（branded content，又稱品牌置入內容）比付費廣告更能讓消費者考慮購買某個品牌的產品，高出9個百分點。

過去B2B行銷的好日子裡，我們主要提供的是「免費全彩宣傳冊」，裡面充滿產品的銷售文案，這麼做就很有效了。但現在，你也得提供對潛在顧客的工作有幫助的免費資訊，潛在顧客回應成效才會更好。

內容撰寫的7大常見錯誤

1. **寫得很平庸。**在很多組織機構裡，內容撰寫屬於最低階、最底層的工作，寫手和內容帶有的價值都不受重視。

---

[*] 譯者註：lead magnet 也譯作名單磁鐵、誘餌磁鐵。

因為大家普遍認為，一項技能的技術性越高（例如軟體工程），越少人能做。而寫作是個軟技能，「大家都能寫」；就像安・韓德莉（Ann Handley）在她的著作《大家都能寫》（Everybody Writes，暫譯）書名所主張的。但真的是這樣嗎？或是能寫到什麼樣的程度？

2018年過世的多產科幻作家哈蘭・艾里森曾跟我說：「（人人都自以為）比賽車手范吉奧（Fangio）更會開車，而且其他人都開得超爛；也覺得自己的床上工夫了得，堪比情聖唐璜（Don Juan），每次都讓床伴欲仙欲死；而且還覺得自己很會寫，比史蒂芬・金（Stephen King）、狄更斯（Dickens）和荷馬（Homer）都厲害。但事實上，全世界最困難的事情就包含這三項，而且甚至只有少數人能將其中一件事做好，別說這三件事都做到極致的人有多少了。」

2. 只隨便找點資料就寫。 越來越多內容都是「Google大雜燴」。寫手用Google快速找一下跟主題相關的幾篇文章，東拼西湊地產出一篇新文章，沒有原創性或第一手資訊，也沒有新想法或洞見。

這類文章有時候成功騙到點擊，但說真的，意義何在？這麼做只是徒增網路上的「內容污染」，品質低落的網路文章現在越來越氾濫。

3. 貪圖方便，挑簡單的內容寫。 文章提供的內容可分成4個層次，從最低到最高依序為「為什麼做」、「做什麼」、「怎麼做」，以及「替你做好了」。

最低層次的內容跟大家解釋「為什麼」他們應該做某件事（例如，為什麼你應該設置自建客服中心）。

這類文章提出的論點可能充滿說服力，有助於讀者做出重大決定，但並沒有提供更多協助，只是影響讀者做出二選一的決定。

再提高一個層次的內容則告訴讀者該「做什麼」（例如，7步驟規劃、打造自建客服中心）。這類文章提出行動方案，列出每個步驟，但讀者還是沒概念每個步驟要怎麼執行。

再往上一個層次的內容就會告訴讀者「如何做」，不過這類文章通常

是提供訣竅，而不是按步驟的操作說明。不過，此時就有可落實的步驟或想法，能達到具體成果：成功打造出正常運作的客服中心。

內容的最高層次則是「替你做好了」。舉例來說，如果你要跟讀者說電話行銷必須要先打草稿，那麼你的文章就提供電話行銷的模型或範本，簡單調整就能輕易用在讀者的業務上，節省他的時間和金錢。

有太多內容寫手貪圖方便，只產出「為什麼做」和「做什麼」的文章。更扎實的內容則是告訴讀者該怎麼做，可能的話，也會直接幫忙讀者做一部份。

4. **不向專業人士請教或查核事實**。針對撰寫內容的主題，很多寫手可能具備粗淺的認識，特別是技術性文件或自家企業專屬的系統或方法。但他們常常得更深入研究，才寫得出具體內容。專業人士能提供容易理解且比較精準的解釋。

5. **內容寫手根本不懂他們處理的主題**。寫手應該要處理和自身學位、訓練或背景相關的主題，好讓自身專長能加強產出。

舉例來說，因為我具備化學工程的學士學位，寫到化學產業的內容時就比較吃香。我雖然不了解客戶產品的細節，但我訪問專業人士時，這些化學工程師馬上就會感到自在，因為我們有共同背景，而且我懂他們的行話。

6. **不列出資料來源**。如果你在文章裡提到35%的美國公司有自建客服中心，你的客戶會想知道這筆數據的來源。如果你是網路上找到這筆資料，請列出出處的完整網址，可以在文案裡提到，或加個註解。

不管資料來源是行業刊物、某個會議上發表的技術論文、客戶的網站，或和專業人士的訪談，你都應該載明資料來源。如果是受訪者提供的資訊，你應該往回追蹤這筆資訊的來源，確認資訊的正確性。

7. **內容純粹是你的主觀意見**。你當然可以提供自己的看法，但你提的意見最好要有憑有據，以統計資料、圖表、舉例說明、邏輯推論和事實支持。身為行銷人，我們不能只是抒發自己的看法，我們得證明自己的論點，以免讀者無法信服。

內容的4種形式

你的潛在顧客會透過4種方式吸收你提供的內容：閱讀、聆聽、觀看和實際操作。但你不知道潛在顧客偏好哪種方式。

因此，你會希望產出多種內容，整體來說能涵蓋所有學習的模式。如此一來，你就有內容是以潛在顧客最喜歡的形式呈現。下表根據學習模式，列出很多最適合的形式。

閱讀	聆聽	觀看	實際操作
書籍	有聲 CD	DVD	工作坊
電子書	MP3 音檔	MP4 串流影片	課程
白皮書	podcast	SlideShare 簡報	短期訓練營
部落格	線上廣播電台	影片	靜修營
電子報	演講	資訊圖表	研討會
線上課程	專題討論會	Instagram	軟體
文章	網路論壇	互動式多媒體	示範教學

要詳細討論這張表格裡的所有項目，光用這一章根本講不完，得花上一整本書才行。因此，這一章我只著墨3項比較有效的內容行銷手法：白皮書、部落格和個案研究。本書前面也提到其他重要的內容行銷方法，包括影片（第16章）、社群媒體（第15章）和公共關係（第9章）。

白皮書

根據內容供應商Constant Content的調查，50%的行銷人表示，白皮書是挖掘待開發客戶的好工具。超過49%的B2B買家會借助白皮書的內容，決定如何採購技術設備。

多年以來，我看過不少直效行銷郵件和電子郵件的測試，因為提供了免費白皮書或其他免費內容，回應率因此增加了10%到100%，甚至更多。然而，我真心認為，我們得拓展對免費內容如何運用的認知。沒錯，白皮書的本質就是免費內容：設計來教育潛在顧客、鼓勵他們詢問自家產品或服務的免費資訊。

首先，我覺得不是白皮書本身讓人厭倦，而是白皮書這個名稱。「白皮書」這幾個字就在告訴潛在顧客，這擺明是一份用來行銷的工具。此外，幾乎全世界所有白皮書都是免費提供，白皮書作為贈品給人的感知價值並不高。

有鑑於此，解決方法就是持續使用白皮書，但賦予這份文件新的稱呼。郵件名單仲介伊第斯・羅曼（Edith Roman）曾出版過一份紙本郵寄名單型錄，但羅曼不稱這份文件為「型錄」，反而取名為「直效行銷郵件大全」。藉由免費提供直效行銷郵件大全，有效創造更多業務詢問。

文案寫手艾文・列維森稱他的白皮書為「指南」，行銷人大衛・耶魯（David Yale）則採用「決策簡報」，我個人則偏好「特別報告」。針對消費者的行銷手法，行銷專家喬・波利西（Joe Polish）建議可採用「消費者意識指南」的名稱；至於提供產品選購建議的B2B白皮書，我將波利西的建議調整成「買家指南」或「選購指南」。至於提供訣竅或操作說明的白皮書，我可能會稱為「操作手冊」。如果你製作了紙本白皮書，能裝進10號信封（10.5×24.1公分，近似台灣的12K信封）裡，而且以騎馬釘裝訂，那麼你就可以稱這份白皮書為「免費小冊子」。

叫什麼真的很重要嗎？我認為很重要，因為稱作報告或指南給人感覺更有價值——畢竟，上千家出版商確實出售特別報告、小冊子，價格從3美元到40美元都有，甚至有的價格還更高。我經常會在這份報告的封

面右上角標註價格，加強這份免費內容的價值感；同樣的方法用在稱作「白皮書」的文件上，我不認為會達到同樣的效果。

至於有人抱怨潛在顧客手上已經有太多資訊要讀，我們該怎麼應對呢？我想起耶魯大學圖書館員拉塞福・羅傑斯說過的話：「我們的資訊氾濫，知識卻貧乏。」網路上的資訊多到你好幾千輩子都消化不完。

但優質的白皮書不只提供資訊，更提供解決企業經營和技術性問題的方法。每一筆交易之所以成立，幾乎都是因為某個人覺得你的產品或服務能解決他的問題。白皮書有助於釐清問題，並說服讀者你的概念或方法是解決這個問題的最佳選擇。

每個行銷活動都有目標，但如果你問大部分經理，他們白皮書的目標是什麼，這些人可能都答不上來。因為有太多人覺得白皮書只是給他們一個機會，能彙整、印出一大堆他們用 Google 找到的網站資料而已。要讓你的白皮書確實有效，你必須在動筆前確定白皮書的行銷目標是什麼。

舉例來說，有個製造商發現消費者都不買他們的 DIY 灑水器套組，因為一般人覺得要自己安裝實在太難了。對此的解決方案：製作一份免費 DIY 手冊，解說如何在一週內裝好灑水系統。只要清楚描述、說明，這份手冊就能讓消費者改觀，不再覺得這是個困難的大工程，而是能輕易完成的差事。

網路時代來臨前，像灑水器安裝指南的免費內容主要以紙本形式呈現。拜電腦和網路之賜，免費內容現在能製作成 PDF 檔，可以立刻從網路上下載下來。不過最後潛在顧客通常還是會把檔案印出來看。

也或許令人厭倦的不是免費內容，而是標準的白紙黑字形式。為了讓你的免費內容格外顯眼，不妨考慮採用別種形式呈現：DVD、CD、放在隨身碟裡的數據、podcast、網路論壇、電話會議、圖卡、貼紙、海報、軟體、遊戲和滑動指南（slide guide）。

滑動指南是一種紙製宣傳品，形式和抽拉式的立體卡片相似，附有滑動物件或滾輪，能進行簡單的計算，例如換算吋與公分，或決定每月貸款的額度。

大部分白皮書篇幅為6到10頁，大約三、四千字，但別拘泥於這樣的長度。可長可短，取決於你想要呈現的內容、這份免費內容的行銷目標。免費內容可以短到只有佔滿半邊紙的訣竅清單，也能長到像是自製的平裝書。

免費內容已經在行銷界有效地運用了好幾十年，而且部分因為網路時代創造了看重資訊的文化，免費內容不僅沒讓人感到厭倦，反而獲得新的發展。「在這個重想法的網路行銷新天地裡，每個組織都擁有能產生價值與意義的特殊專長，」大衛·米爾曼·史考特曾寫道，「透過內容，組織獲得消費者、員工、媒體、投資人和供應商的信任和忠誠。」[3]

透過白皮書行銷的9步驟

現在要來看看，如何為你的產品或服務策劃白皮書的行銷活動。這項計畫包含的元素有：

1. **目標市場**：搞清楚擁有共同問題的客群，他們外在、心理的條件與特質有哪些。

2. **問題**：清楚定義你的產品能協助這些客群解決的急迫問題是什麼。

3. **解方**：了解為什麼你的產品或方法是比較好的解決方案。不妨製作評估表，比較自家產品和競爭對手產品的長處、短處。

4. **內容**：打算採用哪一種形式提供你的資訊（例如，線上教學影片、區域性專題研討會、一般的白皮書）。

5. **媒介**：確定你要在哪裡接觸這些買家（例如，名單、資料庫、刊物、網站或其他媒介）。

6. **策略**：決定你要如何接觸這些潛在顧客的方法（例如，直效行銷郵件、電子郵件行銷、平面廣告、電台廣播、商展，或其他行銷方式）。

7. **時程**：確定宣傳量、安排執行時間。

8. **預算**：計算整個活動的花費。

9. **績效指標**：確定你要如何測量結果，好評估是否有達到目標。

步驟1：確定你的目標市場

你的目標市場就是一群擁有相同問題的買家，你要了解他們的外在條件與心理特質。大部分行銷人早就很了解目標市場。舉例來說，如果你賣的是牙醫診所的設備，你的潛在顧客就是牙醫和牙醫診所的員工。

大企業為了了解消費者的心理，經常花費上千美元進行昂貴又詳盡的市場調查。這類研究包括郵件或線上調查、電話訪談，和焦點團體。經營中小企業的創業者因此感到憂慮，擔心如果沒進行這類昂貴的市場調查，就無法理解他們的潛在顧客，最後悲慘地以失敗告終。

但對很多中小企業來說，光是大型行銷研究公司進行的一項研究，就會用光他們整年的行銷預算。不過別擔心。好消息是，像焦點團體和其他正式的市場調查其實完全沒必要。

「那要怎麼了解我的消費者呢？」你可能會問。很簡單：只要運用我的同事邁可·麥斯特森的BDF公式就行了，三的字母分別代表**相信**（Belief）、**渴望**（Desire）和**感覺**（Feeling）。BDF公式表示，只要問自己3個簡單的問題，就能理解你的潛在顧客：

「我的潛在顧客相信什麼？他們抱持什麼樣的態度？」、
「我的潛在顧客想要什麼？他們的目標為何？」
「我的潛在顧客有什麼樣的感受？他們抱持什麼樣的心情？」

回答這些問題不太需要市場調查，因為你大概早就知道答案了。你真的早就知道了！就像美國權威兒科醫師班傑明·斯波克（Benjamin Spock）所說：「相信你自己。你懂得比你以為的還要多。」

舉例來說，有家替資訊科技人員提供「軟技能」訓練的公司要宣傳一場現場講座。他們先是寄送直效行銷郵件，上面標題寫著：「資訊科技人員的人際關係技巧」。結果回應率不到0.5%。（這份文案的目的是要鼓勵潛在客戶回應，以索取關於講座及報名的詳細資訊。）

因此，行銷主管和老闆腦力激盪了一番，試著回答BDF公式的問題。以下是他們想出來的部分答案：

- IT人員**相信**，科技是世界上最重要的事，而且自己比那些他們服務的使用者都要來得聰明。

- IT人員**渴望**獲得認可、尊重，希望能繼續提升自己新科技和平台的技能，希望工作有保障，希望能賺更多錢。

- IT人員**感覺**自己和管理階層及使用者互相對立，一天到晚都在和他們爭論，而且痛恨向這些無知的人解釋他們的技術。

　　根據這份BDF分析，這家公司重寫了文案，並進行測試。這次，新版本產生了3%的回應率，是舊版的6倍。而且這些詢問裡，有三分之一的人購買了要價3000美元的現場一日訓練講座。也就是說，每寄出100封傳單，只要花100美元的郵資，就能獲得3個待開發客戶，而其中一人會購買要價3000元的講座；這意味著30倍的投資報酬。

　　噢，至於那個根據BDF分析修改的傳單標題寫了什麼？新的標題是：

你也是曾想叫使用者去死的IT人嗎？別錯過這則重要訊息。

　　這家公司的老闆表示：「BDF公式逼我們聚焦在潛在顧客身上，而不是產品本身（我們的講座），結果宣傳效果大好。」

　　至於寄出傳單前花了多少錢在市場研究上呢？一毛都沒有。

步驟2：確認問題

　　接著，你得清楚定義自家產品能幫這群買家解決什麼樣的問題。你的消費者最在意什麼事，而你的產品可以幫上忙？或就像我的同事唐·霍普曼喜歡這麼問：「是什麼讓這些潛在顧客晚上輾轉難眠？」

　　如果行銷是從潛在顧客身上開始，先了解他們的需求、困難、關切、憂慮、恐懼和渴望，接著將這些需求與產品的功效連結起來，那麼就能更進一步打動潛在顧客。

舉例來說，內容行銷不是要創造資訊科技人員的需求，讓他們想維護電腦系統的安全、防止電腦病毒的侵害。而是這樣的需求早已存在，是他們關切的事情，所以防火牆、防毒軟體和其他安全解決方案才有賺頭。

以這個例子來說，身為行銷人的你可以使得上力的是（1）強化問題的嚴重性和急迫性，好讓資訊科技人員更意識到這件事的重要；（2）讓資訊科技人員了解，最好、最可靠、最平價的解決方案是什麼。

舉個例子，英國軟體公司SurfControl被美國軟體公司Websense併購後，曾推出一項產品，能過濾討人厭、不需要的內容。他們內容行銷活動的其中一個目標，就是教育潛在顧客，讓他們了解這類網路內容的危險，例如明白垃圾郵件和不請自來的即時訊息帶來的風險，以及明白拿公司電腦處理私事（例如看股票）對公司網路和營運效能所造成的危害。

步驟3：確認解決方案

一旦你清楚辨識出問題，就會想提供解方。對傳統行銷活動來說，解方毫無疑問就是你兜售的產品或服務。但在內容行銷活動裡，白皮書本身通常就是解方（雖然只是一部份的解方）。

舉例來說，有位身為網站管理員的潛在顧客正猶豫要不要花公司一大筆錢，購買內容管理系統，好管理網站後台。那麼，有份白皮書講「如

何計算內容管理系統的投資報酬率」可能剛好就是他做決定需要的參考資訊。

至於你的文案應該要把重點擺在產品身上，還是這份作為待開發客戶磁鐵的免費內容呢？這未必有清楚的答案。不過，直效行銷有個經驗法則已經運用了好幾十年，效果很不錯：

如果你的免費內容格外精彩，文案就主打這份免費內容。相較之下，如果你的免費內容沒那麼有力，文案就著墨潛在顧客的問題，接著提供你的產品當作解方。因此，我提供以下原則：

- 如果你的白皮書內容很普通、潛在顧客不太感興趣，或已經有很多類似的資訊存在，那就別在宣傳文案裡強調這份內容。

- 如果你的白皮書特別好——有高品質內容、珍貴資訊、難以取得的數據、獨特的呈現方式，那你不妨考慮早點在宣傳文案裡強調這份免費內容的好，甚至在標題就直說。

- 如果你的產品和同類型產品沒什麼不同，建議你找出競爭對手沒有強調的產品重要面向，透過免費提供白皮書，讓潛在顧客了解這個面向。

- 如果你的產品特別好——具備更多功能、創新科技，品質比別人好，那麼文案請主打產品的優越性，結尾時再表示會提供免費白皮書，當作鼓勵潛在顧客回應的額外誘因。

步驟4：撰寫內容

還有幾個撰寫白皮書的訣竅：

- 主題越窄越好。

- 針對主要的潛在顧客調整內容（例如，企業執行長、製程工程師、廠長）。

- 精心設計內容，好讓讀者順利進入銷售流程的下一個步驟。

有哪些主要、次要的內容要寫進去呢？你可以先寫個內容大綱，再來決定。請公司裡的專業人士看看這份大綱，他們就會告訴你哪些要刪掉、哪些漏掉的要補上，並幫你更正技術性錯誤。

步驟5：選定媒介

要在哪裡、要用什麼方式接觸到你的潛在顧客，也就是你的目標客群呢？要有成效，就得向潛在顧客宣傳你會提供這份免費白皮書，而通常都以某種直效行銷的形式宣傳。

但以郵寄或電子郵件進行直效行銷很難成功，除非你掌握到目標客群的名單。四處找找和目標客群相關的郵寄名單、資料庫、刊物、網站、商展、會議、專業組織、電子報、新聞快訊等其他媒介。如果你取得的名單越鎖定目標客群，行銷活動獲得的回應率就越高。

美國總統川普主持的實境節目《誰是接班人》（The Apprentice）裡，川普某次給互相競爭的兩隊相同的任務：開一家婚紗店，並在某天晚上辦一場特賣會；業績比較好的那一隊獲勝。

A隊的行銷策略是印製宣傳特賣會的傳單，在美國賓州車站的尖峰時段發送。川普並不覺得這是個明智的策略，他質疑：「有多少人早上下火車去上班時，會想到結婚這件事？」

B隊則找了一份名單，上面列了很多即將結婚的紐約客，並寄了封電子郵件通知這些人有特賣會。

我想你已經猜到結果了：A隊的店幾乎沒人光顧。只有零星幾位消費者上門，只賣了2套禮服，賺了1000美元。

B隊鎖定目標客群的電子郵件策略是大贏家：店門外，消費者大排長龍，賣了26套婚紗，賺了1萬2000美元，是A隊的12倍。（想當然爾，川普那週就炒了A隊隊長。）

重點就是，不管是透過寄件名單、橫幅廣告、雜誌報紙廣告、電視電台廣告宣傳，如果越鎖定你的目標客群，就會有越多潛在顧客下載你的白皮書。

步驟6：擬定策略

策略指的是你為了接觸潛在顧客採用的方法（例如，直效行銷郵件、電子郵件行銷、平面廣告、電台廣告、商展、橫幅廣告、點擊付費廣告、聯合行銷，以及其他行銷企劃）。

策略擬定部分取決於執行預算和可行性。舉例來說，如果你沒辦法買到潛在顧客的電子郵件名單，那麼你大概就無法採用電子郵件行銷的策略了。有時候電子郵件名單合理的價格約為每千筆電子郵件地址100美元。但如果名單業者開價每千筆電子郵件地址1000美元，那麼採用電子郵件行銷就不合算。

另一個影響策略擬定的因素則是你的潛在顧客。如果你的潛在顧客大多無法使用網路──其實全世界大約一半的人口都沒有網路用，那麼電子郵件行銷也不可行。[4]

步驟7：時程規劃

有用的時程表會列出所有計劃的工作項目和工作階段（例如，白皮書的初稿）、各自的完成時間，以及負責人是誰。

白皮書的行銷活動大多由好幾個部分組成，很多人參與其中，分別負責執行、審核與批准。如果沒有規劃時間表，確定工作項目、工作步驟、每個步驟的負責人、完成個步驟的時間，要能適時完成整個行銷活動幾乎不可能。

步驟8：擬定預算

預算指的就是整個行銷活動要花多少錢。要擬定預算，首先你必須列出這項行銷活動要做的事。

以白皮書來說，成本包括撰寫、設計文案的花費；而且如果是紙本文件，就要再加上印刷裝訂的費用。

此外，也要計算回覆詢問的成本。也就是潛在顧客回應你的宣傳廣告、索取免費內容時，你寄給他們這些文件時付出的成本。如果你設定

了自動回覆機制，系統自動寄送 PDF 檔給索取的讀者，回覆詢問的成本近乎零。

不過，別忘了還是要考慮這些事情的成本。雖然幾乎都以數位化的方式進行，不代表都不用花錢。

而且恰恰相反，數位行銷其實可能比較花錢。橫幅廣告、Google 廣告、臉書廣告、買名單寄電子郵件都能輕易花上好幾千美元，這可能是一個月、一週，甚至一天的花費。

步驟 9：確定績效指標

你應該訂定行銷活動的目標。關於白皮書的行銷活動有幾個重要的績效指標：

- 可下載白皮書的登陸頁面的點擊率。
- 從點擊瀏覽登陸頁面到下載白皮書的轉換率。
- 白皮書收件者之後以電子郵件或電話詢問的狀況。
- 白皮書收件者中，有多少人是符合這項產品購買條件的潛在顧客。
- 白皮書收件者中，下單的人所佔的比例。

部落格

寫部落格最基本的形式是在網路上寫日記，不過後來有更多元的發展和演變。二十年下來，部落格在美國已佔有一席之地。

根據 B2B 軟體推薦平台 SoftwareFindr 的調查，現在網路世界裡存在著 5 億篇以上的部落格。軟體公司 Techjury 的報告顯示，77% 的網路使用者會讀部落格，而且如果在你現有的網站加進部落格文章，就能增加高達 434% 的流量。[5]

搜尋引擎喜歡內容，因此只要寫部落格，你就是定期在你的網站裡發表新內容。持續在網站裡更新部落格文章，幾乎毫無疑問會提升你的網站在搜尋引擎的排名。

不像傳統的文章或白皮書屬於單向溝通（你負責寫，訂閱者負責閱讀），部落格是雙向溝通的網路媒體，能針對某個有趣的主題展開熱烈對話。

一個撰寫部落格的有效技巧就是先拋出一段強烈的主張，接著邀請讀者回應。例如，我常在文章的最後寫：「你們覺得呢？」另一個要能刺激對話的撰寫技巧，則是保留自己的看法，但詢問讀者的意見。

如果你在討論一篇自己之前發表的文章，或是其他來源的文章，務必在這篇部落格文章裡註明原文的來源，可以的話，也設定超連結，讓讀者可以連到原本的內容。

很多企業部落格是以單一作者的口吻寫成，長久下來讀者都感到熟悉，和讀者之間建立了連結和信任感。

寫部落格時，不妨將文章裡一兩句話設定超連結，連到和這篇部落格主題相同的內容，例如文章或網站。

根據網路行銷公司Orbit Media，部落格的平均字數約為1000字，並且要花上3小時撰寫。另外，你的部落格至少每週要發表一篇新文章。[6]

目前有很多部落格平台可以使用。開放原始碼軟體平台WordPress是目前最多人用來架設部落格網站的工具，有些網站主機供應商也能幫你輕鬆以Wordpress一鍵式架站。WordPress有免費與付費的佈景主題，你也可以看看其他可以利用的架站平台。以WordPress來說，在WordPress.org可下載免費的WordPress架站軟體。如果你打算這麼做，請確保你的主機服務提供商支援WordPress平台，大部分都支援。

另一個選項則是在WordPress.com申請帳號，使用WordPress系統與主機服務，但免費版本的發展空間有限。你也可以另外付費購買客製網域、儲存空間，但無法使用廣告平台，像是Google AdSense。

你也會遇到「WordPress主題框架」（WordPress Theme Frameworks）這個詞，這是指可以從WordPress.org下載的WordPress主題版本經過某家公

司的開發人員重新編碼改良，讓系統因為使用了他們的套件而變得更有效率。有些主題框架要收費，有些能免費使用，像是CherryFramework。

個案研究

文案寫手海瑟‧史隆（Heather Sloan）認為，個案研究經常比宣傳冊和其他傳統的宣傳品來得有效。為什麼？

「每個人都愛聽故事」海瑟解釋，「在行銷文案和銷售場合裡，這個事實再真切不過了。故事呈現畫面，故事引發情緒反應，故事令人難忘，故事讓你的所說的話充滿吸引力。講一個行銷故事最簡單的方法，就是利用個案研究。」

個案研究講的是一件產品成功的故事，講某個公司如何利用某項產品、程序、方法或概念，成功解決某個問題。和其他行銷手法一樣，個案研究有時候很流行，有時候沒什麼人用。幾乎任何企業要行銷，都能靠個案研究獲利，但有項針對B2B網站的非正式調查顯示，大部分企業沒有充分利用個案研究的行銷威力。

儘管個案研究不用遵守任何公式，以下還是提供一些大原則。

一般個案研究的篇幅都滿短的：1到2張8.5×11 吋（21.59×27.94公分）的紙張，大概800到1500字。更複雜或深入的個案研究則會寫到2000至2500字。

好的個案研究會讓讀者想要了解其中報導的產品，這也就是間接的勸誘，讓潛在顧客想索取更多細節資訊。如果你成功反映了讀者的問題，個案研究會將讀者推到銷售漏斗的下一個階段，因此離下單購買更進一步。

個案研究的內容多半不會非常技術性，書寫的風格近似雜誌的專題報導。個案研究不是要呈現深入詳盡的細節和分析數據，而是要簡短描述一項產品或服務如何有效處理、解決一個特定問題。

寫個案研究時，你不需要特別有創意，或絞盡腦汁思考怎麼呈現。大部分的個案研究都遵循以下這套經過時間檢驗的大綱，稍作調整而已：

1. 顧客是誰？
2. 顧客遭遇到什麼問題？這個問題對他造成什麼損害？
3. 他之前尋求哪些解方，但最後都不採用，為什麼？
4. 為什麼他最後選擇我們的產品作為解決之道？
5. 描述產品怎麼使用，包括能解決哪些問題、怎麼解決。
6. 顧客在哪裡、怎麼使用這項產品？
7. 他使用的結果如何？獲得什麼樣的好處？
8. 他會推薦這項產品給其他人嗎？為什麼？

「針對個案研究的文章，我們並沒有制式的撰寫原則。」《化學製程》（Chemical Processing，暫譯）刊物的前編輯馬克・羅森茨威格（Mark Rosenzweig）這麼說。《化學製程》是一份專業刊物，幾十年來都有刊載個案研究文章。羅森茨威格表示：「一般來說，我們會找比較近期，大概過去兩年內的創新技術應用來報導。是什麼樣的問題促成這項技術的應用？這項技術包含些什麼？使用這項技術後，得到什麼樣的結果？我們一般想要的篇幅是1500到2000字。」

由於個案研究是以故事呈現，讀者自然比較感興趣 —— 如果這則故事多少對他們有幫助，那他們會特別感興趣。和產品說明會不同，個案研究是在「證明」，而不是「說明」一項產品或服務如何運作。因為產品諸多功效受到真實用戶的讚賞，而不是製造商自賣自誇，所以個案研究的內容比較可信。

以一位滿意顧客的使用經驗為例，個案研究其實就是在展現你的產品有多好。你靠得不是呈現一堆資料，而是靠講一個引人入勝的故事，生動描繪產品的效用。

此外，撰寫個案研究時，有個同樣有力的賣點要好好發揮，那就是創造潛在顧客對滿意顧客的共鳴。一般人傾向認同和自己相似的人。潛在顧客聽同一類人講話比較自在，比較能認同對方的話，因為他們都會遇

到一樣的問題。

比起其他宣傳資料，讀者也比較相信個案研究的內容。他們對平面廣告存疑，覺得宣傳冊充滿吹捧和誇大不實，甚至認為podcast和企業部落格看上去都在圖利自己。然而，個案研究不一樣。有位沒拿好處、沒有特殊動機的顧客竟然對這項產品讚不絕口，這樣的內容馬上讓人信服。

美國市場研調機構Forrester Research的調查顯示，71%的買家根據信賴程度和可信度做出購買決定。要在市場上建立可信度，最好的辦法之一就是將顧客的良好經驗和你的產品連結在一起。讓顧客對你的產品有信心，能大幅提高他們和你做生意的可能性。

要找能寫個案研究的滿意顧客，最好的資訊來源之一就是銷售員。但銷售員通常想多花點時間推銷，而不是替你找個案研究的候選人。他們往往不關心行銷企劃，而且認為參與個案研究是樁麻煩事，沒什麼直接的好處。

既然如此，你不妨提供銷售員一些實質誘因，好讓他們想替你找個案研究的候選人，例如：如果這位銷售員找的滿意顧客獲選為個案研究的對象，即可獲得獎金、獎品或獎勵旅遊。只要有不錯的誘因，銷售員就會突然很熱衷尋找個案研究的候選人。這類誘因不用太豐厚，但應該要令人嚮往，例如一台全新的iPod。

至於個案研究的前置準備，寫手應該要訪問公司裡最熟悉產品應用的人。對中小企業來說，可能是老闆；對大型企業來說，可能是廠長或工程師。寫手聯絡個案研究的對象之前，負責這位顧客的客戶經理或銷售員應該要先打電話，確認這位顧客願意、甚至渴望參與個案研究。如果是不情願或不友善的顧客，個案研究很難寫，也很難成功。

訪問過程中，盡量如實紀錄對方所說的好話。如此一來，你就可以在個案研究的內文中引述這些話，並且載明是受訪者所說的。

因為在個案研究引用顧客的說詞，同時也達到利用滿意顧客證詞行銷的效果。

順帶提供一個訣竅：如果受訪者所言不完全是你希望他說的話，不妨利用「所以你的意思是……」技巧。在「所以你的意思是……」的句型後面加上你想要他說的內容詢問受訪者。如果他回答：「沒錯，這就是我的意思。」那你就能將你的說法當成是他說的。

潛在顧客的回答往往很模糊，訪問者／寫手有責任從訪問中萃取出具體詳情。盡可能讓受訪者提供數字，好讓個案研究的主張和結果夠具體。

舉例來說，如果受訪者表示這項產品很節能，但無法具體說出多少，不妨這麼跟他確認：「是降低10%的能源消耗？還是超過100%呢？」受訪者就會提供一個粗略估算的數字，你就能拿來當作近似值（例如，這個系統成功替工廠節省了超過10%的能源消耗）。

個案研究發表前，你必須正式獲得受訪者的同意，取得對方的簽名。請務必將這些簽名文件建檔、保存好。如果受訪者換工作，可能就失聯了。萬一再搞丟對方的簽名文件，後果不堪設想。如果個案研究的使用授權受到質疑，然後你又無法提供受訪者簽名的文件，你可能得從官網上撤下這篇個案研究。

你可以詢問受訪者是否願意成為「參考顧客」（reference account）。如果有位潛在顧客想了解某個特定個案，他能實際聯絡這位個案主角，也就是「參考顧客」。請務必定期檢查你的參考顧客名單，確保姓名和電話號碼都正確，並適時更新。

Chapter 18

如何讓文案順利誕生：
給案主的全面指南

如果你是自己不寫文案的企業老闆或員工，現在有很多方式搞定你的文案。有些方式好幾十年來持續廣為使用；有些方式在我40年前入行時還很罕見，但越來越熱門；只有少數方法這幾年才出現，多為科技主導的應用。我會在這一章討論這些選項，說明如何充分利用這些方式。

選項1：自己寫文案

曾幾何時，很多客戶會自己寫文案，主要原因如下：

- 他們非常了解自家產品和市場，覺得與其花時間向不熟悉的文案寫手解釋，還不如善用對產品、市場的認識自己寫文案。
- 客戶並不覺得撰寫文案是個專業，認為每個人都會寫，所以為什麼不自己寫，還要付錢請文案寫手呢？
- 專業文案寫手提交的文案和客戶的預期有落差或內容有誤，從技術性錯誤到行銷訴求定位失敗都有可能。而且他們覺得要請文案寫手調整文案、符合他們的要求是件令人氣餒的麻煩事。

其實，你比外部寫手和廣告代理商更清楚你的市場和產品。而且，特別是現在，市面上有一大堆文案寫作課程，有些客戶因此能具備文案寫作的技巧與能力。對很多這類能自己寫文案的客戶來說，他們發現最好的辦法就是自己寫一部份的文案，同時請自由接案的寫手或內部員工處理其他項目。

一般來說，能自己寫文案的客戶決定文案自己操刀，大多是遇到下列情況：

- 產品具高度技術性，需要專業背景（例如，工程學位）才能理解。
- 客戶覺得讓寫手進入狀況所花的時間就足以自己寫好文案了。
- 客戶有自己的觀點和語氣想表達，不確定外部寫手能不能精準捕捉。

至於能自己寫文案的客戶決定委外處理，通常是因為：

- 客戶沒時間自己寫。
- 客戶不想自己寫。
- 客戶覺得自己的時間花在其他工作上會比較好。

選項2：委外寫文案

很多客戶可能無法自己寫、不想自己寫，或沒時間自己寫，而且知道該著眼於自身的核心競爭力——不管是機器學習或電路設計；這些客戶通常會請外部文案寫手幫忙寫文案，不管是找自由接案寫手或廣告代理商。委外的原因有好幾個。

首先，寫文案花時間。忙碌的主管明白，自己寫文案不是運用時間最好、最有效的方式。

此外，有些主管則認為寫作是有害健康、燒腦的麻煩事，極盡能是避免。文案寫作本來就不在他們能力、興趣所及範圍內。

再來，他們覺得專業寫手能產出格外優質的文案。

這個事實應該不會讓他們感到詫異或產生自卑感。

不如這麼想吧。我一週寫60小時的文案，持續了40年。因此，和大部分身兼多項重責大任、得同時應付很多事的企業老闆和主管相比，我大概稍微會寫文案一點。

這個「稍微」可能看起來微不足道。然而，就我的經驗來說，如果是要線上行銷一件電商消費品，只是稍微提高幾個百分點的轉換率，總收入就能增加好幾百、幾千美元，甚至更多。

公關行銷資訊網站 PR Daily 的寫手傑克・海威（Jake Herway）提供了以下訣竅[1]，有助於客戶與自由接案寫手、獨立承包人合作時，能更有效率：

- 持續、清楚地說明對文案的要求與期待。
- 向外聘寫手強調更大的作用和目標。
- 讓外聘寫手有機會和自家員工溝通、交流，提升產能、建立融洽的關係。

選項3：委內處理

委內處理就是指派公司內的全職員工負責撰寫文案，通常會找行銷企劃部門的人。不過有些客戶也會找別類人才，包括技術寫作人員、公關專員，有時候也會找工程師。

不像外包的自由接案寫手來開會拿資料就離開，之後交回初稿，委內處理文案有3個優點。

第一，自由接案寫手可能手上有好幾個案子同時在進行，但公司員工只需要全力處理你的文案就好。

第二，內部寫手較容易聯絡上專業人士，因為他們的辦公室通常就在走廊的另一頭。有些專業人士能跟內部寫手分享自己的經驗、觀點和專長，進而豐富寫手的認識。這些資訊可能不會出現在簡報會議裡，外部寫手無從得知。這些專業人士也能幫忙檢查撰寫中的文案草稿，提供可能主導整份文案的重要意見。

第三，自由接案寫手大多都是獨立作業，獨自坐在房裡埋頭苦幹。相較之下，很多企業有好幾位編制內的文案寫手。整個文案團隊能彼此協助，從互相審閱草稿，到幫忙對方發想新的行銷點子。

不過，儘管有上述原因，現在很多企業仍選擇外包，主要原因在於：很多企業主（1）確實認為文案寫手術有專精，能提高回應率；以及（2）能輕易測試這份外包文案和其他來源的文案，比較兩者的表現。有時候他們會將新文案和已經在使用的舊文案互相比較，確定新文案是否真的效果比較好。

選項4：軟體應用

越來越多工作由機器人和人工智慧軟體接手，取代了人類。寫作也會被取代嗎？

我在寫本書的最新版時，看到一篇美國科技雜誌《科技生活》（Popular Science）*剛發表的文章[2]，瑞典人史威克‧喬韓森（Sverker Johansson）寫的某個電腦程式已經寫了270萬篇文章，佔了維基百科（Wikipedia）8.5%的條目。

人工智慧軟體公司Persado也寫了一組演算法，能比較電子郵件的主旨欄內容和電子郵件的點擊率。根據這份數據，軟體能自己寫出新的主旨欄內容，而且軟體寫成的版本點擊效果幾乎都比人類寫的還要好。[3]

為什麼有些客戶不尊重文案寫手？

文案寫手和他們的工作內容經常遭到批評，而有些文案寫手也受到不當對待。為什麼很多文案寫手「不受尊重」呢？我能想到2個原因。

首先，和大部分領域相比，寫作是件比較主觀的事。會計師可以指著分類帳證明收支平衡；律師能以判例和邏輯論證替自己的案件辯護。

但文案寫作沒那麼黑白分明。要寫一篇廣告文案能有很多方式，每個方式都有優點。文案寫手可以表示，他覺得這麼做最好，但他無法證明自己的想法更優異。客戶必須照單全收，完全相信他的話……但很少客戶真的如此。

當然，有效的文案有些大原則可循，好比本書前面所討論的內容；但不幸的是，許多客戶和寫手都不知道這些原則。因此，在不明白好文案有什麼條件的情況下，文案寫手要如何替自己的作品辯護呢？

客戶不尊重文案寫手的第二個原因在於，很多客戶打從心底認為自己比寫手還會寫。

醫生、律師、會計、水管維修人員、技師、軟體工程師涉及的領域都非常技術性，而且很複雜，他們的客戶根本無從干涉。但大家都能寫。（就連鸚鵡和仿聲鳥都會講話！）因此，文案寫手的工作沒那麼神秘，而

---

* 譯者註：此為中國的中譯版譯名，之前譯作《科技新時代》，台灣沒有出版中譯本。

且客戶更是信心十足地認為，「只要我有時間」，就能自己寫廣告或銷售信。

如果你打算聘請外部文案寫手，提供你3步驟的建議，幫你增進雙方的關係：

1. 聘請對的文案寫手來負責：找適合你產品和公司的寫手。

2. 合作時，以專業相待。對待文案寫手，就像你對待律師、會計或醫生一般，給予同樣的尊重。往後站，讓文案寫手發揮所長。

3. 建立合理的原則來檢視文案。根據這些具體的標準審視文案，而不是靠主觀感受或個人審美觀評斷。此外，最重要的是批評指教時要具體。

接著讓我們來了解每個步驟的細節。

如何找到適合的文案寫手？

不管委內或委外，如何找到對的文案寫手？怎麼知道哪個寫手適合你的公司？以下提供10個訣竅，協助你尋覓、挑選最適合的文案寫手。

一、四處打聽

要找寫手？最好的方式就是透過他人推薦。問問你的朋友、同事和熟人，請他們推薦之前合作過的寫手。

最有可能知道優秀寫手的人包括：

- 在地廣告代理商和公關公司
- 雜誌的廣告業務和編輯
- 印刷從業人員、攝影師、平面設計師、設計工作室，和其他廠商。
- 附近製造業或服務業的公關經理。

二、挑選在你的產業有工作經驗的寫手

聘請了解你產業的寫手有3個好處。第一，你就能花少一點的時間向他介紹、解釋你的技術和市場。

第二，因為寫手已經理解你產業的行話，比起完全外行的寫手，你的員工比較容易接納他。如果你希望主管和工程師能和寫手密切合作的話，這點很重要。

第三，寫手或許能幫忙審視你的行銷策略或建議新點子，因為過去的客戶和你有類似的產品。

客戶曾問我：「你得是個軟體工程師，才能替電腦程式寫文案嗎？」大可不必，而且很多寫出傑出電腦廣告的寫手下筆時，對Pascal和Python程式語言一無所知。但話又說回來，和沒寫過程式的寫手相比，有寫程式背景的文案寫手的確比較吃香。

你請的寫手不用是特定產品的專家。（關於你的業務，他不需要和你知道的一樣多。）但他應該了解你的產業、知道怎麼寫好你需要的文案類型。

舉例來說，假設你要找個文案寫手，替你的加勒比海郵輪行程寫本宣傳冊，別堅持要找到一位寫手，他的資歷滿滿都是寫加勒比海郵輪行程的宣傳冊或網站文案。你很有可能根本找不到這樣的人選。不過，你應該要找專門寫旅遊文案的寫手，而不是找擅長訂閱郵件、年報或時尚廣告的寫手。

也就是說，別執著寫手的工作經驗一定要明確和自家系列產品相關，而是要尋覓擅長自家產品所屬領域的寫手，可能是旅遊業、高科技業、居家裝潢類或製藥業。

三、聘請符合你文案檔次的寫手

並不是所有的文案都需要一樣程度的專業技能。寫一篇佈告欄通知賣你的二手雪佛蘭汽車（Chevrolet），和產出一份美國石油巨頭埃克森美孚（Exxon）的廣告，兩者所需要的文案寫作程度完全不同。

文案寫手同樣也有程度的分別。有待遇豐厚的頂級寫手，中等程度的通才，以及處理簡單委託案的剛入行者。這些寫手根據自身程度不同，收費也不同，因此可別大材小用，荷包又大失血。

有位中小型製造商的行銷經理需要找人替新的宣傳冊寫一封附函，好將宣傳冊寄給顧客、推銷員，和區域辦公室。因為我有撰寫短篇信件與B2B 公司電子郵件的經驗，我寫這類企業的文案效果通常都很好，而且我也據此定價——一頁信件起價為1500美元。

四、挑選和你公司風格相近的寫手

有個作風保守的公司覺得是時候提升自家形象，於是找了當地最有創意的數位行銷或品牌顧問公司來做廣告。

第一批廣告傳回來了，很符合以創意著稱的廣告代理商會製作的廣告——真的很有創意。「不過對我們來說有點太超過，能不能想點比較嚴肅的？我們對這些跳舞的化學桶不是很有把握。」作風保守的客戶這麼說。

「你們這是在扼殺我們的創意！」代理商的負責人大叫，接著抓起廣告草稿、大步踩出會議室，之後寄了請款單，並拒絕再跟這個野蠻的客戶合作。

這則故事的教訓：廣告代理商或自由接案寫手不太可能會成功說服客戶徹底改變經營方式。所以客戶最好找做事方法和風格與自己合拍的文案寫手。

如果你喜歡直接、強力推銷的廣告——廣告附有折價券、標題點出好處、講明價格和購買地點，內文直白推銷產品的特色和功效，那麼替全國性品牌經營鋪張形象的文案寫手所做的廣告，你大概就不會喜歡。畢竟，這位文案寫手可能認為平面廣告就是應該有「聰明」的標題，配上浮誇閃亮的彩色視覺設計，而且覺得一般人「都不看長篇文案」。

他不會想改變你、讓你轉而支持他的觀點，你也不會想將辛苦掙來的錢浪費在他的廣告上，讓他贏得創意獎。因此，最好的辦法就是一開始互相避開，永不碰頭。至於你應該找的文案寫手，他的作品集裡應該要充滿你認同的廣告形式，也就是展現事實、數據的文案。讓想要有「美景勝地」類廣告的公司去請前面那位創意十足的傢伙。

你喜歡長篇還是短篇的廣告文案？絢麗全彩照片還是樸素的圖像？資訊豐富的文案還是情緒渲染力強的文案？樸質的語言還是華麗的辭藻？請找風格和「廣告哲學」和你對盤的文案寫手。如此一來，雙方合作起來比較愉快，對文案成品也會比較滿意。

五、跨出第一步

假設你現在已經找到一位想合作的文案寫手。第一步就是要打電話或寫封電子郵件給他，請他提供文案寫作服務的背景資料。

最起碼你會想看看他的作品、履歷或簡歷，以及客戶名單。很多資深文案寫手已經準備好標準的資訊包，內含前述文件以及更多資訊。新手通常需要你告知，才會提供相關文件。

檢視這位自由接案寫手的資料包或網站時，請仔細審視以下幾點：

- **整份資料寫得好嗎？** 如果自由接案寫手無法有效地宣傳自己，他要如何替不熟悉的服務或產品撰寫文案？

- **你喜歡作品集裡的文案嗎？** 作品集的內容就是他認為最好的作品。如果看了以後不覺得對方能勝任，就繼續找其他人。他就不適合你，要求對方提供更多作品也沒有用。

- **仔細檢視客戶名單。** 再三確認這位寫手曾替你的產業或相關領域撰寫文案。千萬別找個專寫技術性文件的寫手來寫你新上市的香水廣告。請找個喜歡做、擅長做香水廣告的寫手。

- **文案寫手有提供收費資訊嗎？** 真正的專業一開始就會直接表明他的價碼。如果你負擔不起，他並不想浪費你或他的時間。

- **這位寫手有什麼樣和寫作、溝通相關的經驗？** 全方位的文案寫手不只寫文案。這位寫手還寫過什麼？出過書？寫文章？發表論文？到處演講？帶討論會？具備任何教學經驗嗎？

- **你的整體感覺如何？** 在你看過這位寫手的資料，並在電話裡和他聊過之後，你覺得他的資料包和電話應對是「專業」還是「外行」？相處起來感覺還好嗎？對他有信心，覺得他能勝任嗎？直覺很重要。相信直覺準沒錯。

六、別想不勞而獲

數量驚人的小公司常會打電話給我，說道：「我們是南澤西的小型製造商。我們不太做廣告宣傳，但我們注意到你的廣告，而且希望找人寫篇一頁的新聞稿，宣布我們的總裁下個月退休。想跟你見面確認一下是否適合請你執筆。可以請你今天下午過來一趟嗎？」

如果你也會做出類似這種事，有件事我得先讓你知道。除非你是個大牌廣告主或廣告代理商、手上有個大案子，你不可能見得到我。為什麼？因為如果我跳上車、花上半天，拜訪一間希望一篇750美元新聞稿的小公司，我就沒時間替好幾個長期合作、報酬更豐厚的客戶寫文案了。

我的重點是：文案寫手就和律師或醫生一樣，是個專業人士。如果你希望文案寫手撥出時間，那你就要願意付錢。現在很少有文案寫手願意免費登門拜訪。

你可能會反駁說：「但我想雇用你啊！見面不是下一步嗎？」

不一定要見面。我們可以透過電子郵件或視訊。

「但我想當面談！」

那好。到我的辦公室來，我不收錢。就算只是試探性的見面聊聊，如果我得離開辦公室，我就會按時計費。如果你決定委託我，這次見面的費用就會納入委託的報酬中，只要我們都同意由我負責你的案子。

就像我前面提到的，如果你是個大牌廣告主或端出吸引人的企劃，我可能會破例一次。但一般來說，對大部分的客戶——不太常有文案委託的小公司來說，妄想文案寫手不收費來找你，希望你給他工作，這實在太過分了。有幾件委託案能聘人，不代表文案寫手就要花時間移動、跟你見面。

大部分的文案寫手很樂意透過電話，或在自己的辦公室跟你聊聊。但別指望文案寫手會離開工作室，親自走訪你的工廠或辦公室，除非你願意付諮詢費用。對一天賺 1000 到 2000 美元，甚至更多的文案寫手來說，他絕對不會想花上半天去追一個 500 美元的委託案。

網路問世之前，文案寫手拜訪客戶最主要是為了拿作品集給客戶。但現在很多文案寫手，包括我在內，都把作品放到自己的網站上了（我的網站是：www.bly.com），所有人只要按一按滑鼠都看得到。

七、一開始就談報酬

如果你無法負擔寫手的價碼，談再多也沒用。一開始就搞清楚價格能幫你節省很多時間。

大部分寫手會針對不同委託案提供大概的價碼：平面廣告收多少、銷售信怎麼算，宣傳冊價格更高等等。若寫手有價目表的話，請要來看看。

這些只是粗略估算而已，確切費用取決於具體委託案的內容。不過這份估價能讓你有個概念，知道你的文案費用大概是多少。

如果文案寫手不是以件計價，而是按時計酬，請搞清楚對方一週、一天、半天或一小時的價碼多少。接著，清楚詢問對方，你的案子要花多久時間才能完成。將作業時間乘以日薪，得知總成本。

另外，也請一開始就討論截稿時間。頂尖文案寫手通常早就排滿好幾週的行程，未必能處理急件。有些潛在顧客發現我無法花一個晚上寫、第二天交稿時，極為詫異。他們不明白，我桌上已經躺著 6 件案子，全部在幾週內就要截稿。

請了解這位寫手一般要花多久時間處理小案子（平面廣告、銷售信）與大案子（網站、白皮書、自動回覆電子郵件系列）。如果你的截稿日期很近，請務必如實告知，並詢問文案寫手是否能配合。

文案修改事宜也應該一開始就討論。各個修改版本的費用都包含在一開始談好的費用裡嗎？還是額外收費？基本款價格裡包含幾次修改？多快能修改完？如果委託案的性質大幅調整時會怎麼處理？這些修改都還算在內嗎？要在一定期限內提出修改要求嗎？

務必明白寫手針對修改事宜的處理方式。不然的話，修改這件事之後可能會引起紛爭。

八、提供寫手委託案所需的完整資訊

請記得將所有可以提供的背景資料寄給寫手。有這些資料在手，文案寫手才能提供最準確的估價。沒有的話，寫手只能隨便估個數字，因為不曉得要花多少心力研究，而且他的報價也會提高，反映出這樣的不確定性。

如果完整提供寫手需要的資訊，讓他了解情況、準確估價，你就能拿到最實惠的價格。

九、以書面形式確定委託內容

把費用、條件、截稿日以及委託案的描述，具體寫在採購單或合約上。

書面合約能排除任何含糊之處，並詳細載明客戶買什麼、寫手賣什麼。各行各業都有太多買賣雙方最後對簿公堂的例子，因為當初只是口頭約定。請別犯同樣的錯，白紙黑字的合約能保護雙方。別只是握握手覺得講好就好，務必要寫下來。

十、往後站、不干涉

一旦你確定請對方處理、提供對方所需的背景資料後，請放手讓文案寫手發揮所長。別干涉，別要求「讓我看看頭幾頁的內容」，別一直打電話詢問「進度如何？」

你找了個專業人士處理，現在就讓專業人士好好工作。你會在截稿日，或提早一點就能拿到文案，而且文案包你滿意，能有效銷售你的產品。如果你需要調整，寫手也會修改。畢竟，這就是他們拿錢要辦的事。

有位資深文案老手說：「第一稿，客戶得到他需要的內容。第二稿，客戶得到他想要的內容。第三稿，客戶得到他應得的內容。」

和文案寫手共事的訣竅

最好的合作方式就是寫手在寫初稿時，放他獨自進行。文案寫手知道自己在幹嘛，而且你也信任他。不然的話，你一開始就不會聘請他。

不過，就算文案寫手會和你拉開距離獨立作業，以彼此舒服、愉快的模式開始合作極為重要。文案寫作是段合作關係：你提供寫手背景資訊和撰寫方向，文案寫手交出具說服力的內容，雙方合力賣出更多的產品或服務。

如果雙方或任一方不開心，工作起來就不會有熱忱。沒有熱忱，工作成效就會很糟。

以下提供幾個建議，有助於維繫客戶和文案寫手之間的良好合作關係。

一、付費合理

請務必公道、合理地提供文案寫作的報酬。記住，報酬過低的話，員工做起事來不會開心，成效也不會好。得到不合理待遇的寫手，很少會產出優秀的作品。

什麼事都好商量，但都有限度。事業穩定的優秀寫手如果對你的委託案感興趣，可能多少給你八、九折優待，但費用無法、大概也不會再更低了。

亟需工作的寫手可能開價很低，但就算你發現好像能少付點錢，還是請你提供合理的報酬。如果咄咄逼人，把價格砍得很低，文案寫手對委託案的觀感也不會好。你會希望寫手抱持熱忱寫文案，而不是麻木冷淡地聽命行事。

二、準時付錢。

關於做生意，很少有什麼事和催收帳款一樣令人不快。很不幸地，客戶超過4週、6週，甚至8週以上沒付款給自由接案者是件稀鬆平常的事。

請在30天內準時付款，如此一來，每當你聯絡對方時，這位自由接案者會倍感溫暖。如果能在10天內發張支票更好，這位自由接案寫手會想辦法在你下次的委託案展現奇蹟。

三、好好合作

針對你的產品、受眾和文案目標，務必提供文案寫手完整的背景資訊，並樂意回答問題或提供撰寫方向、適時審視文案大綱和草稿。

此外，應該要找個人當窗口，負責和文案寫手的聯絡事宜。要讓文案寫手在公司裡好幾個部門之間奔波、找各個主管洽談，不僅非常沒有效率，部門間的指示也可能互相衝突。

四、別浪費時間

避免不必要的會議。確實有需要開一、兩次會,但大部分撰寫、修改事宜都能透過電子郵件和電話搞定。

別一次只提供一點資訊或修改意見給文案寫手。務必一次提供完整的背景資料或修改指示。

另外,和任何人約好會面時間,別讓對方乾等是禮貌。這也適用於文案寫手。

對文案寫手來說,時間就是金錢。如果你不浪費他們的時間,你的委託案對他們來說就能賺錢,他們也會樂意盡全力寫出最優質的文案。

相反的,你越浪費寫手的時間,這件案子就變得越不賺錢。寫手因此可能花較少的時間撰寫你的文案,或乾脆不接你的委託。

一般來說,寫文案不太需要客戶和寫手之間頻繁聯繫。越少聯絡越好。每次開會不要超過2小時,而且開會節奏要緊湊。電話會議則要簡短、切中要點。

這麼做不僅幫寫手省時(而且對方可能因此少收你一點錢),也幫你省下大把時間。

五、事後針對文案提供回饋

文案寫手有時候寄了文案給客戶後,就再也沒有客戶的消息了,直到客戶下次再拿新案子找上門。這段期間,他可是十分擔心、內心糾結得很。心想,不知道客戶滿不滿意這份文案呢?他們可能很滿意——畢竟沒消息就是好消息——但寫手無從得知。

客戶捎個溫暖的訊息——一通電話或透過網路傳個簡短的讚美,對文案寫手來說都是莫大的肯定。因為就算客戶對寫手的成果很滿意,寫手一般也很少獲得工作上的回饋。

對渴求讚美和自我滿足的文案寫手來說,簡單的感謝信特別讓他們感

到欣慰。誠懇的稱讚能讓你快速登上寫手「最愛客戶」名單的榜首。這麼做的效益遠超過你付出的心力，那就是獲得更周到的服務、更優質的文案。

六、理性指教文案

對文案寫手來說，「我不喜歡這份文案。」是個毫無意義的批評，以及令人沮喪的回應。

提供具體明確、客觀的批評是審核文案時的關鍵。主觀、模糊的評語不但無助於寫手修改，通常也讓對方很受傷、防衛心提高，並且導致雙方關係逐漸崩毀。

接下來會提供審核文案的9個法則，能消弭難受和誤會，並提供文案寫手修改的方向，好讓文案順利過關又有成效。

批評文案最常見的錯誤

簡單來說，你請了文案寫手來，不是為了請他寫出「如果時間許可，你自己會寫出來」的文案。

你反而應該找寫作風格你喜歡的優秀寫手處理，讓寫手以自己的風格寫文案，你只要坐等成品就好。

有任何必須遵守的原則或規定，請在評論文案時提出（例如，別只說產品「比較好」，而是要非常具體說明和同類產品相比，不同和優越的原因）。如果能在文案寫手動筆前就告知的話更好。

重點就是：不要為了讓文案看起來就像你會寫的那樣，而修改、調整資深寫手的有力文案。如果你還是覺得一定要這麼做，那麼就別請寫手處理這個案子，請自己寫。

原因有二。第一，文案寫手不會讀心，他們不可能知道你到底會怎麼寫這篇文案。第二，這　做會限制優秀寫手發揮所長，使他們將心力擺

在取悅你，而不是寫出真正勸敗的文案。要能成功「事二主」——你和目標市場——幾乎不可能行得通。

更多審核文案的方法

審核文案和撰寫文案一樣，都是門藝術。這裡提供其他幾個審核文案的原則，好讓你最後得到最有銷售力的文案。

一、明確具體

文案的評論要根據事實，而且具體明確。請清楚指出文案寫手哪裡出錯了，以及你希望他如何修正。

以幾個例子說明模糊和具體的批評：

模　糊	具　體
不夠有趣、有活力。	只有我們家的產品有這些特色，應該要在文案裡更強調產品的獨特性。
文案沒有替這項產品『定位』。	我們製程的效率比對手高20%，這點應該要放到標題裡。
這份廣告枯燥又無聊。	少提一點技術性特色，多提一點產品效益。
文案說的故事不是我們想說的。	文案應該要寫出這 4 項消費者效益。
我不喜歡這份文案。	這是個很好的起頭，不過我想看到某些具體的調整。讓我說明一下我的想法。

請記得，只說你想調整並不夠，你必須清楚說明這些調整是什麼。

這並不表示就要換你來做寫手的工作，自己改文案。你的確需要寫下具體、實際的調整和更正項目，提供給文案寫手，好讓對方針對這份內容調整文案。

而且請確保這些指示以白紙黑字載明，不是口頭交代而已（除非內容很簡短、更動地方很小）。寫下評語這個動作能逼你更具體地說明。不妨使用 Word 的追蹤修訂或註解功能標記文案草稿的電子檔，這麼做能讓你的評註比較好讀，也省得文案寫手掙扎半天解讀你的手寫字跡。

二、核可層級越少越好

誰應該有權核可文案呢？產品經理。技術性專家，通常是工程師或科學家。行銷主管。銷售主管。還有公司總裁。除此以外，絕對不要有其他人。

對一則廣告裡該有什麼內容，每個人的看法都不同。如果為了要讓一組決策人馬都滿意，你最後會得到內容鬆散、勸敗力薄弱、銷售主張經過稀釋的文案，沒有強大的銷售訊息或觀點。

審核的人數保持在4位或少於4位比較理想，6位是極限。超過的話，你就是由一組人馬來寫文案了，人多嘴雜，寫不出有效的廣告。

我替小公司寫文案時，通常只由一個人批准我的文案：公司老闆或總裁。我最好的文案作品中，有些就是這麼發表的。如果文案發表前，公司裡有其他人想看看文案，不妨把他們加入副本名單，藉此知會他們。這些人如果想提供意見，可以跟你說，但他們無權核可文案。應該只能有少部分的團隊成員才有決定權，決定廣告最後該呈現什麼樣的內容。

修改文案的25%-50%-25% 原則

客戶要求的調整中，大約25%能提升文案品質、大約25%讓文案力

道變弱、剩下的50%沒什麼影響。

我會怎麼反應呢？我會接受那些改善文案的25%，並感謝客戶仔細審視。我也會調整那些無關痛癢的50%，而且照單全收不質疑、不抱怨。

至於我認為有損行銷效果的25%，我會跟客戶說明為什麼這麼做不恰當。如果他們不同意我的說法，我還是會欣然照他們的要求調整。

三、規範要怎麼遵守呢？

這裡指的是確保你的文案符合政府相關部門的法律、監管要求。

舉例來說，寫保健食品的文案時，不能表示你的藥丸能治癒疾病。不能說你的關節保健食品能治好或消除關節炎，但可以表示能促進關節健康、讓關節保持最佳機能。更保險的寫法則是「可以」或「可能有助於」促進關節健康、讓關節保持最佳機能。

我不是律師，無法針對法律問題或規範議題給予建議。

不過，不同企業遵守相關規定的程度也不同。有些沒那麼認真看待，有些則嚴格遵守。

有位資深直效行銷人跟我說：「每一次向100%順從靠近10%，你廣告的迴響就掉10%。」

四、做個文明人

有些客戶特別愛撕爛寫手的作品。其他客戶就只是少根筋，不了解書寫是件高度個人化的行為、寫手會覺得這些批評是衝著自己來的。

廣告人艾彌爾‧嘉甘諾曾說，有些人「以威嚇創意工作者為樂。這些人的自尊很脆弱，很不擅長處理負面評語、否定和拒絕。你評論他們的作品時，應該要心思周到、體貼，並表達清楚。」

你不需要縱容文案寫手，只要記得他們也是人。而且就和你的員工一樣，他們對讚美和辱罵都很有反應。

跟寫手說明他的作品沒有達到你的標準時要很有技巧。請不要說：「這份文案不夠好，我們要全部重寫。」

反而請先以稱讚文案的優點開頭，接著再提到缺點。請說：「整體來看，能將這些整合起來，你做得很好。接下來，容我向你說明我們的看法，以及我們希望你做的調整。」

企業都會花大筆錢激勵員工，適時讚美、態度和善、以禮相待、進退得宜等形式作風也同樣能激勵外部廠商。善待你的文案寫手，他們就會傾全力付出。

我在西屋電氣的前主管泰瑞・史密斯批評指教的方法聰明又有效。第一步先說：「這份文案我很欣賞……」，隨後讚美一兩個優點，這些優點只要你夠努力檢視文案，就一定能找得到。

接著再說：「如果是我來做的話，」然後講出你的批評。

就像泰瑞・史密斯的做法，如果你先稱讚再指教，文案寫手比較能接受批評。

五、放手讓文案寫手寫

廣告公司SSC&B的總裁麥爾坎・邁道格曾說：「優質的客戶不寫文案。他們深知哈佛商學院畢業的人寫不出好廣告，這也就是為什麼他們找廣告代理商。」

請讓你的寫手完成份內的事。別幫他寫或重寫文案。如果你希望有所調整，請寫下來要更動之處。別自己動手改，把更動說明交給文案寫手，讓他自己改。

也千萬別扮演學校老師或外行的文法學家。對於如何把語言當作銷售工具，文案寫手是專家。

如果你覺得文案沒有反映出你的策略和目的，說出來。如果其中有錯誤的資訊，點出來。但請別把逗點改成分號，或對語言吹毛求疵。把書寫的工作交給文案寫手。

六、別搞意見調查這一套

有個客戶曾請我提出兩個版本的宣傳冊封面。接著，他跑去問他父母、妻子、親家、祖父和幾位朋友，他們比較喜歡哪個版本，根據他們的回答做決定。因為 B 版封面得票數較多，客戶最終選擇這個版本。請別跟我的客戶犯同樣的錯誤。廣告文案應該交由專業商務人士評斷，而不是給朋友、親戚和鄰居裁決。

審視一則廣告的排版或內容時，外行人以個人美學判斷廣告的好壞，而不是根據這則廣告是否能勾起他們購買這項產品的渴望。他們每次都會挑好看的排版、辭藻華麗的文案。所以，儘管他們人都很好，審核文案時也不應該讓他們的意見參一腳。

有些行銷人會到處拿文案給別人看，通常會放在 Google 文件上給很多人瀏覽，他們認為得到越多意見，就越能將文案改得更好。

我的想法和我的前老闆大衛·科赫一樣。某次在辦公室裡，超過6個人的我們對一則文案爭論不休。

大衛開口說話了，問我們：「你們知道麋鹿是什麼樣的動物嗎？」我們不知道如何回答，大衛接著告訴我們：「是由一群人設計出來的乳牛。」從這件事裡，我得出了審核文案的原則：

　　我發現，文案品質和審核人數呈反比。

七、以顧客的角度看文案，而不是以廣告人或編輯的角度

每當看到客戶一邊拿著筆一邊讀文案，我就很擔心。因為這說明了他是以編輯的身份在讀廣告，而不是以買家的身份在讀廣告。

請以顧客的觀點讀文案，問：「如果我是顧客，這則廣告會抓住我的

注意力嗎？能強烈激起我的興趣、讓我往下讀，或至少掃過內文嗎？我會記得這則廣告、想買這項產品、把折價券剪下來，或回應這則廣告嗎？」

如果這則廣告沒有秀出公司總裁的照片，或提到肯塔基工廠的輸送帶也別感到憂慮。如果顧客不在乎，你也不應該在乎。

八、制定、公布審核文案的準則

就像我之前說的，文案寫手不是你肚子裡的蛔蟲。他不可能知道你公司的規定、喜好，除非你跟他說明。

請制定一套規範、原則，讓文案寫手有所依循。這套規定應該包括必要的風格要求（例如，公司名稱必須以大寫字母呈現，後面要加上註冊商標符號），以及作為建議的大原則。

這些建議事項提供線索，讓文案寫手明白過去你們怎麼行事。（例如，你們可能偏好長度較長、資訊豐富的次標題，而不是簡短俐落的版本。）不過，文案寫手應該只要把這些建議當作參考就好。畢竟為了讓文案的成效更好，規則都可以調整或打破。

你可以請合作的自由接案寫手、行銷顧問或廣告代理商幫忙，一起發想這些規則和原則，決定要加入哪些新規定，或刪除哪條沒有實質意義的原則。

理想上，文案的指導原則應該要根據測試的分析結果來制定、修改。舉例來說，我有個客戶經過大量測試後發現，半頁報紙廣告的標題為8至12個英文字時會創造最多訂單。他也有很多其他指導原則，同樣都是根據測試和經驗，歸納出來提高廣告的回應率。

Chapter 19

文案視覺設計：
能溝通視覺概念就好，
文案寫手不是藝術指導

文案寫手在視覺設計上扮演的角色

文案寫手的工作是要想出行銷點子。這些銷售訊息最重要的部分大多都能以文字傳達，雖然經驗顯示，強而有力的照片或圖畫配上說明文字也能加強廣告效果。

數位時代來臨前，很多文案寫手表示，版面最主要的目的就是讓文案容易閱讀。老一輩嬰兒潮時代的寫手（如我）仍認為，視覺設計最重要的考量是要讓文案好讀，不過很多年輕一輩的行銷人則將圖表、圖像和影片當作注意力的焦點。

理由有二。首先，他們覺得現在的消費者不讀文案了，尤其是長篇文案。不過，在無數數位和平面廣告的測試中，這個假設已一再被證明是錯誤的。或者，更具體來說，漫不經心的網路使用者並不讀長篇文案，但潛在顧客和買家確實會讀。

第二，這群年輕人是在數位、圖像時代長大的。他們相信「一畫勝千言」的諺語。他們不明白，有銷售力的視覺設計配上文字可以成就出更有說服力的廣告。

就像前面提到的，不讀文案的人通常購買意願不高，他們只是隨意看看的人。購買意願高的消費者則會大量閱讀產品相關文案，而且沒有這些細節就不會下單。有例外嗎？當然還是有。

視覺設計輔助、加強並說明文案的概念，但就算在數位時代裡，文案通常都不用依賴視覺設計，可以獨立存在。有些概念最好的傳達方式，確實需要文字和圖片緊密結合。其他概念的話，尤其是那些實際展現操作過程最有效的廣告，利用影片傳達效果最好。

身為文案寫手，你有時候難免需要運用文案以外的元素表達銷售概念。你可能需要秀出照片給消費者看產品，挑起對方想要擁有的慾望（例如，旅遊行程、時尚、珠寶、汽車、住宅，還有很多其他靠圖像最能清楚表達的事物）。

文案寫手為了要向數位及平面設計師、繪圖師說明自己打算如何設計

文案，通常會製作「文案草圖」。就如名稱所述，文案草圖就是簡單的概略圖，方便文案寫手溝通文案版面的構想，指出標題、次標、橫幅廣告、行動呼籲區塊、影片、照片和回應機制擺放的位置。

我都是以微軟的Word製作草圖，方便我隨時將草圖插入文案的Word檔裡。我同時在電腦上也有個資料夾，存放我替很多委託案製作的文案草圖。通常一個委託案的文案草圖可以重複使用，直接沿用或稍微調整，因此過去的檔案能幫我節省很多時間和心力。

有些潛在客戶會問我：「你也包辦視覺設計嗎？」我會回答：「我的服務項目不包含攝影和繪圖。如果我的文案概念需要圖像表達，我會在文案裡以文字說明圖像的概念，或提供草圖。」文案草圖可參考圖19.1的例子。

圖 19.1：針對全頁雜誌廣告的文案草圖

自由接案寫手會提交一份文案草圖，通常是很概略的圖示，只是呈現每個元素的相對位置。

廣告代理商的寫手則將文案和文案草圖交給部門的藝術指導潤飾、美化。好的藝術指導會加上自己的想法和創意，進一步加強寫手的視覺設計構想。

有些廣告代理商會提供兩三個文案版面，讓客戶挑選最喜歡的版本。不過在我看來，這麼做就像律師跟我說：「你覺得該採用哪套辯護詞？」我認為廣告代理商應該要挑選自認為最好的版本交給客戶。畢竟是客戶付錢請廣告代理商在專業的創意領域下判斷。

一旦文案草圖獲得客戶同意後，廣告代理商可能會再提交一份更精緻的樣稿，之後才會拍照、正式排版。

為什麼廣告代理商要先提交文案草圖給客戶看呢？為了要降低修改成本。調整草圖相對比較便宜，而且現在視覺設計和排版都以電腦作業，更是如此。

給文案寫手的版面設計指導

任職廣告代理商的文案寫手知道自己有設計部門的同仁幫忙，能將自己的版面設計構想以精美的形式呈現。

但自由接案寫手就沒有這樣的好幫手了，所以客戶只能另外聘請自由接案的平面設計師，或仰賴公司裡的美術團隊。

自由接案寫手沒必要自己聘請平面設計師，只需要告知客戶你會提供文案草圖，而不是製作完成的樣稿。如果客戶堅持要樣稿，而且你也樂意提供這項服務，你可以自行聘請設計師。

既然多了一項監督視覺設計的工作，你就能額外收費。收費標準可以是雇用設計師成本的一定成數，或收取任何你認為合理的價格。

如果以上這些提及繪圖和美術設計的內容，讓你這個純文字工作者有點擔心，其實大可不必。

我九成的委託案不需要提供文案草圖，或任何形式的示意圖。可能是因為我的銷售概念不需要仰賴圖像傳達，不然就是因為我能輕易透過文字描述圖像的設計概念。

只有一成的平面廣告或網站委託案有極為複雜的圖像，或極度仰賴視覺設計，因此必須確實製作草圖。不過製作草圖通常不花我超過10分鐘的時間。

電腦大大輔助我製作草圖，因為不是每個廣告都需要原創版面。我替一個委託案製作的草圖經常可以重複利用，可以原封不動或稍做修改用在其他委託案裡，省了大把時間。

就像我前面提過，所有委託案的草圖我都有存檔，放在電腦裡名為「版面草圖」的資料夾中。所有草圖都以 Word 製成，能輕鬆加進我交給客戶的文案 Word 檔裡。

下面是資料夾裡的另一個文案草圖，這是替明信片設計的版面。如你所見，文案草圖真的很簡略。文案寫手並不負責製作成品，草圖只是呈現版面配置，說明文案元素的位置而已。

圖19.2：明信片的文案草圖

接下來也提供幾個我繪製的文案草圖，你可能會覺得很有趣，甚至對你很有幫助。

這些都是簡略的圖示，能以繪圖軟體（例如，Adobe Illustrator）製作，也可以用麥克筆在紙上畫出來。

請注意，你不需要精心繪製，讓草圖看起來像成品。那是平面設計師的工作，而且他能做得比你好。文案草圖只要呈現你希望每個元素要放在什麼位置、元素之間的相對大小、每個元素的重點。

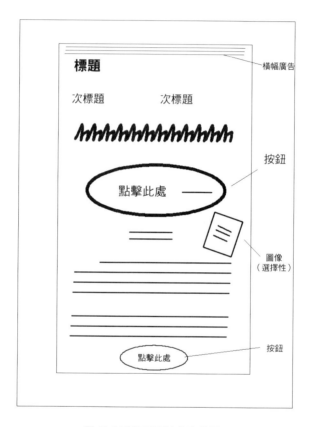

圖 19.3 登陸頁面的文案草圖

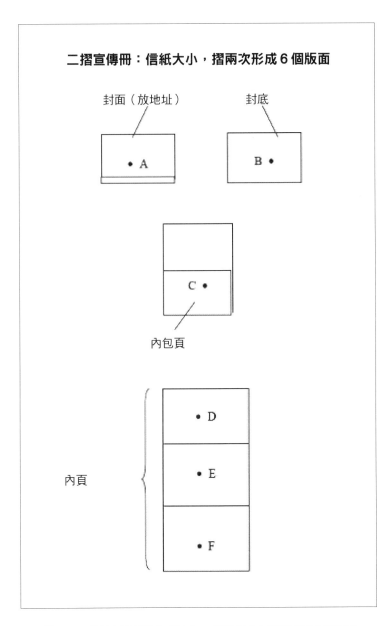

圖19.4：能放在展示架上或放入10號信封的二摺宣傳冊文案草圖

經驗豐富的平面設計師洛莉‧霍勒表示,確實掌握以下這10項原則,設計文宣品時,便能輕易避開最常見的設計失誤:

1. 文案最重要。永遠都是。句點。

2. 可讀性決定廣告的成敗,不管是線上廣告或平面廣告。一向如此。

3. 了解你的讀者 —— 極為深入。

4. 挑選目標客群讀起來輕鬆的字型與字體大小。字體小對年長讀者來說不好讀,欄寬過寬讀起來也很吃力。

5. 請保持在色彩流行的最前端。你的設計可能很快就看起來落伍過時。

6. 你有辦法讓讀者注意你希望他們注意的內容。

7. 熟知讀者的心理、設身處地,變成他們的一份子,像他們一樣地思考,對他們的痛苦感同身受,知道讓他們晚上輾轉難眠的事情是什麼。

8. 讀產品、服務或該領域專家的推薦內容。

9. 訂購單或購物車頁面一定要好讀、簡單、易懂。讀者不想覺得被耍得團團轉。

10. 好好讀文案,深入了解文案內容。與文案寫手像搭擋般緊密合作,一起制定縝密的計劃邁向成功。信任對方,一起承擔、學習、成長、共患難。堅實的團隊更有可能成功 —— 總是如此。

更多給文案寫手的設計建議

這裡列出每個文案寫手都該知道得平面設計訣竅、規則和技巧:

• 首先,雜誌廣告的版面有個神奇配方「A型基本款」,請參考圖19.5。這是最簡單、最標準的版面配置:最上面放大圖,大圖下方擺標題,標題下方呈現兩三欄內文,最後在右下角放上公司的商標和地址。

- A型基本款並不炫，有些藝術指導甚至覺得太老掉牙。但這樣的版面設計有其道理，能吸引讀者注意文案，而且很好讀。

- 你可能會想嘗試別的版面，當然也很好。不過嘗試其他更「創新」的設計之前，至少先考慮一下A型基本款。

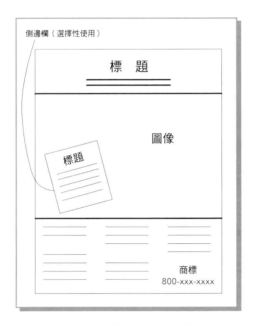

圖19.5：A型基本款的文案草圖

- 一個版面應該要有一個「焦點」，也就是讀者先注意到的元素。通常是圖像，也可以是標題。

- 版面應該要以合理的順序引導讀者從標題、圖像看起，接著讀文案內文，最後注意到簽名和商標。次標題和項目符號有助於引導讀者的目光。

- 瀏覽網站時，訪客通常會先注意首頁右上角，所以這個地方很適合放上顯眼的行動呼籲機制。

- 標題設計成大字、粗體有助於吸引讀者的目光。強而有力的標題以大字醒目地展示在平面廣告或網頁上，絕對會吸引大家駐足觀看。

- 如果你希望讀者回應你的平面廣告，不妨利用折價券。折價券應該要放在平面廣告的右下角，而且平面廣告本身應該要抵著右頁外緣。如果折價券緊貼著「書溝」，也就是雜誌或報紙兩頁中間的裝訂邊，讀者可能就不會將折價券剪下。

- 如果你希望讀者打電話回應你的廣告，不妨在內文最後以大字呈現電話號碼。比起付費電話，免付費專線能獲得較多回應，就算付費電話是由公司買單。

- 如果你偏好線上回應，建議你以粗體字呈現銷售頁面或登陸頁面的網址，消費者可在此瀏覽更多產品資訊，也能線上訂購。

- 照片的效果通常比圖畫好，因為照片比圖像更真實、可靠。

- 彩色文案比黑白文案更能引起關注，給讀者的印象也較好。但製作、刊登全彩平面廣告的成本都比黑白平面廣告貴很多。

- 至於網路廣告，顏色不用多花錢，但建議以白底黑字呈現文案。強調字詞時，要節制點用紅色或其他色彩。

- 技巧嫻熟的平面設計師能善用其他色彩，替宣傳冊或廣告的效果加分。但如果由外行人操刀，可能會看起來品質低劣。請務必小心使用其他色彩。

- 版面越簡單越好。廣告、PowerPoint簡報和網頁如果有太多元素，像是小圖片、曲線圖、圖表、表格、側欄等，會讓版面看起來很繁複，進而打消讀者閱讀文案的念頭。只有技巧高明的平面設計師才能設計出包含眾多元素、看起來不雜亂沈重的版面。

- 選擇字體最重要的考量因素為可讀性。字體應該要夠清晰、好讀、友善而且吸引人。字體的風格也很重要，會影響到廣告傳遞的形象和概念，不過可讀性還是首要考量，絕無例外。

● 照片應該要畫面清晰、構圖簡單。如果你得在選用品質低劣的照片與不使用照片之間擇一，那寧願不要用照片。專業攝影師在廣告界曾經不可或缺，不過現在很多人都能用智慧型手機的相機拍出水準夠高的照片。

● 最好的相片能彰顯產品效益，或讓你覺得：「這看起來很有趣，不知道這裡頭發生了什麼事？」後者的相片有故事性，但沒有把完整的故事說完，而是留給讀者想像空間、激起好奇心。如此一來，讀者就會主動閱讀文案，弄清楚這張相片到底要表達什麼。

● 絕對不要採用任何會導致文案不好閱讀的設計。應該要以乾淨的白底襯托黑字，而不採用有顏色的背景、不要白字襯黑底。我最近才看到一則廣告，文案不僅印在桌巾上，而且還拍成照片！這種設計當然不好讀。

有些廣告以及很多網站的視覺設計都具備相當的主導性，但就算如此，圖像還是必須和文案相輔相成。以多年前美國航空設備廠商聯合技術公司（United Technologies）的廣告為例，這則廣告的標題寫著：「如果能在西科斯基公司（Sikorsky）黑鷹直昇機的油箱打穿這個洞，直升機也能在飛行中自行修復。」

廣告的配圖相當直接：呈現了一個直徑5吋（12.7公分）的黑色圓圈。為了讓這句話更有戲劇效果，這則廣告是以厚紙卡印製，並夾進雜誌裡。

黑色圓圈的周圍裁了虛線，讀者只要壓一下這個黑色圓圈，圓圈就會從頁面掉出來，留下標題提到的洞。

最後一點想法：文案寫手應該身兼二職？

關於文案寫手、美術表現，以及藝術指導，我還有些看法：

有些文案寫手透過學習第二專長，試著提升自己的市場價值。有些文案寫手身兼攝影師，有些身兼藝術指導，有些則跨足電視製作人。

這麼做有其道理。客戶只要聘請一位兼具兩種專長的文案寫手，就能付一個人的錢做兩個人的事。

但事實上，絕大部分最頂尖的文案寫手都只從事文案寫作；而身兼二職的人通常兩種專長都不是很傑出。我也只知道一兩個例外。

舉例來說，所有我知道身兼攝影師的文案寫手，都是平庸的寫手和平庸的攝影師。可能是因為高明的文案寫手太搶手，根本沒時間搞攝影。

無論真正的原因為何，我很少遇到身兼其他工作的一流文案寫手。

成功的文案寫手——至少就我所知——也很擅長將自己的構想視覺化，但他們的視覺概念和版面向來都很簡單。可能是因為這些寫手的畫技不足以表達複雜的視覺概念，因此他們堅持只用簡單的線條小人和彎曲線條就能畫成的版面。

相反的，藝術指導有能力製作詳盡的草圖，所以他們的版面向來比較複雜、精緻。

優秀的藝術指導能替文案寫手的簡單構想增添圖像元素，進一步加強銷售力道。

頭腦清楚的文案寫手則能從藝術指導的版面中，找到方法讓文案更清楚、簡單、好讀而且容易回覆。

廣告設計不像有些人想得那麼複雜、神秘。有些外行人相信，而且設計師也鼓吹這種迷信，認為必然有某種高深莫測的公式，像是某種色彩組合、字體風格、照片、圖像、視覺元素和版面配置，能創造出具備神奇銷售力的廣告。

簡單的版面就是最好的版面。簡單的版面比較容易發想、製作成本也低得多，而且通常比較有效。

我有個文案朋友寫過一張小尺寸的黑白廣告，推銷外語自學課程。廣告的版面設計平凡無奇：幾乎全部都是文字，只在右下角用線條勾勒出了一個小圖，畫了一套教材。然而，這則看上去很普通的廣告，竟然創

造了超過 5 百萬美元的銷售額！

　　溝通想法最重要的途徑是文字，而不是圖像。聖經裡有上千個字，但一張圖也沒有。

附錄

A. 廣告文案相關術語
B. 行銷相關刊物
C. 行銷相關網站和部落格
D. 行銷相關書籍
E. 行銷相關組織

附錄 A：廣告文案相關術語

- **客戶**（account）：廣告代理商的客戶。
- **廣告業務（執行）、AE**（account executive）：廣告代理商的員工，是代理商與客戶之間的聯繫窗口。
- **廣告點擊率**（ad click rate）：廣告被點擊的次數佔總廣告曝光次數的百分比。
- **廣告點擊次數**（ad clicks）：使用者點擊廣告的次數。
- **廣告曝光次數**（ad views / impressions）：橫幅廣告被網站訪客看到的次數。
- **網址、電子郵件地址**（address）：辨識電腦或網站的方式，通常網站以網址（URL）呈現，電子郵件地址則包含 @ 符號。
- **廣告**（advertisement）：付費製作的訊息，會明確指出付費者的身份。
- **廣告經理**（advertising manager）：廣告主雇用的專業人士，負責統籌協調、管理廣告主的廣告宣傳活動。
- **聯盟行銷**（affiliate marketing）：網站之間合作行銷，引導自己網站的訪客進入到合作的網站上。例如，網站 A 同意在自家網站上設置網站 B 的按鈕，如果因此替網站 B 產生銷售，網站 A 就能抽成。
- **聯盟行銷計畫**（affiliate program）：同上。聯盟網站的連結會引導訪客至業主的網站，如果聯盟網站的連結替業主帶來銷售，業主就要支付一定比例的銷售額給聯盟網站。
- **關聯行銷**（affinity marketing）：根據目標客群已建立的購買模式，進行的行銷手法，包括電子郵件行銷、投放橫幅廣告或線下媒體宣傳。
- **Agora 模式**（Agora model）：一種網路商業模式，做法是先建立龐大的願意接收電子郵件的名單，接著寄發產品電子郵件給名單上的收件人，藉此產生銷售。
- **Agora Publishing**：發明 Agora 模式的消費者新聞快訊出版商。
- **錨點**（anchor）：設有超連結的字詞、圖像，以醒目標示、畫底線或「可點擊」的形式呈現，點選後能連到另一個網站。
- **Applet、Java 小程式**（Applet）：以 Java 程式語言寫成的應用程式，

能在網頁上呈現簡單的動畫。

- **圖像（art）**：用在廣告中的照片或圖片。

- **美術指導、藝術總監、美術總監（art director）**：任職於廣告代理商，負責設計、製作廣告的視覺圖像、整體版面。

- **網路應用服務提供商、ASP（application service provider，ASP）**：提供電腦應用軟體服務的供應商。

- **AV**：影音（audiovisual）的縮寫。同時呈現文字和影像，最常見的數位影音為 mp4 影片檔，一般會上傳到伺服器裡。

- **虛擬化身（avatar）**：虛擬世界代表使用者的數位化身。

- **B&W**：black & white 的簡稱，代表黑色與白色。

- **頻寬（bandwidth）**：資訊（文字、圖像、影片或聲音）的傳輸路徑中，一次能容許的資料流通量。

- **橫幅廣告（banner ad）**：尺寸不大的方形廣告訊息，出現在靠廣告營利的網站（通常是首頁）的最上方，或出現在電子報的第一頁，通常有超連結設定，能連到廣告主的網站。

- **電子佈告欄系統、BBS（bulletin board system，BBS）**：能讓使用者透過數據機登入電子郵件、Usenet 和聊天室的軟體。

- **費用（billing）**：廣告代理商向客戶收取的報酬。

- **出血（bleed）**：圖像超過頁面邊界或裁切線之外。圖像出血的話，表示沒有邊界或白邊。

- **績優股（blue chip）**：獲利可觀的公司或產品。

- **公司簡介（boilerplate）**：因為法律規定或公司政策而使用的制式化公司介紹文案。

- **作品集（book）**：見「作品集」（portfolio）一詞。

- **書籤（bookmark）**：瀏覽器中儲存網址的功能，方便使用者迅速連到網站，就像夾在實體書裡的書籤，讓你快速翻到正在閱讀的內容。

- **退信（bounce）**：電子郵件傳送失敗時，系統會自動發出郵件，通知寄件人郵件沒有傳送成功。

- **品牌（brand）**：用來辨識產品的標誌。

- **品牌經理（brand manager）**：廣告主雇用的經理人，負責品牌的行銷

與宣傳。

- **品牌建立（branding）**：有一派廣告認為：「如果消費者聽過我們，廣告就達成目的」的廣告手法。
- **寬頻傳輸（broadband）**：很多訊號共用頻寬的數據傳遞方式。
- **大尺寸廣告單（broadside）**：可折疊郵寄的一頁廣告傳單。
- **宣傳冊（brochure）**：宣傳某項產品或服務的廣告手冊。
- **瀏覽器（browser）**：用來瀏覽網路資訊的應用程式。
- **預算（budget）**：廣告主打算花在廣告宣傳的金額。
- **大宗郵寄（bulk mailing）**：以優惠的郵資，寄出大量相同的印刷廣告品。
- **項目符號（bullet）**：用來強調文案內容分行或分段的小圖騰。
- **隱藏廣告（buried ad）**：被其他廣告包圍環繞的廣告。
- **企業對企業廣告、B2B 廣告（business-to-business advertising）**：企業針對其他企業行銷產品和服務的廣告。
- **按鈕（button）**：點擊後會使某個動作進行或事件發生的物件。
- **快取（cache）**：經常存取的資訊儲存的地方。
- **宣傳活動（campaign）**：經過協調整合的一套廣告及推銷活動。
- **通用閘道介面、CGI（common gateway interface，CGI）**：一種建立介面的程式，能根據按鈕、核取方塊、文字輸入等資訊，讓網頁快速製作完成。
- **聊天室（chat room）**：人們可以線上即時交談的網路平台。
- **點擊（click）**：因為網路使用者點擊一則廣告，讓網路使用者有機會轉移到另一個網路位置。
- **點擊誘餌（clickbait）**：發表在網站上的文案或內容塞滿了關鍵字，只為了吸引搜尋引擎。Google 有察覺到這個手法，通常會忽略這類內容；而且如果在其他網站上找到完全相同、一字不差的內容，Google 也會祭出懲罰。
- **ClickFunnels**：一個架站平台，能建置、管理包含完整銷售漏斗的網站。銷售漏斗是具備一系列步驟的行銷手法，唯一的目標就是將網站訪客的點擊轉換成待開發客戶的聯絡資料或直接的銷售。

- **點擊率**（click-through rate，CTR）：注意到某個連結的網路使用者中，確實點擊這個連結的人數所佔的百分比。這個連結通常會出現在網路廣告或電子郵件裡。
- **客戶**（client）：接受廣告專業人士服務的公司。
- **克里奧廣告獎**（Clio）：廣告界的獎項，頒給年度最佳電視廣告。
- **印刷廣告**（collateral）：內含產品資訊的印刷品，例如宣傳冊、廣告傳單、型錄和直效行銷郵件。
- **理性購買**（considered purchase）：審慎評估產品後所做的購買行為。
- **消費者**（consumer）：購買或使用產品和服務的人。
- **消費者廣告**（consumer advertising）：針對賣給一般大眾的產品所製作的廣告。
- **消費品、消費者產品**（consumer products）：賣給個人、而非企業或工廠的產品。
- **有獎活動**（contest）：消費者運用自身技能試著贏得獎品的促銷活動。有些活動會要求參與者提出購買證明。
- **轉換**（conversion）：讓網路使用者採取某個具體行動，通常是線上註冊就能索取免費內容，或從網站購買產品。
- cookie：你電腦上的一個檔案，能紀錄資訊，例如你瀏覽了什麼網站。瀏覽器會儲存這項資訊，未來你在網路上交易或執行動作時，這項資訊會讓網站記得這個瀏覽器。
- **文案**（copy）：平面廣告、電視廣告或宣傳活動的文字內容。
- **聯絡人**（contact）：沒有透過 AE 聯繫、直接與客戶共事的廣告公司文案寫手。
- **文案寫手**（copywriter）：撰寫文案的人。
- CPC：cost per click 的簡稱，每次點擊成本。
- CPL：cost per lead 的簡稱，每次取得（待開發客戶）名單成本。
- CPM：cost per mille 的簡稱，廣告在一個特定網站每千次的曝光成本。如果某個網站一則橫幅廣告要價 1 萬 5000 美金，並保證 60 萬次曝光，那麼 CPM 就是 25 美元（15000÷600）。
- CPT：cost per transaction 的簡稱，每次交易成本。

- **CPTM**：cost per targeted thousand impressions 的簡稱，鎖定用戶的每千次曝光成本。
- **創意活動（creative）**：用來描述與創作廣告直接相關的行為，包括文案寫作、攝影、繪圖及設計。
- **創意總監（creative director）**：任職於廣告代理商，負責監督文案寫手、美術指導以及其他成員的工作成果。
- **人口資料比對（demographic overlay）**：將人口統計資料加入潛在顧客或顧客名單中，作法是透過電腦跑資料，拿這筆人口統計資料比對其他已經加入人口統計資料的名單。
- **人口統計資料（demographics）**：描述一部分人口特質的數據。這些特質包括年齡、性別、收入、宗教信仰和種族。
- **直效行銷郵件（direct mail）**：未經收件人同意而寄發的廣告郵件。
- **直接回應式行銷、直效回應（direct response）**：這類行銷手法的目標在於直接、馬上獲得訂單，或得到待開發客戶的資料，而非長期建立產品形象與識別度。
- **網域名稱（domain name）**：描述連到網路的主機具備的性質。一串網址裡最後的「點」後面接的3個字母（頂層網域）說明了網址對應到的主機屬於什麼性質的單位。在美國廣泛使用的6個頂層網域為：com（商業機構）、edu（教育機構）、net（網路事業機構）、gov（政府機構）、mil（軍事機構），以及org（組織）。
- **低端消費者（downscale）**：收入、教育程度、社會地位處於社會階級下層的消費者。
- **深入探索（drill down）**：用來形容網站訪客進一步深入研究某個網站的內容。
- **電子商務（e-commerce）**：利用網路數位資訊科技直接向消費者賣產品，並將購買流程自動化。
- **電子郵件名單（e-list）**：內含電子郵件地址的名單，可透過網路寄送宣傳訊息給名單上的收件者。
- **電子郵件、電郵（e-mail）**：electronic mail 的簡稱，能讓使用者透過電腦寄送、接收訊息的網路服務。
- **電子報（e-zine）**：一部份用來廣告宣傳、一部份提供資訊的線上新聞

快訊或雜誌。

- **非廣告的刊物內容（editorial）**：雜誌或報紙上不屬於廣告的內容，包括文章、新聞速寫、補白（用來填充刊物空白的短文）等提供資訊而非推銷的內容，是由刊物編輯及特約作家撰寫。

- **表情符號（emoticons）**：以圖像、符號或文字傳達表情、手勢的方式，例如笑臉 或 :)。

- **眼球數（eyeballs）**：點擊並瀏覽特定網站或頁面的人數。

- **常見問題（FAQ）**：frequently asked questions的縮寫，表示經常詢問的問題。

- **委外（farm out）**：將工作委託給公司外部的廠商負責，而不是由公司自行處理。

- **專題報導（feature story）**：長度完整的雜誌文章。

- **費用（fee）**：廣告代理商或廣告專業人士向客戶收取的服務報酬。

- **防火牆（firewall）**：架設於網際網路與組織內部網路（IT系統或內部網路）之間的資訊安全屏障。

- **謾罵郵件（flame）**：帶有辱罵或刻意粗魯無禮的電子郵件訊息。

- **浮動視窗（floater）**：類似彈出視窗，不過因為浮動視窗是網頁或登陸頁面 HTML 語法的一部份，所以不會被快顯封鎖程式封鎖。通常會利用浮動視窗提供免費內容，藉此取得網站訪客的電子郵件地址。

- **表單（form）**：設有文字輸入欄位，能輸入訊息的網頁。

- **4A（4A's）**：美國廣告代理商協會（American Association of Advertising Agencies）的簡稱。

- **四色印刷（four color）**：全彩印製而成的圖片。

- **非全頁廣告（fractional ad）**：佔雜誌或報紙不到一整頁版面的廣告。

- **自由接案（freelance）**：自僱的文案寫手、攝影師、設計師、媒體購買人員或其他廣告專業人士。

- **廣告頻率（frequency）**：單一工作階段或特定時間內，一則廣告投放給某位網站瀏覽者的次數，網站需要利用cookies管理廣告頻率。

- **FTP（file transfer protocol）**：能讓檔案從一台電腦傳輸到另一台的協定。FTP在英文裡也可以做動詞用。

- **全方位服務代理商**（full-service agency）：提供客戶完整廣告服務的廣告代理商，服務項目包括創意相關服務、媒體購買、企劃、行銷和調查研究。

- **一般廣告**（general advertising）：這類廣告是要在消費者心中灌輸對產品的偏好，以便促進這項產品未來在零售商店、經銷商或代理商的銷售量。這類廣告的操作模式和直接回應式廣告相反。

- **圖形交換格式、GIF 檔**（graphic interchange format，GIF）：常見的壓縮文件，用於電腦之間傳輸圖片檔案。

- **駭入**（hack）：非法入侵網站，為了竊取資料、未經許可變更頁面，或關閉網站。

- **點擊**（hit）：提供頁面要求後，所有組成這個頁面的項目或檔案會以點擊的形式紀錄在伺服器的紀錄檔中。

- **首頁**（home page）：設計來當作網站主要入口的網頁，或瀏覽器首次連上網路的起點。

- **主機**（host）：連到網路的伺服器（具備獨特的 IP 位址）。

- **機構刊物**（house organ）：企業組織自己發行的新聞快訊或雜誌。

- **HTML**：超文本標記語言（hypertext markup language）的簡稱。一種可用在網頁設計的程式語言。

- **超文本傳輸協定、http**（hypertext transfer protocol，http）：能在網路上發表以 HTML 語法寫成的超文本資訊的基本方法。

- **https 加密協定**（https-SSL）：https 有 SSL（secure socket layer，安全通訊端層），也就是驗證網路安全的加密裝置。

- **超連結**（hyperlink）：網頁裡可點擊的連結，以文字組成的圖像呈現，能引導你到同一個頁面的另一處、同個網站的其他頁面，或其他網站。

- **超文本、超文字**（hypertext）：數位文件呈現資訊的方式，不像印刷文件以線性閱讀，而是透過許多連結，從不同方向、路線閱讀。

- **形象**（image）：企業或產品在大眾心中的印象。

- **衝動購買**（impulse buy）：出於偶然、而非計畫中的購買行為。

- **組織內的**（in-house）：屬於企業組織，或在企業組織內部進行的（人事物）。

- **工業廣告**（industrial advertising）：針對工業產品和服務的廣告。

- **網紅**（influencer）：網路上有不少粉絲的人物，藉由自身的人氣替廣告主宣傳品牌、影響他的粉絲購買產品。廣告主通常會提供網紅免費產品和服務作為交換。

- **顧客來詢**（inquiry）：潛在顧客接觸廣告或宣傳活動後，主動索取相關資訊的行為。

- **回覆詢問郵件**（inquiry fulfillment package）：潛在顧客主動詢問後，寄給對方的產品資料。

- **網際網路**（Internet）：大約由6萬個獨立、相互連接的網路組成，利用共通的傳輸和數據協定，連接不同的電腦和系統。

- **網際網路網域名稱、網域名稱**（Internet domain name）：網際網路上辨識某台電腦或電腦組的獨特名稱。

- **插頁式廣告**（interstitial）：行動應用程式在功能切換之際所出現、很「唐突」的廣告，使用者並沒有要求但還是出現。

- **網際網路協定位址**（Internet protocol address，IP address）：每個連到網路的系統都具備獨特的IP位址，格式主要分 A、B、C、D等級，每個等級都由4個十進位小數點格式的數字組成，從0到255。

- **網路服務供應商、ISP**（internet service provider，ISP）：提供網路服務的企業。

- **Java 程式語言**（Java）：昇陽電腦公司（Sun Microsystems）開發的物件導向程式語言，具備能支援動畫或即時更新資訊等功能。

- **廣告歌**（jingle）：電視廣告中使用的音樂及歌詞。

- **聯合圖像專家小組、JPEG檔**（joint photographic experts group，JPEG）：比較新的圖像格式，能顯示百萬種顏色，壓縮品質良好，也很好下載。

- **關鍵字**（keyword）：在網路上搜尋時，用來縮小檢索範圍的字詞。

- **登陸頁面**（landing page）：這類網頁設計的目的在於產生轉換或其他直接行為，和登陸頁面功能相反的網頁則是用來提供內容，或提供連到更多內容的連結。

- **版面設計**（layout）：廣告、海報或宣傳冊的草圖。

- **待開發客戶／銷售線索**（lead）：請見 sales lead 一詞。

- **直效行銷郵件處理公司**（lettershop）：替其他企業生產直效行銷郵件的銷售信及相關廣告文宣品的公司。

- **促銷信**（lift letter）：放在直效行銷郵件裡的第二封銷售信，用來增加顧客回應。也稱作「出版人的信」（publisher' s letter），因為主要用來吸引讀者訂閱雜誌。

- **連結**（link）：網站之間的數位化連結。

- **名單仲介**（list broker）：出售郵寄名單的人。

- **Listserver**：自動寄發電子郵件給訂閱名單的程式，是用來提供新成員最新訊息的機制。

- **載**（load）：「上載（傳）」（upload）或「下載」（download），表示將檔案或軟體從一台電腦或伺服器傳輸——「載」——到另一台電腦或伺服器。

- **記錄、記錄檔**（log、log file）：記錄網路連線的檔案。

- **登錄**（login）：用來登入、存取電腦、網路或網站的識別證明或名稱。

- **商標**（logo）：以特別設計的文字呈現公司名稱。

- **摸彩**（lottery）：消費者必須先購買產品後，才能參加的抽獎活動。

- **麥迪遜大道**（Madison Avenue）：紐約市廣告圈的大本營。麥迪遜大道位於曼哈頓東區（East Side of Manhattan），用在廣告界則指位於曼哈頓市中心的廣告代理商。

- **郵寄清單**（mailing list）：一則自動發送給特定對象、有特定主題的電子郵件訊息。

- **市場**（market）：作為某項產品或服務的潛在、現有顧客的一群人。

- **行銷**（marketing）：企業製造、配銷、宣傳、販賣產品和服務給顧客的行為。

- **行銷傳播**（marketing communications）：用在行銷產品或服務的溝通行為，包括廣告、公關、促銷活動。

- **大眾廣告**（mass advertising）：針對一般大眾的廣告。

- **媒體**（media）：任何將資訊、娛樂和廣告帶給大眾或企業界的溝通方式。

- **推銷活動**（merchandising）：促銷零售產品的活動。

- **中繼標籤**（metatags）：用來辨識網頁的創作者是誰、使用哪個 HTML 規格，以及網頁的描述和關鍵字。
- **數據機**（modem）：modem 一詞是由調變器（modulation）和解調器（demodulation）兩個字組合而成。數據機是轉換數位訊號（位元流）與類比訊號的裝置，好讓電腦之間能透過電話線互傳資料。
- **名單擷取頁**（name squeeze page）：用來搜集網頁訪客電子郵件地址的登陸頁面，篇幅通常很短。作為交換，這個頁面往往會提供訪客免費內容，或讓訪客能在別的登陸頁面或網頁看到文案。（也稱為擠壓頁面。）
- **原生廣告**（native advertising）：看起來像刊物文章的廣告。
- **網路禮儀**（netiquette，Internet etiquette）：使用網路要遵守的禮儀規範。
- **網民**（netizen）：活躍的網路使用者。
- **新手**（newbie）：任何領域的菜鳥。
- **討論團體**（Newsgroup）：Usenet 談論特定主題的討論群組。
- **滿意付費**（on speculation、"on spec"）：客戶對工作成果滿意，並實際採用時才需付費。
- **一次性優惠**（one-time offer，OTO）：一種產品優惠方案，通常提供給剛訂閱你的電子報或加入電子郵件名單的人，優惠方案只有一次機會，錯過不再有。
- **主動訂閱、願意接收**（opt in）：在特定網站註冊時，表示同意收到網站營運單位和第三方寄發的宣傳電子郵件。
- **取消訂閱、取消接收**（opt out）：要求電子郵件名單的持有者將你的資料從名單上移除，或至少確保不會再寄發宣傳電子郵件給你。
- **訂購頁面**（order page）：你在登陸頁面點擊「立刻下訂」的按鈕時，就會跳轉到訂購頁面，頁面會描述購買方案，並讓你線上購買。
- **包裝產品**（package goods）：製造商已包裝好的產品，通常製作成本低，並在商店貨架上販售。
- **網頁**（page）：所有網站都是由數位化的「網頁」組成，以 HTML 語言寫成。
- **網頁瀏覽量**（page views）：使用者在瀏覽器中載入某個網頁的次數。

- **點擊付費**（pay-per-click）：一種廣告計價模式。廣告主根據消費者點擊一則廣告的次數，付費給刊登的廣告平台。

- **PDF檔案**（PDF files）：Adobe軟體公司的可攜式文件格式（portable document format，簡稱pdf），主要在網路之間或網站上傳送檔案。有pdf副檔名的檔案原本是在別的應用程式裡製作，之後轉成pdf檔，好讓任何平台上的人都能檢視。

- **按日計費**（per diem）：每日收取定額費用。

- **PI**：per inquiry advertising 的簡稱，按顧客詢問次數計費的廣告。出版商或廣播公司根據廣告帶來的顧客詢問次數，向廣告客戶收取費用。

- **彈出式廣告**（pop-over）：網站訪客造訪網頁或登陸頁面時，出現在螢幕上的新視窗，目的是搜集訪客的電子郵件地址，通常會提供免費內容吸引訪客填寫資料。

- **背投式廣告**（pop-under）：網站訪客在沒下單的情況下試圖離開某個登陸頁面或網站時，出現的新視窗，目的是搜集訪客的電子郵件地址，通常會提供免費內容吸引訪客填寫資訊。

- **作品集**（portfolio）：集結作品範本的檔案，應徵工作時可展示給潛在雇主看。

- **贈品**（premium）：提供給潛在顧客的禮物，藉此鼓勵他們購買產品。

- **公關新聞稿**（press release）：寄發給媒體的新聞資訊。

- **產品經理**（product manager）：廣告主僱用的經理人，負責監督某項產品或系列產品的行銷宣傳工作。

- **宣傳活動**（promotion）：除了廣告之外，用來鼓勵購買產品或服務的活動。

- **潛在顧客**（prospect）：具備購買某項產品或服務所需的財力、權力和慾望的人。

- **心理特質**（psychographics）：和不同群體的性格、態度和生活方式相關的統計資料。

- **刊物方製作的廣告**（pub-set）：這類廣告不僅刊登在某份刊物上，也由這份刊物的發行商設計、排版製作而成，而不是由廣告主製作完成交由該刊物刊登。

- **公共關係**（public relations）：企業組織為了影響媒體而進行的活動，

好讓媒體刊登或播出有助於提升該企業組織及其產品形象的內容。

- **出版人的信**（publisher' s letter）：見「促銷信」（lift letter）一詞。
- **誇大**（puffery）：廣告主對產品做出誇大不實的陳述。
- **回應**（pull）：廣告產生的迴響。
- **紅書**（Red Book）：指的是《廣告代理商標準名錄》（The Standard Directory of Advertising Agencies）、及《廣告主標準名錄》（The Standard Directory of Advertisers）這兩本書。
- **影片**（reel）：這類膠卷或錄影帶內含文案寫手撰寫的電視廣告範本。
- **回函卡**（reply card）：已經印好地址的明信片，連同廣告文宣一併寄出，為了鼓勵潛在顧客回應。
- **市場研究**（research）：包括調查、訪談和研究，為了讓廣告主了解大眾對廣告主和其產品的觀感，或大眾對廣告主的廣告有何反應。
- **銷售漏斗**（sales funnel）：行銷活動的一系列步驟，唯一的目標就是要將網路使用者的點擊轉換成待開發客戶或直接的銷售。
- **待開發客戶／銷售線索**（sales lead）：「待開發客戶」是因為廣告、宣傳活動而接觸到產品，並主動回應廣告或宣傳活動的人。這群人經過更進一步的培養、篩選，有可能成為消費者。除了指稱「人」，sales lead也代表「銷售線索」，就是能分辨出某人是待開發客戶的「資料」。
- **促銷活動**（sales promotion）：用來刺激短期銷售、為期不長的行銷活動。例如，利用折價券、特賣會、折扣、贈品好康、抽獎摸彩和比賽等手法。
- **版面**（space）：雜誌或報紙用在廣告上的篇幅。
- **特別報告**（special report）：提供給網站訪客的免費內容，為了鼓勵網站訪客採取行動，通常希望訪客下訂單或提供他們的電子郵件地址。
- **廣告測試**（split run test）：一則廣告分作兩個版本、有各自的文案，刊登在同個刊物上，用來測試哪個版本的效果比較好。
- **擠壓頁面**（squeeze page）：見「名單擷取頁」（name squeeze page）。
- **分鏡**（storyboard）：描繪電視廣告成品的連續草圖。
- **抽獎**（sweepstakes）：一種促銷宣傳手法，隨機決定獎品的得主，參

與抽獎者不一定要購買產品才能參加。

- **前導文案**（teaser）：印在直效行銷郵件最外面信封的文案。
- **通路廣告**（trade advertising）：針對批發商、經銷商、銷售代表、代理商及零售商所做的廣告，不包含消費者。
- **交易頁面**（transaction page）：下單購買產品或服務的網頁。
- **雙色印刷**（two color）：以兩種色彩印刷的平面廣告或宣傳冊，通常是黑色搭配另一個顏色，像是藍色、紅色或黃色。
- **排字**（type）：以印刷字體排好的內容，能以印表機印製。
- **顧客群**（universe）：產品潛在顧客的總數。
- **高端消費者**（upscale）：收入、教育程度、社會地位處於社會階級上層的消費者。
- **主題刊物**（vertical publication）：這類刊物鎖定具有特殊興趣的小眾讀者。
- **線框圖**（wire frame）：呈現網站首頁或其他網頁的版面草圖，例如註明標題、文案、行動呼籲按鈕、影片和圖片等網頁元素應該要擺在網頁的哪個位置。

- **紙本刊物**

  Advertising Age《廣告時代》
  www.adage.com

  Adweek
  www.adweek.com
  提供廣告相關新聞、特別報導、介紹型文章、觀點內容及專欄。

  B-to-B
  現在屬於《廣告時代》旗下的一份雜誌
  https://adage.com/section/btob/976

  Chief Marketer
  https://www.chiefmarketer.com

  Direct Marketing
  www.dmcny.org

  DM News
  www.dmnews.com

  Public Relations Journal
  www.prsa.org

  Sales and Marketing Management
  由 Mach1 Business Media 出版公司製作發行

  Target Marketing
  https://www.targetmarketingmag.com/

- **電子報**

Ben Settle Daily Email
不論你是否認同班‧塞特爾（Ben Settle）言詞激烈、離經叛道的行銷觀點，你只要讀他的每日電子郵件，就能提升你撰寫電子郵件的能力。
www.bensettle.com

Bencivenga' s Bullets
www.bencivengabullets.com
這是文案寫手大師蓋瑞‧班契凡加（Gary Bencivenga）絕對不能錯過的電子報，內容皆是他好幾十年來不斷試驗的結晶。

Business Made Simple Daily
諮詢顧問辛蒂‧雷菲爾德（Cindy Rayfield）的每日影片，提供經商訣竅。
https://www.businessmadesimple.com/daily/

The Copywriter' s Roundtable
http://copywritersroundtable.com/
約翰‧福德（John Forde）以文案撰寫為主題的優質電子報。

The Direct Response Letter《直效回應電子報》
www.bly.com
我每月寄送的電子報，以文案寫作和直效行銷為主題。

Excess Voice
https://nickusborne.com/newsletter/
尼克‧歐斯本（Nick Usborne）以網路文案寫作為主題的電子報，資訊豐富而且非常有趣。

Marketing Minute
www.yudkin.com/markmin.htm
行銷顧問瑪西雅‧尤金（Marcia Yudkin）的行銷訣竅，每週寄送。

Paul Hartunian' s Million-Dollar Publicity Strategies

http://www.hartunian.com/

保羅・哈圖尼恩（Paul Hartunian）聚焦公關宣傳的優質行銷電子報。

The Success Margin

www.tednicholas.com

泰德・尼可拉斯（Ted Nicholas）的必讀行銷電子報。

Total Annarchy

https://annhandley.com/newsletter/

安・韓德莉（Ann Handley）行銷電子報。

- The Advertising Show
  http://theadvertisingshow.com/
  以行銷為主題的廣播節目。

- American Writers and Artists Inc. **美國作家與藝術家協會（AWAI）**
  www.awaionline.com
  提供文案寫作的自學課程，舉辦研討會活動。

- Copywriting Genius: The Master Collection
  www.monthlycopywritinggenius.com
  定期針對成功的文案發表評論，並訪談這些優秀文案的作者。

- Happy Earner
  www.happyearner.com
  暢銷作家湯姆·伍德（Tom Woods）針對網路行銷（還有政治）發表
  文章的平台。

- The Small Business Advocate
  www.smallbusinessadvocate.com
  關注中小企業的廣播節目和網站。

- Warrior Forum
  https://www.warriorforum.com/
  文案寫手和行銷從業人員能討論、辯論行銷相關話題的熱門線上論壇。

- 維克特‧史瓦伯（Victor Schwab），《如何撰寫好廣告》（How to Write a Good Advertisement，暫譯）。Wilshire Book Company 出版，1962。

  這是人人都能懂的文案寫作基礎課，傳授如何寫出勸敗的廣告文案，行文清楚直白，由資深郵購文案寫手維克特‧史瓦伯撰寫。

- 麥克斯‧薩克海姆（Max Sackheim），《我在廣告界的50年》（My First 50 Years in Advertising，暫譯）。普林帝斯霍爾出版社（Prentice Hall）出版，1982。

  另一本條理清晰的基礎指南，強調銷售技術比創意來得關鍵、銷售結果比獲獎來得重要。作者為每月之書俱樂部（Book of the Month Club，書籍訂閱電商）的創辦人之一。

- 羅伯特‧科利爾（Robert Collier），《羅伯特‧科利爾的銷售信指南》（The Robert Collier Letter Book，暫譯）。羅伯特科利爾出版社（Robert Collier Publications）出版，1937。

  本書傳授如何寫出優質銷售信，收錄了很多經典郵購銷售信作為範例。

- 羅瑟‧瑞夫斯（Rosser Reeves），《實效的廣告：USP》（Reality in Advertising，暫譯）。Alfred A. Knopf 出版，1961。

  瑞夫斯在這本書裡介紹了現在很有名的 USP 概念（Unique Selling Proposition，獨特的賣點）。

- 尤金‧舒瓦茲（Eugene Schwartz），《創新廣告》（Breakthrough Advertising，暫譯）。Bottom Line Books 出版，2004。

  由躋身 20 世紀最偉大的直效行銷文案寫手之列的尤金‧舒瓦茲所寫的文案寫作指南。

- 克萊德‧貝黛爾（Clyde Bedell），《如何寫出勸敗廣告》（How to Write Advertising That Sells，暫譯）。麥格羅希爾（McGraw-Hill）出版，1952。

  傳授如何寫出深具說服力文案的深度指南，作者為20世紀公認的文案大師。

- 約翰‧凱普斯（John Caples）著、佛瑞德‧漢（Fred Hahn）增修，《增加19倍銷售的廣告創意法》第五版（Tested Advertising Methods）。普林帝斯霍爾出版，1997。

  約翰‧凱普斯針對說服原則的經典著作增修版。

- 朱利安‧華金斯（Julian Watkins），《百大廣告：廣告執筆人與其創舉》（The 100 Greatest Advertisements: Who Wrote Them and What They Did，暫譯）。多佛（Dover）出版，1959。

  本書收錄100則極為成功的平面廣告，並分析每一則成效極好的原因。

- 大衛‧奧格威（David Ogilvy），《一個廣告人的自白》（Confessions of an Advertising Man）。Atheneum 出版，1988。

  傳奇廣告人大衛‧奧格威魅力十足的自傳，書中針對如何創造出成功廣告提供了很多實用建議。

- 克勞德‧霍普金斯（Claude Hopkins），《科學廣告法》（Scientific Advertising，暫譯）。Bell Publishing 出版，1920。

  本書闡明廣告的核心價值為銷售產品，而非娛樂觀眾或贏得創意獎項，並說明如何應用這項核心價值，創造出具有銷售力的廣告。

- 丹尼‧哈奇（Denny Hatch），《方法行銷》（Method Marketing，暫譯）。Bonus Books 出版，1999。

  本書傳授如何藉由設身處地、以消費者角度思考，寫出成功的直效行銷文案。書中收錄了很多當代直效行銷的成功案例，包括出版公司 Agora Publishing 創辦人比爾‧納（Bill Bonner）及 Boardroom 出版社的馬丁‧艾德斯頓（Martin Edelston）。

- 喬瑟夫‧休格曼（Joseph Sugarman），《文案訓練手冊》（Advertising Secrets of the Written Word）。DelStar 出版，1998。

  當代廣告大師教你寫出成功的廣告文案。

附錄 E：行銷相關組織

- American Writers and Artists Inc. 美國作家與藝術家協會（AWAI）
  www.awaionline.com
  文案寫作學習網站。

- Business Marketing Association 商業行銷協會
  www.marketing.org
  B2B 行銷人的協會。

- Content Marketing Institute 內容行銷學會
  https://contentmarketinginstitute.com/

- Copywriters Council of America
  https://www.linkedin.com/in/drandrewlinick

- Data and Marketing Association 美國數據與行銷協會
  www.the-dma.org

- Social Media Examiner
  https://www.socialmediaexaminer.com/

- Specialized Information Publishers Association 專業資訊出版協會
  http://www.siia.net/Divisions/SIPA-Specialized-Information-Publishers-Association

註釋

Chapter 1

1. 出自 The Gary Halbert Letter（文案寫手蓋瑞・哈伯特的電子報網站），未註明日期。
2. 出自 PR Daily 於 2019 年 4 月 11 日發表的文章。
3. 《從數位優先到數據優先：2019 行銷預測》（From Digital-First to Data-First: 2019 Marketing Predictions），Signal 公司的白皮書第二頁。
4. 出自 eMarketer 的電子報 eMarketer Daily 於 2019 年 4 月 12 日發表的文章〈儘管被數據淹沒，行銷人仍覺得欠缺鎖定受眾的能力〉（Marketers Still Find Ad Targeting Capabilities Lacking）。
5. 請參考：http://www.writingfromtheheart.net/writing-advice-from-john-mcphee/。
6. 出自電子報 IAB SmartBrief 於 2019 年 3 月 15 日發表的文章。
7. 同上。
8. 請見 https://merchdope.com/youtube-stats/。
9. 出處同 4。

Chapter 2

1. https://www.statista.com/statistics/273288/advertising-spending-worldwide/。
2. http://blog.cdnsciencepub.com/21st-century-science-overload/。
3. https://gowithfloat.com/2018/01/rapid-doubling-knowledge-drives-change-learn/。
4. https://www.forbes.com/sites/forbesagencycouncil/2017/08/25/finding-brand-success-in-the-digital-world/#2765ac66626e。
5. https://www.propellercrm.com/blog/cold-email-statistics。

Chapter 4

1. https://www.thedailymeal.com/eat/has-mcdonald-s-really-sold-billions-and-billions-burgers。
2. 出自美國作家與藝術家協會（American Writers and Artists Institute，AWAI）2019 年 7 月 12 日的文章〈當今 B2B 文案寫作 9 大常問問題〉（Today's 9 Most-Asked Questions About B2B Copywriting）。
3. 出自拉爾夫・瑞貝克博士（Dr. Ralph Ryback）於 2016 年 2 月 22 日刊登在《今日心理學》（Psychology Today）上的文章〈從嬰兒潮時代到 Z 世代〉（From Baby Boomers to Generation Z）。
4. http://www.marketingteacher.com/the-six-living-generations-in-america/。
5. 數位顧問公司 FourHooks 於 2015 年 4 月 26 日發表的部落格文章〈世代指南：X、Y、Z 世代與嬰兒潮世代〉（The Generation Guide – Millennials, Gen X, Y, Z and Baby Boomers）：http://fourhooks.com/marketing/the-generation-guide-millennials-gen-x-y-z-and-baby-boomers-art5910718593/。

Chapter 5

1. http://credibility.stanford.edu/pdf/Stanford-MakovskyWebCredStudy2002-prelim.pdf。
2. https://mason.gmu.edu/~montecin/web-eval-sites.htm。
3. 同上。

Chapter 6

1. https://www.marketingcharts.com/featured-104785。
2. https://www.adweek.com/digital/iab-tudy-says-26-desktop-users-turn-ad-lockers-172665/。

Chapter 7

1. https://www.themailshark.com/resources/articles/is-direct-mail-dead/。
2. https://www.datatargetingsolutions.com/blog/2018/11/16/20-direct-mail-statistics-for-2019。
3. 出自直效行銷公司 Talon 的 2019 年 7 月電子報。
4. 出自羅伯特‧布萊《直效行銷郵件革命》（The Direct Mail Revolution，暫譯）一書，由創業家出版社（Entrepreneur Press）2019 年出版，第 8 頁。

Chapter 12

1. 黛妮拉‧麥比克（Daniela McVicker）2019 年 5 月 7 日於 PR Daily 發表的文章：〈讓新創公司一開始的行銷活動註定失敗的 10 個錯誤〉（10 Mistakes That Will Doom a Startup' s First Marketing Campaign）。
2. 數位行銷顧問公司 Mequoda 撰寫了一份名為〈Mequoda 登陸頁面計分卡〉（Mequoda Landing Page Scorecard）的指導原則，可用來衡量登陸頁面文案是否有效。羅伯特‧布萊為本份文件的顧問編輯。

Chapter 17

1. 可參考內容行銷學會（Content Marketing Institute，針對內容行銷的教育訓練機構）於 2017 年 8 月 26 日發表的文章。
2. 可參考美國公共廣播電台（National Public Radio，NPR）以食物為主題的談話性節目 The Splendid Table 官網發表的文章〈以金寶罐頭料理義大利麵〉（Spaghetti à la Campbell）：http://www.splendidtable.org/recipes/spaghetti-la-campbell。
3. 出自大衛‧米爾曼‧史考特的著作《靠內容賺錢》（Cashing In with Content，暫譯），由 Information Today 出版商於 2005 年出版，第 8 頁。
4. https://www.google.com/search?ei=rTnsXPmKLpCxgge3jobABA&q=what+percentage+of+people+have+internat+access+in+2019&oq=what+percentage+of+people+have+internat+access+in+2019&gs_l=psy-ab.3...40570.43093.45216...0.0.0.230.1019.1j6j1....0....1.gws-wiz....0i71j0i22i30.z7uCJHXxcyY。
5. https://techjury.net/stats-about/blogging/。
6. https://www.ragan.com/study-the-perfect-blog-post-length-and-how-long-it-should-take-to-write-2/。

Chapter 18

1. https://www.prdaily.com/why-and-how-you-should-engage-your-gig-workers/?utm_source=RDH&utm_medium=email&utm_campaign=RDH+(2019-06-03)&utm_content=article+title&utm_term=3。
2. https://www.popsci.com/article/science/bot-has-written-more-wikipedia-articles-anybody。
3. https://www.targetmarketingmag.com/article/can-a-computer-write-better-copy-than-you/all/。

致謝

　　非常感謝以下諸位人士及公司提供他們的文案及文案撰寫的技巧，讓我收錄於本書出版：

Jim Alexander, Alexander Marketing
Brian Croner
Casey Damachek
Mark Ford
Len Kirsch, Kirsch Communications
Wally Shubat, Chuck Blore & Don Richman Incorporated
Lori Haller
Brian Cohen, Technology Solutions
Len Stein, Visibility PR
Sig Rosenblum
Richard Armstrong
Herschell Gordon Lewis
John Tierney, The DOCSI Corporation
Sandra Biermann, Masonry Institute of St. Louis
Perry Marshall, Perry Marshall & Associates
Fred Gleeck
Andrew Linick
Clayton Makepeace
Milt Pierce
Nick Usborne
Caleb O' Dowd

　　以及其他很多人士的鼎力相助，萬分感謝。

　　此外，非常感謝我的編輯 Madeline Jones，謝謝她的耐心，以及對本書的付出。謝謝我的經紀人 Dominick Abel，有他一如往常卓越的工作表現，讓這本書得以付梓出版。也非常感謝 Kim Stacey 及 Penny Hunt，沒有他們在編輯及研究方面的大力協助，這本書無法完成。

文案大師教你精準勸敗術 (40週年紀念版)

從定位、構思到下筆的文案寫作技藝全書

* 本書為新版書，中文版前版書名為：文案大師教你精準勸敗術
（35 週年紀念版）

THE COPYWRITER'S HANDBOOK (4TH EDITION)
A STEP-BY-STEP GUIDE TO WRITING THAT SELLS

By ROBERT W. BLY
Copyright: © 1985, 2005, 2020 by ROBERT W. BLY
This edition arranged with DOMINICK ABEL LITERARY AGENCY through Big
Apple Agency, Inc., Labuan, Malaysia.
Traditional Chinese edition copyright © 2024 by Briefing Press, a division of And
Publishing Ltd
All rights reserved.

書系｜使用的書 In Action!　書號｜HA0023F
著　　者：羅伯特‧布萊（Rober W. Bly）
譯　　者：汪冠岐
特約編輯：郭嘉敏
行銷企畫：廖倚萱
業務發行：王綬晨、邱紹溢、劉文雅
總 編 輯：鄭俊平
發 行 人：蘇拾平

出　　版：大寫出版
發　　行：大雁出版基地
　　　　　www.andbooks.com.tw
　　　　　地址：新北市新店區北新路三段207-3號5樓
　　　　　電話：(02)8913-1005　傳真：(02)8913-1056
　　　　　劃撥帳號：19983379　戶名：大雁文化事業股份有限公司

五版一刷 2024年7月
定　　價 599元
版權所有‧翻印必究
ISBN 978-626-7293-65-2
Printed in Taiwan‧All Rights Reserved
本書如遇缺頁、購買時即破損等瑕疵，請寄回本社更換

國家圖書館出版品預行編目 (CIP) 資料

文案大師教你精準勸敗術：從定位、構思到下筆的文案寫作技藝全書
羅伯特‧布萊（Robert W. Bly）著；汪冠岐 譯
五版｜新北市：大寫出版：大雁出版基地發行，2024.07
428 面；14.8*20.9 公分
（使用的書 In Action!；HA0023F）
譯自：The Copywriter's Handbook : A Step-by-step Guide to Writing
Copy that Sells (4th Edition)
ISBN 978-626-7293-65-2（平裝）

1.CST: 廣告文案　2.CST: 廣告寫作

497.5　　　　　　　　　　　　　　113006425

in Action!
使用的書

in Action!
使用的書